*21*世纪农业部高职高专规划教材
全国农业职业院校教学工作指导委员会审定

食品加工机械

刘一　主编

食品加工　食品工程　农产品加工类专业用

中国农业出版社

内 容 简 介

本教材主要介绍了食品加工中通(共)用机械设备和专用机械设备的构造、工作原理、工作过程、特点、用途及使用、维护和调整。全书共 11 章,包括通(共)用的输送、杀菌、浓缩、干燥、包装、制冷、水处理机械与设备以及面食制品、肉制品、乳制品和果蔬制品加工专用机械设备。

本教材图文并茂,每种机械设备均有多幅插图,克服了部分教材文多图少的缺点,便于教学和自学。教材内容以介绍当前生产中使用的机械设备为主,兼顾新机械、新设备,突出了实用性。

本教材可供高职高专类食品加工、食品工程、农(畜、果蔬)产品加工专业使用,也可作为食品加工厂及相关人员的参考资料。

主　编　刘　一（杨凌职业技术学院）

副主编　郑华艳（吉林农业科技学院）

参　编　焦　镭（河南农业职业学院）

　　　　金　濯（江苏畜牧兽医职业技术学院）

　　　　黄　涛（锦州医学院畜牧兽医学院）

审　稿　郝　婧（北京农业职业学院）

前　言

　　《食品加工机械》是食品加工、食品工程（非机械类）、农（畜、果蔬）产品加工类专业的专业课之一，在加工类专业教学体系中占有重要的地位。

　　本教材前七章介绍食品加工中通（共）用的输送、杀菌、浓缩、干燥、包装、制冷、水处理所用的机械设备，后四章分别介绍面食制品、肉制品、乳制品和果蔬制品加工专用机械设备，教材前后内容相互联系，形成一个完整的体系。在后四章介绍某一制品加工机械设备前，对制品的工艺流程及所用机械设备用简图做一简要介绍，使学生对每一制品所用的机械设备有一总体认识。这样，学生把所学的机械设备能够有机地联系起来，组成生产流水线，使学生对各种机械设备在食品加工中的作用有了进一步的认识，提高学生的学习兴趣。

　　本教材以介绍当前生产中使用的机械设备为主，兼顾新机械、新设备，突出了实用性，使学生在工作中能够直接使用机械设备。加强了实践教学，使学生在课堂上听得懂，实践中摸得着，工作中用得上。

　　本教材本着由浅入深、由易到难的原则编写。对每种机械设备从性能特点、用途、机械构造、工作原理到使用维护、调整等进行系统的介绍，使学生在学习中对每一种机械设备有一完整的认识。

　　本教材绪论、第一、七、十章由刘一编写，第二、五章由郑华艳编写，第三、四章由金瞿编写，第六、九章由黄涛编写，第八、十一章由焦镭编写，全书由北京农业职业学院郝婧同志审稿。

本教材在编写过程中，得到了所有参编人员所在院校的大力支持，同时也参考了许多的同类书籍，在此对给予本书支持的所有院校和参考文献的作者一并表示感谢。

本教材涉及面广，机械设备种类多，加之编写时间仓促，书中难免存在缺点和不妥之处，恳请有关专家和读者批评指正。

编　者

2006 年 2 月

目　　录

绪　　论

随着社会的发展和人民生活水平的提高，人们对工业化食品的需求和食品种类的要求越来越多，对食品的质量要求越来越高，对食品的卫生要求越来越严格。这些需求既促进了食品工业的发展，也对食品工业提出了更高的要求，同时也促进了食品加工机械的发展。尤其是自 20 世纪 90 年代以来，食品机械工业得到了突飞猛进的发展，成为我国一个独立的工业体系。1980 年全国食品机械年产值只有七八千万元，到 1999 年底全国食品机械工业总产值达 270 亿元，1998 年食品机械出口总额达 9 亿美元。

当一种食品的加工方法、工艺流程及工艺参数确定以后，在加工食品的过程中，食品的产量和质量主要取决于所使用的机械设备。采用先进的机械设备，不但能大幅度地提高食品的产量和质量，而且使食品的安全性也得到了保证。可以说，没有先进的食品加工机械，就不可能有现代化的食品工业，也不可能生产出高质量的食品。

一、食品加工机械在食品工业中的作用

（一）能够保证加工的食品符合食品卫生要求，确保食品安全

食品是关系到千百万人民生命健康的商品，因此，食品必须符合食品卫生要求。对卫生检验不合格的食品，是坚决不允许出厂和销售的。在食品加工中，只有采用机械设备，才能减少工作人员与食品的接触，隔绝空气与食品的接触，有效地减少食品被污染的几率，保证食品卫生要求。如在乳粉加工中，从鲜乳的接收、净化、冷藏到杀菌、均质、浓缩和喷雾干燥，全部采用奶泵和管道输送，使整个加工过程在密闭的条件下进行，完全隔绝了乳品与外界的接触，使乳品不会受到任何污染，保证了乳粉的卫生要求。

（二）提高食品质量，最大限度地保留食品营养成分，增强产品的竞争能力

采用机械设备和电气控制设备，实现自动控温、控湿、控时，使食品的加工过程处于最佳工作环境状态，既不会使食品过度加工，也不会使食品加工不良；既提高了食品的质量，也不破坏食品的营养成分。如用超高温瞬时杀菌设备生产消毒乳，杀菌时间只有几秒钟，几乎不破坏乳中的营养成分。又如乳品

在加工前用均质机械进行均质处理,既可防止脂肪球上浮与乳液分离,又改善了乳品的消化吸收程度,使乳品的质量得到了很大的提高。

(三) 增加食品产量,降低生产成本

在相同的原料情况下,采用机械设备或先进的机械设备,比人工加工或普通机械设备加工,能得到更多的产品。如在生产果蔬制品时,用机械除去果蔬原料外皮,几乎不损伤果肉,可以得到更多的果蔬产品。又如用膨化浸出机械代替传统的油脂浸出设备生产油脂,能使大豆的出油率从 14.5% 提高到 15.5%,同时可节约大量电能。

(四) 提高劳动生产率,减轻劳动强度

采用机械设备,生产率比人工提高几十倍到几百倍,而且极大地减轻了工人的劳动强度,改善了工作条件。如采用番茄浮洗机洗涤番茄,其生产能力为 10.5 t/h,比人工清洗效率高得多;生产橘子罐头时,用橘瓣分级机分级,每班的生产能力为 15 t;用颗粒装罐机装罐生产罐头,每分钟装罐能力可达 400 多罐,等等。所有这些机械设备的使用,不但极大地提高了劳动生产率,而且使工人不再从事繁重的体力劳动,也使工人脱离了恶劣的工作环境,保证了工人的身心健康。

(五) 加快农产品转化,增加农民收入

食品工业原料的主要来源是农产品。在农村有大量的农产品,由于不能及时加工而腐败、变质,给农民造成了很大的损失。农村积压大量的粮食,不能转化为商品,造成粮食价格低廉,农民收入增长缓慢。只有大力发展食品工业,用现代化的加工机械设备武装企业,才能将大量农产品及时加工成食品,增加农民收入。2003 年全国液态乳产品增长 50%,乳品、饼干增长 30%,粮、油、肉、水产品增长 20%,2005 年我国食品工业产值达到 13 800 亿元。这些农产品的转化,都促进了农民收入的增加。

因此,在"中共中央国务院关于促进农民增加收入若干政策的意见"文件中指出,在粮食主产区"发展以粮食为主要原料的农产品加工业,重点是发展精深加工","对新办的中小型农副产品加工企业,要加强扶持和服务"。增加农民收入必须"加快技术进步,加快体制和机制创新,重点发展农产品加工业、服务业和劳动密集型企业"。明确指出大力发展加工业是增加农民收入的一个重要方面。

二、食品加工机械发展简史

在中华各民族进入种植时代,人们就用石臼捣碎粮食制粉。大约在西汉初年,出现了一种用脚踏动的杵臼,又称为踏碓,它的效率比石臼大十多倍。在晋朝初，又发明了水力连机碓，又叫水碓。它是借助流水的推力推动涡轮，在涡轮轴上间隔安装数根拨杆，拨杆在转动中间断拨动踏碓的踏板，几个杵臼头就可以间断地进行舂米。

在两千年前的汉朝，已经有了石磨和水磨，并发明了二连水磨，用水作为动力驱动石磨磨粉。南北朝时，人们制成了石碾。这种石碾在我国发明一千多年后，西方才有应用。元朝时，发明了水击面箩和脚踏面箩，用来分离面粉和饼胚。

1810年英国人彼德发明马口铁罐，当时一个熟练的工人，一天也只能做十几个罐。1849年美国人亨利·依凡斯在纽约创办了世界上第一个罐头厂，采用冲床制造盖子，使罐头加工向工业化迈进了一大步，也使食品加工业进入了机械工业化生产阶段。

在19世纪，欧洲开始使用辊式磨粉机，并于1823年在波兰建成第一座应用辊式磨粉机的面粉厂。由于辊式磨粉机在制粉上的优越性，逐渐取代石磨，经过不断改进，逐步形成了现代化的制粉工业。

进入20世纪以后，食品加工机械在西方发达国家得到了迅速地发展，各种加工机械相继出现，并制造出各种食品加工生产线，从原料的收集、预处理、清洗、热处理、包装、杀菌等，各个工序均实现了机械化和连续化生产，使食品加工业进入了现代工业化、自动化生产阶段，使食品的生产能力大幅度提高。如现代化的大型乳品加工厂，生产过程全部采用自动化，日处理鲜乳1 500～2 500 t；150人的罐头加工厂，采用计算机控制的自动化流水生产线，每小时的生产能力可达60 000罐。

加工机械新产品的开发，提供了食品新的食用方法、加工方法和包装方法，使食品的种类也不断增加。如国外仅罐头品种就有2 500多种，其中美国的罐头品种就达1 400多种，日本也有600多种。

由于历史的原因，我国的食品加工业在很长的时间内处于手工操作阶段，很多机械设备依赖进口。只是到了20世纪70年代末期，我国的食品加工机械才开始发展、壮大。1986年以后，通过对引进设备的消化吸收，我国各类食品加工机械相继问世，进口数量开始减少，国产机械设备在国内市场的占有率最高曾达到75%。

从1980年我国引进第一条方便面生产线，到1984年我国研制出方便面生产线后，目前已开发出班产15万包的方便面生产线。之后，我国相继开发出2万瓶/h、3.6万～4万瓶/h的啤酒灌装成套设备，0.3万～3万瓶/h的饮料灌装生产线，单头软包装机械生产能力达到2 200袋/h，双头软包装机械生产能力达到4 800袋/h，等等。

　　我国食品机械工业的发展，促进了食品加工业的发展，也促进了食品加工机械和加工食品的出口。如在 20 世纪 80 年代中期，食品机械的出口额只有 500 万美元，到 1995 年达到 2 亿多美元，1998 年达到 9 亿美元左右。1993 年出口浓缩苹果汁不足 5 000 t，到 2004 年出口达到 40 万 t，增长了 80 倍，其中陕西出口浓缩苹果汁 17.9 万 t，几乎占全国出口量的一半，加工的苹果占陕西苹果总产量的 1/3。

　　随着科学技术的发展和多学科综合技术的应用，食品加工机械正朝着进一步提高产品质量和设备生产能力，降低消耗，提高机械自动化程度，减轻劳动强度，改善工作条件等的高速、高效、低耗、连续化和计算机控制的自动化方向发展。

三、本课程的任务和学习方法

　　食品加工机械是食品加工专业和农产品加工专业的专业课，主要学习食品加工机械的构造、工作原理、工作过程、特点、用途以及如何正确地使用、维护和调整，为今后在工作中正确地使用机械设备奠定基础。

　　要学好食品加工机械，必须预先掌握已学习过的机械制图、机械零件、机械传动等机械基础知识以及食品工程原理、物理学等有关知识。在掌握上述知识的基础上，才能学懂食品加工机械的构造及工作原理，并在此基础上掌握正确地使用、维护和调整方法。

　　本课程的学习包括课堂讲授、课后作业、实验实训和教学实习四个环节。

　　课堂讲授主要学习食品加工机械的构造、工作原理、工作过程、设备的性能特点和设备的调整、维护方法，从理论上对所学的机械设备有一个全面、系统的认识。

　　通过课后作业，对课堂所学的知识进行巩固，并锻炼分析问题、解决问题的能力。

　　实验实训是在课堂学习的基础上，通过对所学机械设备构造的观察，以及操作使用、拆装、调整和维护，进一步加深对机械设备构造、工作原理、工作过程的理解和掌握，并掌握其使用、调整和维护方法。

　　教学实习是一个综合性实习，通过参加食品工厂的生产劳动和参观等，对所学的机械设备组成的各种生产线有一个全面的认识，并根据所学的知识，对生产线进行综合评价。

第一章　输送机械与设备

在食品加工中，有大量的物料需要输送。为了减轻劳动强度，提高劳动生产率，需要采用不同的输送机械来完成输送物料的任务，尤其是采用了先进的技术设备和实现单机自动化后，更需要输送机械将单机之间有机地衔接起来，组成自动化生产线。从原料、加工半成品、直至成品的输送都需要输送机械来完成。因此，在食品加工中，输送机械应用于食品加工的全过程，贯穿食品加工始终。

同时，在食品加工中，输送机械对保证食品卫生，提高食品质量具有相当重要的作用。例如，生产乳品、果汁和饮料时，通过泵及管道连续输送，可节约大量劳动力，产品卫生和质量亦有保证。输送机械的选择，要根据生产工艺的要求和生产流水线的布局情况，进行全面分析，力求布局合理、技术先进、经济实用。

食品加工中的输送设备，按输送的物料分为固体输送机械和流体输送机械；按输送设备分为输送机（如带式输送机、斗式升运机等）、输送泵和气力输送装置等。

第一节　固体物料输送机械

常用的固体物料输送机械有带式输送机、斗式升运机、刮板输送机、螺旋输送机和气力输送装置。

一、带式输送机

带式输送机是食品加工中常用的一种连续输送机械。它适用于输送块状、粒状及各种包装件物料，同时还可用于原料选择检查台、原料清洗、预处理操作台及成品包装仓库等。带式输送机一般用于水平输送，如用于倾斜输送时，倾斜角不大于25°。

带式输送机的工作速度范围广（0.02～4.00 m/s），生产效率高，输送能力大，对被输送的产品损伤小，工作平稳，构造简单，使用维护方便，能够在运载段的任何位置进行装料或卸料。但是在输送轻质粉状物料时易飞扬。

（一）带式输送机的构造

带式输送机如图1-1所示，主要由输送带、驱动装置、张紧装置、支持滚轮（托辊）及卸料装置等组成。

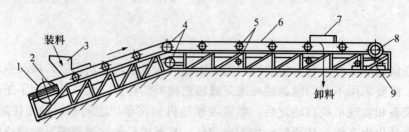

图1-1　带式输送机

1. 张紧滚筒　2. 张紧装置　3. 装料斗　4. 改向滚筒　5. 托辊　6. 输送带
7. 卸料装置　8. 驱动滚筒　9. 传动装置

1. **输送带**　输送带是带式输送机的主要工作部件，它的功用是承载运送物料。对输送带的要求是：强度高，挠性好，本身重量轻，延伸率和吸水性小，对分层现象的抵抗力强，耐磨性好。常用的输送带有橡胶带、纤维编织带、钢带、网状钢丝带和塑料带等。

橡胶带是使用最广泛的输送带。它是用橡胶浸透帆布或编织物材料，并经过硫化处理制成的。其表面敷盖橡胶层，称为覆盖层。帆布或编织物可以增强输送带的机械强度和用来传递动力，而覆盖层的作用是保护编织物不受损伤，并防止潮湿及外部介质的侵蚀。国内生产的橡胶带宽度主要规格有300、400、500、650、800、1 000、1 200 mm和1 600 mm。

橡胶带的连接方式有皮线缝合法、胶液冷粘缝合法、加热硫化法和金属搭接法等。加热硫化法接合处无缝，表面平整，强度可达原来的90%。金属搭接法又称卡子接头，这种型式接合方便，但强度降低很多，只有原来的35%～40%。

2. **驱动装置**　它的功用是将电动机的动力传递给输送带。驱动装置一般安装在输送机的卸料端，由电动机、减速器、驱动滚筒组成。电动机的动力通过三角皮带经减速器带动驱动滚筒。驱动滚筒直径较大，以使滚筒与输送带有足够的接触面积，保证良好的驱动性能。也可利用张紧轮来增加输送带与驱动滚筒的接触面积。

驱动滚筒通常是用钢板焊接制成。为了增加滚筒和输送带之间的摩擦力，可在滚筒表面包上木材、皮革或橡胶。滚筒的宽度应比带宽大100～200 mm。驱动滚筒一般做成腰鼓形，即中间部分直径比两端直径稍大，以便自动校正输送带的跑偏。

3. 托辊　它的功用是支承输送带及其上面的物料，保证输送带平稳运行。托辊分为上托辊（即运载托辊）和下托辊（即空载托辊）两种。上托辊有平形托辊和槽形托辊（1个固定托架和3个或5个辊柱组成）之分，如图1-2所示，而空载段的下托辊则用平行托辊。

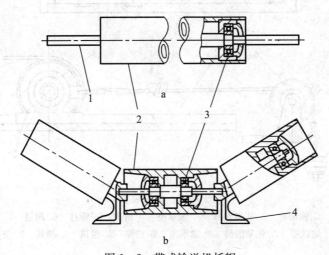

图1-2　带式输送机托辊

a. 平形托辊　b. 槽形托辊

1. 托辊轴　2. 托辊　3. 轴承　4. 支架

托辊用两端加上凸缘的无缝钢管制造。在托辊的端部有加润滑剂的沟槽。定型的托辊直径有89、108、159 mm等。托辊的长度应比输送带宽度大100～200 mm。

4. 张紧装置　它的功用是调整输送带的松紧度。由于输送带在拉力作用下会被拉长，而且湿度和温度的变化也会引起输送带的收缩与膨胀，因此必须设置张紧装置。张紧装置一般设在末端的张紧滚筒上，也可以设置在张紧轮上。常用的张紧装置有螺旋式和重锤式两种，如图1-3所示。

螺旋式张紧装置外形尺寸小，结构紧凑，但须经常检查调整，张力大小不易控制。它适用于输送带宽度小于800 mm、输送距离小于30 m的输送机。

重锤式张紧装置能够维持输送带张力恒定，受外界影响小，但外形尺寸较大。它适用于输送带宽度大、输送距离长的固定式输送机。

5. 卸料装置　它的功用是从输送带上卸下所输送的物料。物料可以由斜刮板或卸料器从输送带的端部卸下，也可以移到输送带上的任何位置，从输送带的任一侧面卸料，如图1-4所示。

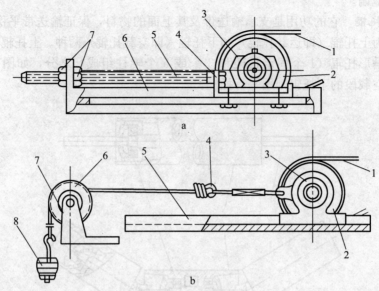

图 1-3 张紧装置

a. 螺旋式 1. 输送带 2. 张紧滚筒 3. 轴承座 4. 滑铁 5. 螺杆 6. 滑道 7. 调节螺母
b. 重锤式 1. 输送带 2. 张紧滚筒 3. 轴承座 4. 拉绳 5. 滑道 6. 滑轮 7. 支架 8. 重锤

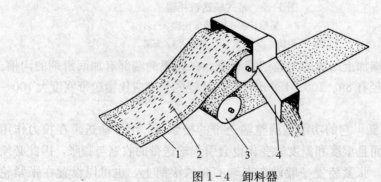

图 1-4 卸料器

1. 输送带 2. 物料 3. 改向滚筒 4. 出料斗

(二) 带式输送机的主要计算

1. 生产率计算 带式输送机生产率可用下式计算:

$$Q = 3\,600 \cdot F \cdot V \cdot \gamma$$

式中: Q ——生产率 (t/h);

F ——物料在输送带上的截面积 (m^2);

V ——输送带的输送速度 (m/s)。用作检查性作业时一般为
0.05～0.1 m/s, 用作输送时一般为 0.8～2.5 m/s;

　　γ——物料容重（t/m³）。

2. 功率计算　输送机的功率可按下式计算：

$$N = K_1 A(0.000\,545KLV + 0.000\,147QL) + 0.002\,74QHK_1$$

式中：N——输送机功率（kW）；

　　　H——物料提升高度（m），上升为正，下降为负；

　　　L——输送机长度（m）；

　　　Q——生产率（t/h）；

　　　V——输送带的速度（m/s）；

　　　K——系数，根据输送带宽度和轴承种类而定，见表1-1；

　　　K_1——启动附加系数，$K_1 = 1.3 \sim 1.8$；

　　　A——输送距离附加系数，见表1-2。

表1-1　系数 K 值

轴承类型 ＼ 带宽 mm)	400	500	600	750	900	1 100	1 300
滚动轴承	21	26	29	38	50	62	74
滑动轴承	31	38	43	56	75	92	110

表1-2　系数 A 值

输送机长度（m）	<15	15~30	30~45	>45
A	1.2	1.1	1.05	1

(三) 带式输送机的使用维护

(1) 开机前应润滑各运动部件和传动机构。

(2) 每工作一段时间后，应检查输送带的松紧度，必要时应调整。

(3) 输送带背面应保持清洁，不能沾污油类，以免打滑，影响传动。

(4) 输送机较长时间不使用时，应放松张紧装置，使输送带处于松弛状态。

二、斗式升运机

　　在各种连续加工生产中，需要在不同高度输送物料，使物料由一台设备运送到另一台设备上，或由地面运送到不同的高度等，一般都采用斗式升运机输送。如玉米淀粉的加工、番茄酱生产线等，都用斗式升运机提升物料。

斗式升运机占地面积小，运行平稳无噪音，工作速度（0.8～2.5 m/s）和效率较高，提升高度大（30～50 m）。但斗式升运机对过载较敏感，要求供料均匀一致。

斗式升运机按用途不同可分为倾斜式和垂直式；按牵引构件分，有带式和链式（单链式和双链式）；按工作速度分，有高速和低速斗式升运机。

（一）斗式升运机的构造

倾斜和垂直斗式升运机构造如图1-5和图1-6所示，主要由壳体、料斗、传动带（或链条）、主动鼓轮、从动鼓轮、支架和张紧装置等组成。

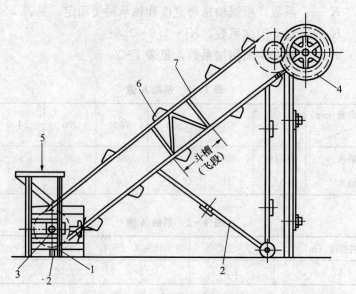

图1-5 倾斜斗式升运机

1、2. 支架 3. 张紧滚筒（链轮） 4. 驱动装置 5. 装料斗 6. 料斗 7. 牵引带（链）

1. 壳体与支架 壳体的功用是密封输送机。斗式升运机可以封闭在一个壳体中（图1-6），也可以安装在两个竖管中，回程竖管与上升竖管离开一段距离，采用皮带或链条载运料斗。对于倾斜式升运机，由于回空边垂度较大，不用封闭的外壳，常用带滚轮的牵引链在导轨上运动。为适应不同的升运高度，倾斜式升运机的支架可以做成自由伸缩的活动支架。

2. 料斗 它是斗式升运机的承载部件，用于载运物料。一般用2～6 mm的不锈钢板、薄钢板、铝板或塑料等焊接、铆接或冲压制成。根据被运送物料的性质和斗式升运机的构造特点，料斗有深斗、浅斗和尖角形斗三种形状，如图1-7所示。

深斗的斗口呈65°的倾角，深度较大。适用于输送干燥及流动性好的粒状

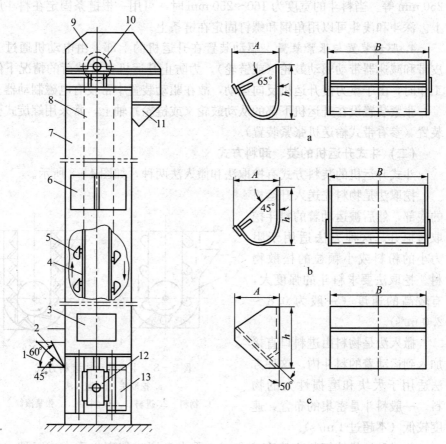

图 1-6　垂直斗式升运机

1. 低位装料管　2. 高位装料管　3、6、13. 检查孔

4、8. 输送带(链)　5. 料斗　7. 壳体　9. 鼓轮罩壳

10. 驱动鼓轮　11. 卸料口　12. 张紧装置

图 1-7　料斗的形状

a. 深斗　b. 浅斗　c. 尖角形斗

和粉状物料。

　　浅斗的斗口呈 45°的倾角，深度较小。适用于输送流动性较差的粒状及块状物料。

　　尖角形斗的侧壁延伸到底板外，使侧壁成为挡边。卸料时，物料可沿挡边和底板之间形成的槽卸出。适用于流动性差的物料，料斗密集排列。

　　3. 牵引部件　它的功用是固定料斗，并带动料斗升运物料。牵引部件常采用橡胶带或链条。橡胶带与带式输送机橡胶带相同。料斗用特种头部的螺钉和弹簧垫片固定在橡胶带上，橡胶带一般比料斗的宽度大 35～40 mm。

　　常用的链条有钩形链、衬套链和套筒滚子链。其节距有 150、200 和

250 mm 等。当料斗的宽度为 160～250 mm 时，可用一根链条固定在料斗后壁上。深斗和浅斗可以用角钢和螺钉固定在链条上。

4. 驱动装置与张紧装置　驱动装置在升运机的上部，由电动机通过三角皮带和减速器带动驱动鼓轮（或链轮）。为防止升运机在有载荷的情况下停止工作时，由于重力使升运机反向运动，故在驱动装置中常设有电磁制动器。

张紧装置设在升运机下部的从动鼓轮（或链轮）轴上，常采用螺旋式张紧装置（参看带式输送机张紧装置）。

（二）斗式升运机的装、卸料方式

斗式升运机的装料方式有挖取法和撒入法两种，如图 1-8 所示。

挖取法是物料先送入升运机的底部，然后被运动着的料斗挖取后提升。这种方法适用于阻力小的粉料或小颗粒的松散物料。挖取法要求料斗的强度大，有较高的速度（一般为 0.8～2.0 m/s）。

撒入法是物料由进料口直接加入到运动着的料斗内。这种方法适用于大块和磨损性大的物料。一般料斗是密集的布置，速度较低（不超过 1 m/s）。

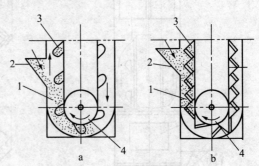

图 1-8　斗式升运机装料方式

a. 挖取法　b. 撒入法

1. 物料　2. 进料口　3. 料斗　4. 张紧滚筒

斗式升运机的卸料方法有离心式、重力自流式和离心重力式三种，如图1-9所示。

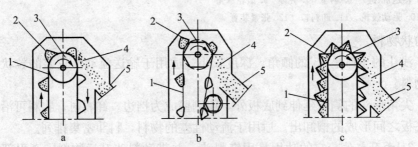

图 1-9　斗式升运机卸料方式

a. 离心式　b. 重力自流式　c. 离心重力式

1. 牵引带　2. 料斗　3. 驱动滚筒　4. 物料　5. 出料口

离心式是利用离心力将物料抛出卸料。斗与斗之间要保持一定距离，要求升运速度较高，一般在 1～2 m/s。它适用于升运流动性好的粉状和粒状物料。

重力自流式卸料法主要依靠重力卸料。它的升运速度较低，一般为 0.5～0.8 m/s。这种方法适用于提升潮湿、流动性差的大块物料。

离心重力式卸料法是同时利用物料的离心力和重力进行卸料。它的工作速度一般为 0.7～1.0 m/s，适用于流动性差的大块物料。

（三）斗式升运机的主要计算

1. 生产率计算

$$Q = 3\,600 \cdot \frac{i}{a} \cdot V \cdot \gamma \cdot \phi$$

式中：Q ——生产率（t/h）；

$\quad\ i$ ——料斗容积（m³）；

$\quad\ a$ ——料斗之间距离（m）；

$\quad\ V$ ——升运速度（m/s）；

$\quad\ \gamma$ ——物料容重（t/m³）；

$\quad\ \phi$ ——料斗填充系数。粉料及小粒干燥物料 $\phi = 0.75～0.95$；谷物
$\phi = 0.70～0.90$；水果及块状物料 $\phi = 0.50～0.70$。

2. 功率消耗计算

$$N = (QH/367)(1.15 + K/V)$$

式中：N ——输送机功率（kW）；

$\quad\ Q$ ——生产率（t/h）；

$\quad\ H$ ——升运高度（m）；

$\quad\ V$ ——升运速度（m/s）；

$\quad\ K$ ——系数（按表 1-3 选取）。

表 1-3　系数 K 值

生产率 t/h）＼升运机型式	20 以下	20～40	40～80	80～150
间隔斗带式升运机	1.5	1.15	0.95	0.75
间隔斗链式升运机	1.05	0.75	0.65	0.55

（四）斗式升运机的使用维护

（1）开机前应对各运动部件进行润滑。

（2）定期检查链带的松紧度，必要时进行调整。

（3）根据输送物料的性质选择合适的输送料斗和输送速度。对磨损过度或损坏的料斗要及时更换，以保持较高的生产率。

（4）经常检查电动机传动带的松紧情况，并及时进行调整。

三、刮板输送机

刮板输送机用于水平或小于 45°的倾斜输送，可以输送粒料、粉料和小块状物料。刮板输送机构造简单，装卸料方便，输送距离长。缺点是刮板和输送槽磨损较大。

刮板输送机结构如图 1－10 所示，主要由刮板、牵引链、驱动链轮和驱动装置等组成。

刮板输送机工作时由牵引链带动刮板运动，刮板推动物料向前输送。输送物料时有上刮式和下刮式。上面行程为工作行程，下面为空行程的输送方式为上刮式，反之为下刮式。

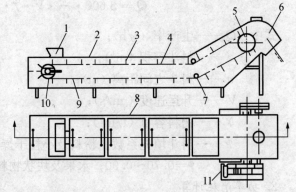

图 1－10　刮板输送机

1. 进料斗　2. 上盖　3. 刮板　4、9. 牵引链　5. 驱动链轮
6. 卸料斗　7. 滚轮　8. 输送槽　10. 张紧链轮　11. 减速机

刮板输送机的主要工作部件是刮板和牵引链。刮板一般用不锈钢、木材等材料制作，用螺栓或铆钉固定在牵引链上。当刮板的尺寸和重量较大时，在刮板上还装有行走滚轮，如图 1－11 所示。

牵引链常用的有套筒滚子链、钩形链等。刮板的尺寸较小时，一般用一根链条作为牵引构件与刮板连接。刮板尺寸较大时，就需要两根链条作为牵引构件。在单链式刮板输送机上，链条位于刮板的中部。双链式刮板输送机链条固定在刮板两侧，如图 1－11 所示。刮板在链条上的间距为 250～300 mm。

刮板输送机的工作速度在输送颗粒及粉状物料时为 0.5～1.0 m/s，输送小块状物料时为 0.3～0.5 m/s。

张紧装置安装在张紧链轮轴承座上，采用螺旋式张紧（参见带式输送机张紧装置）。当输送机工作一段时间后，应检查牵引链的松紧度，并及时进行调整。

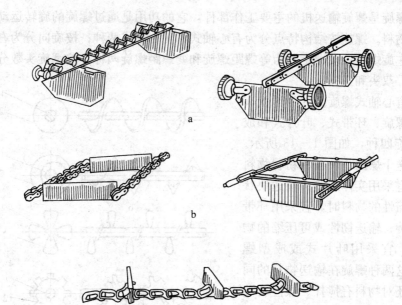

图 1-11　刮板与链条
a. 刮板与单链条连接　b. 刮板与双链条连接　c. 刮板与链条下连接

四、螺旋输送机

螺旋输送机结构简单，工作可靠，具有防尘性能，但消耗功率较大，输送距离短。适用于输送各种粉料、粒料及小块状物料。

我国已定型生产的 GX 型螺旋输送机，螺旋直径为 150～600 mm，共有七种规格，长度为 30～70 m。

（一）螺旋输送机的构造

螺旋输送机主要由螺旋、壳体、支座和螺旋轴等组成，如图 1-12 所示。

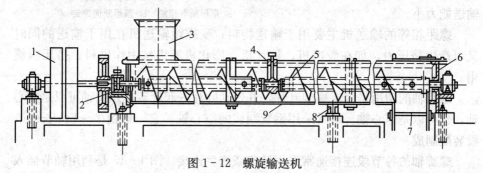

图 1-12　螺旋输送机
1. 离合器　2. 轴承　3. 喂料口　4. 中间轴承　5. 螺旋　6. 支持架　7. 卸料口　8. 支架　9. 壳体

螺旋是螺旋输送机的主要工作部件，它的功用是通过螺旋的旋转运动向前推送物料。螺旋按结构特点分为有心轴式和无心轴式两种；按旋向分为右旋螺旋和左旋螺旋；按螺距分为等螺距螺旋和变螺距螺旋两种；按螺旋头数分，有单头、双头和三头。

有心轴式螺旋的叶片形状有实体螺旋、环带式、叶片式和成型螺旋四种，如图1-13所示。当输送干燥的小颗粒和粉状物料时，宜采用实体螺旋；输送块状或黏滞性的物料时，宜采用环带式螺旋；输送韧性或可压缩的物料时，宜采用叶片式或成型螺旋，这两种螺旋在输送物料的同时，还对物料有搅拌、揉捏及混合等工艺操作。

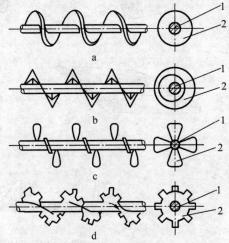

图 1-13 螺旋形状
a. 实体 b. 环带式 c. 叶片式 d. 成型
1. 螺旋轴 2. 螺旋叶片

螺旋叶片是由4～8 mm厚的薄钢板或不锈钢、黄铜、铝等材料制成。输送腐蚀性较大的物料时，在叶片的表面上覆盖一层钨、铬、钴等硬质合金或类似的其他防腐材料。

无心轴式螺旋也叫螺旋弹簧，如图1-14所示。螺旋弹簧结构简单，便于加工、装配，重量比有轴螺旋轻，可以在小于90°范围内任意转弯。这种螺旋适用于输送粉料，对颗粒物料的破碎较大，输送能力小。

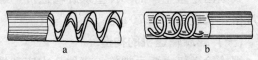

图 1-14 螺旋弹簧输送器
a. 矩形断面螺旋 b. 圆形断面螺旋

螺距相等的输送机主要用于输送物料；变螺距输送机在用于输送的同时又可产生挤压力，如在绞肉机、榨汁机、膨化机等机械中作供料、挤压螺旋用。

螺旋轴的功用是固定螺旋叶片，并带动叶片一起旋转。螺旋轴可以是实心轴，也可以是空心轴。通常采用钢管制成的空心轴，它一般由2～4 m长的节段装配制成。

螺旋轴的各节段连接通常采用轴节或法兰连接。图1-15是利用轴节插入空心轴的衬套内，用螺钉固定连接起来。这些轴节还可作为中间轴承和头部轴

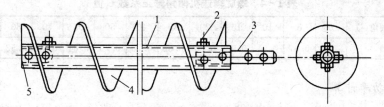

图 1-15 轴与轴节的连接

1. 螺旋轴 2. 紧固螺钉 3. 轴节 4. 螺旋叶片 5. 衬套

承的颈部。这种连接方式结构紧凑，但装卸较困难。大型的螺旋输送机，则是采用法兰连接，如图 1-16 所示。用一段两端带法兰的短轴与螺旋轴端的法兰连接起来，这种连接装卸容易，但径向尺寸较大，对物料的阻力也较大。

壳体的功用是构成输送管道，并与螺旋共同输送物料。壳体用 3～8 mm 厚的不锈钢板或薄钢板制成，有 U 形、V 形和圆管形等几种外壳。壳体的内径稍大于螺旋直径，使两者之间有一定的间隙。间隙愈小，磨损和动力消耗愈少。一般间隙为 6.0～9.5 mm。

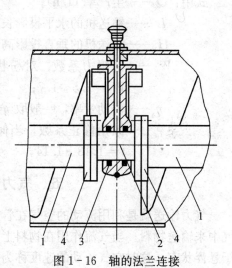

图 1-16 轴的法兰连接

1. 螺旋轴 2. 连接轴 3. 滑动轴承 4. 法兰

（二）主要计算

1. 生产率计算 生产率可按下式计算：

$$Q = 15\pi[(D+2\lambda)-d]^2 S \cdot n \cdot \gamma \cdot \phi \cdot C$$

式中：Q——生产率（t/h）；

D——螺旋外径（m）；

d——螺旋轴径（m）；

λ——螺旋径向间隙（m）；

S——螺旋螺距（m）；

n——螺旋转速（r/min）；

γ——物料容重（t/m³）；

ϕ——螺旋充满系数。对乳粉、面粉等粉状物料取 $\phi = 0.35 \sim 0.45$，对于块状物料取 $\phi = 0.2 \sim 0.25$；

C——倾角修正系数，见表 1-4。

表 1-4　螺旋输送机倾角修正系数 C 值

输送机倾角(°)	0	5	10	15	20	30	40	50	60	70	80	90
C 值	1	0.97	0.94	0.92	0.88	0.82	0.76	0.70	0.64	0.58	0.52	0.46

2. 功率计算

$$N = \frac{Q}{367\eta}(LW_0 + H) \cdot \phi \text{(kW)}$$

式中：Q ——生产率（t/h）；

L ——输送机的水平投影长度（m）；

H ——输送机的垂直投影高度（m），上升为正，下降为负；

W_0 ——总阻力系数，对粉状物料 $W_0 = 1.2 \sim 1.5$，对于块状物料 $W_0 = 1.5 \sim 1.7$；

η ——传动效率，一般取 $\eta = 0.9 \sim 0.94$；

ϕ ——倾角修正系数，当倾角 $\beta < 20°$ 时，$\phi = 1$，$\beta = 30°$、$45°$ 时，$\phi = 1.13$、1.14。

五、气力输送装置

气力输送就是利用流动的空气在管道内产生很大的流速，使物料悬浮于空气中来输送物料。当气流作用在物料上的力与物料本身重量相平衡时，物料处于悬浮状态，这时空气流动的速度称为临界速度。只有当空气流速大于临界速度时，才能输送物料。

气力输送装置结构简单，除风机外，没有运动件，输送距离长（最长可达 300～500 m），输送路线可任意安排。但这种输送装置所需的功率较大，它适于输送粉料和粒料。

（一）气力输送装置的类型及工作过程

气力输送装置常用的有吸气式、压气式和混合式三种类型，如图 1-17 所示。

吸气式气力输送装置是利用负压来吸取物料并加以输送的一种输送装置，如图 1-17a 所示。气流和物料通过吸嘴吸入管道输送，最后送入分离筒，在分离筒内进行物料与空气的分离。分离后的物料从闭风机中卸出，空气由风机的出口排出。吸气式气力输送装置可以从几处向一处集中输送，也可以在一个气力输送系统中完成几个作业机的输送任务，但它的输送距离较短。

压气式气力输送装置是利用气流产生的压力来输送物料，如图 1-17b 所示。料斗内的物料经闭风机送入管道，与风机送来的高速气流相混合后，通过管道输送到分离筒内。分离后的物料由分离筒下方排出，空气从上部排出。压气式输送

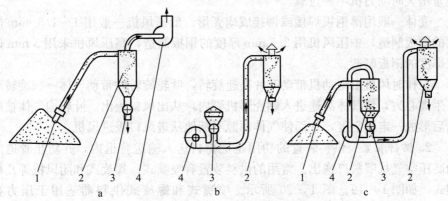

图 1-17 气力输送装置的类型

a. 吸气式 b. 压气式 c. 混合式

1. 吸料嘴 2. 分离筒 3. 闭风机 4. 风机

装置可以将物料从一个位置输送到几个不同的位置，输送距离最长可达 500 m。

混合式气力输送装置是既利用风机入口的吸力来吸取物料，又利用风机出口的压力来输送物料，如图 1-17c 所示。物料通过吸嘴吸送到分离筒。分离后的物料由闭风机送入压气式输送管道，由风机产生的高速气流通过管道进行输送，最后送到终端分离筒，物料由分离筒下方排出。这种方式输送距离长。

（二）气力输送装置的主要工作部件

1. 风机 风机是气力输送装置中的动力设备，它的功用是在输送管道内产生一定真空度或压力与流速的气流。在气力输送装置中使用较多的是离心风机。

离心风机按风压（H）大小可分为低压风机（$H<0.98$ kPa）、中压风机（$H=0.98\sim2.94$ kPa）和高压风机（$H=2.94\sim14.8$ kPa）。

离心风机的构造如图 1-18所示。它主要由叶轮和壳体等组成。风机的叶轮一般用薄钢板制造。叶片的型式有前向叶片、后向叶片、径向曲叶片等。气力输送装置中一般都采用后向叶片。这种叶轮效率高，噪音小，

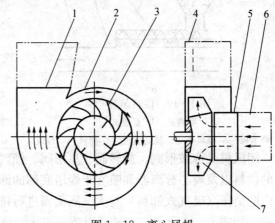

图 1-18 离心风机

1. 出风口 2. 风机壳体 3. 叶轮 4. 扩压管
5. 进风口 6. 进气室 7. 叶片

流量增大时动力机不易过载。

壳体一般用薄钢板焊接或铆接成蜗壳形。低压风机一般用 1~1.5 mm 厚度的钢板制造，中压风机用 2.5 mm 厚度的钢板制造，高压风机采用 3 mm 以上厚度的钢板制造。

工作时风机由电动机带动叶片高速旋转，叶轮旋转时带动气体一起旋转而产生离心力，使气体高速进入蜗壳形机壳内，从出风口流出。叶轮内气体被甩出后形成一定真空度，从而使气体源源不断地从进风口吸进风机。

2. 供料装置　供料装置的功用是把物料送入输送管道内，并防止管道内的高压空气从喂料口逸出。常用的供料装置有喷嘴式、螺旋式和闭风机等几种型式，如图 1-19、图 1-20 所示。喷嘴式和螺旋式供料器适用于压力在 49 kPa以下的压气式气力输送的供料。

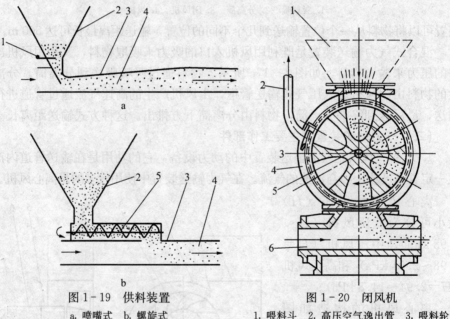

图 1-19　供料装置

a. 喷嘴式　b. 螺旋式

1. 调节板　2. 喂料斗　3. 输送管道　4. 物料　5. 螺旋

图 1-20　闭风机

1. 喂料斗　2. 高压空气逸出管　3. 喂料轮
4. 壳体　5. 喂料轮轴　6. 输送管道

闭风机又称鼓形阀、旋转阀、星形阀、锁气排料阀等，主要用于高压压气式的供料以及离心分离器和喷雾干燥塔底部的卸料。它将管道内的高压或分离筒内的负压（吸气式卸料）与大气隔离而进行排料。闭风机主要由转子和壳体组成，如图 1-20 所示。当转子以 20~60 r/min 回转时，将闭风机上方的物料排入管道内。转子与外壳间隙为 0.1~0.2 mm，因此可以上下隔绝，避免空气流通。当闭风机用来隔绝下面管道的高压空气时，在外侧有一高压空气逸出管，逸出凹槽内的高压空气，以免影响装料。

3. **输送管道**　管道的功用是输送气流和物料。对管道的要求是内壁尽量光滑、耐磨，管道的断面最好制成圆形，这样压力损失少，便于制造，重量轻而且坚固。

气流输送管道是用厚度为 0.6～2.5 mm 的钢板卷制焊接而成，高压工作的压出式输送管道则采用无缝钢管。当管道直径大于 400 mm 时，必须在管道上每隔一定距离安装一个刚性套环，以防止管道断面发生变形。一般管道每段的长度不超过 5 m，以便于安装制造，两段管道之间的连接方式可采用咬口接头（用于比较薄的钢板管）、法兰接头、对接焊接头（管口不要留有焊液滴块）。输送粒料和粉料时，管道内径一般为 75～250 mm。

4. **卸料装置**　卸料装置的功用是将被输送的物料从空气中分离出来。常用的卸料装置有离心分离器和布袋过滤器。

离心分离器又称旋风分离器或集料筒，如图 1-21 所示，一般用薄钢板制成。工作时，带有物料的气流沿切向进入，在分离器内作螺旋运动。到达圆锥部分后，旋转半径减小，其转速逐渐增加，使气流中的物料受到更大的离心力。由于离心力的作用，使物料与器壁碰撞、摩擦失去原来动能，物料便沿着圆锥的内壁面下落，从排料口排出。气流到达圆锥部下端附近就开始反转，在中心部逐渐上升，从排风管排出。

离心分离器一般不能将很细微（直径小于 5 μm）的粉粒分离出来，这些粉粒将随空气由排风管排出，不仅增加了损失，而且污染了空气。所以输送粉料时，在分离筒的排风管处安装布袋过滤器，如图 1-22 所示。它是由特制的

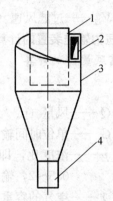

图 1-21　离心分离器
1. 排风管　2. 进风口
3. 分离筒　4. 排料口

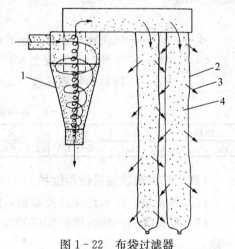

图 1-22　布袋过滤器
1. 分离筒　2. 布袋　3. 排风　4. 物料

滤布（棉布、毛织品或涤纶）缝合成细长如筒状或扁平状的布袋，上面是薄钢板制成的铁壳，中间有定期抖落袋内粉尘的机械设备，下面可通过铁壳与粉尘排出机构相连。工作时带粉尘的空气流入各布袋内，空气透过布袋后排入大气，粉尘被阻止在布袋内，定期由机械抖落，用人工或排粉装置排出。

为了减少压力损失，布袋应有较大的过滤面积和较低的风速。应有的总过滤面积 $F_过$ 为：

$$F_过 = Q/3\,600V_过$$

式中：$F_过$——总过滤面积（m²）；

Q——风量（m³/h）；

$V_过$——过滤风速（m/s），一般 $V_过 = 0.016\,6 \sim 0.028$ m/s。

（三）气力输送装置的计算

1. 所需风量 Q 的计算

$$Q = \frac{G}{\mu\gamma}$$

式中：Q——风量（m³/h）；

G——单位时间输送的物料，即输送装置的生产率（kg/h）；

μ——浓度比，即空气与物料的重量比。一般输送粉料时 $\mu = 0.5 \sim 2$，输送谷粒时 $\mu = 2 \sim 5$；

γ——空气的容重（kg/m³），γ 一般取 1.2 kg/m³。

2. 气流输送速度的计算　气流必须达到一定速度才能输送物料。速度过低，会引起管道堵塞；速度过高时，压力损失较大。输送气流的速度可由临界速度来计算。

$$V = \phi V_临$$

式中：V——气流输送速度（m/s）；

ϕ——系数，一般取 1.5；

$V_临$——物料的临界速度（m/s），见表 1-5。

表 1-5　各种物料的临界速度

物料	大麦	小麦	玉米	谷子	水稻	大豆	面粉
$V_临$（m/s）	8.4～10.8	8.9～11.5	12.5～14.09	9.8～11.8	10.1	17.3～20.2	8.1

（四）气力输送装置使用维护

（1）各管道、接头连接处要紧密，防止泄漏。

（2）根据输送的物料选择相应的输送速度，不能过大或过小。供料要均匀一致。

（3）输送原料时，对空气可以不处理，输送成品时，必须用空气滤清器对空气进行过滤，以免污染食品。空气滤清器应定期保养。

（4）对风机运动部件应定期进行润滑和检修。

（5）保证布袋过滤器畅通，及时抖落布袋内粉料。

第二节　流体物料输送机械与设备

流体物料主要用输送泵输送。常用的输送泵有离心泵、螺杆泵和滑片泵。

一、离　心　泵

离心泵是食品加工中应用比较广泛的流体输送设备。离心泵构造比较简单，便于拆卸、清理、冲洗和消毒，机械效率较高。它适用于输送水、乳品、冰淇淋、糖蜜和油脂等，也可用来输送带有固体悬浮物的料液。

（一）离心泵的构造

离心泵的结构如图 1 - 23 所示，主要由叶轮、泵壳及密封装置等组成。

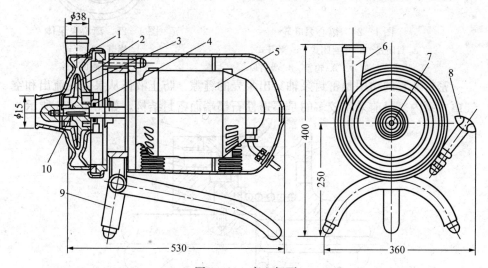

图 1 - 23　离心奶泵

1. 前泵腔　2. 叶轮　3. 后泵腔　4. 密封装置　5. 电动机　6. 出料管
7. 进料管　8. 锁紧装置　9. 支架　10. 泵轴

叶轮是离心泵的主要工作部件，它的功用是使被抽送的流体获得能量，使其具有一定的流量和扬程。

离心泵的叶轮有封闭式、半封闭式和敞开式三种，如图 1 - 24 所示。封闭式叶轮叶片两端有前、后轮盖，在前轮盖中部有吸料口。在两轮盖之间有 6～8 片叶片，与轮盖构成弯曲的流道，称为叶槽。封闭式叶轮叶槽窄小，适于输送清水及黏度小的液体；半封闭式叶轮仅一边有轮盖，叶片数较少，叶槽较宽，适于抽送黏度较大的流体；敞开式叶轮两边没有轮盖，叶片数少，叶槽宽大，适于抽送含有固体物料的流体。

泵体的功用是把液体引向叶轮，并汇集由叶轮流出的液体，流向出液管，同时将液流的部分动能转化成压力能。离心泵的泵体形状为蜗壳形，如图1-25所示。叶轮装在泵体里，与泵壳形成了由小到大的蜗壳形流道（蜗道），液流在蜗道里实现能量的转换。在泵体上部有充液放气螺孔，下部有放液螺塞。

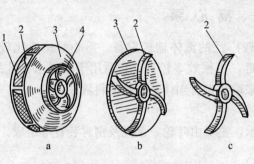

图1-24　离心泵叶轮　　　　　图1-25　离心泵泵体
a. 封闭式　b. 半封闭式　c. 敞开式　　　　1. 蜗道　2. 叶轮
1. 叶槽　2. 叶片　3. 轮盖　4. 吸料口　　　　3. 出液口

密封装置的功用是密封泵轴穿出泵壳的缝隙，防止液体从泵壳内流出和空气窜入泵内。目前采用较多的是不透性石墨端面密封结构，如图1-26所示。

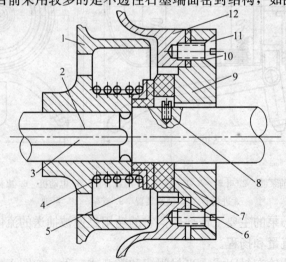

图1-26　离心泵密封装置
1. 叶轮　2. 泵轴　3. 键　4. 弹簧　5. 不锈钢挡圈
6. 橡胶挡圈　7. 不透性石墨　8. 螺钉　9. 压盖　10. 垫圈　11. 压盖螺钉　12. 泵壳

（二）离心泵的工作原理

离心泵的工作原理如图1-27所示，它是借离心力的作用来抽送液体的。当叶轮高速旋转时，叶槽中的液体在离心力的作用下，从叶轮中部被高速甩离叶轮射向四周。液流经过断面逐渐扩大的蜗道，流速逐渐变慢而液压增加，压向出液管。此时，在叶轮的中心部位形成真空，料液槽内的料液在大气压力作用下，通过进液管被吸入泵内。叶轮连续转动，液体就源源不断地由一个位置被输送到另一个位置。

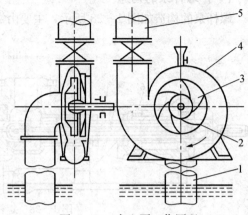

图1-27　离心泵工作原理

1. 进液管　2. 叶片　3. 叶轮　4. 泵壳　5. 出液管

（三）离心泵功率的计算

离心泵的功率（轴功率）可用下式计算

$$N = \frac{Q\gamma H}{102\eta}(\text{kW})$$

式中：Q——离心泵的流量（m^3/s）；

γ——液体容重（kg/m^3）；

H——泵的场程（m）；

η——泵的总效率，$\eta = 60\% \sim 80\%$。

（四）离心泵的安装、使用与维护

1. 安装　在安装离心泵时，泵的安装高度（实际吸液扬程）必须低于泵的允许吸上真空高度。管道应尽量减少弯头，连接处要十分紧密，避免空气进入产生空气囊。管道应单独设立支架，不要把全部重量压在泵上。

2. 使用　启动前应向泵壳内注满液体（如果输出罐液面等于或高于离心泵叶轮中心线，可直接启动工作，不需注入液体），才能启动工作。使用中如有不正常声音，应停机检查，排除故障后再工作。

3. 维护　密封装置磨损后，应及时更换。离心泵每工作 1 000 h 左右，应更换新润滑脂。在抽送腐蚀性液体或食品后，应及时对泵进行清洗。

二、螺杆泵

螺杆泵是利用一根或数根螺杆与螺腔相互啮合时，空间容积的变化来输送流体的一种回转式容积泵。螺杆泵能连续均匀地输送流体，脉动小，运转平稳，无振动和噪声，自吸性能和排出能力较好。通过改变螺杆的旋向，就可改变液流的方向。适于输送高黏度的液体和带有固体物料的酱液。

（一）螺杆泵的构造

螺杆泵的构造如图1-28所示，主要由螺杆、螺腔、填料坯和机座等组成。

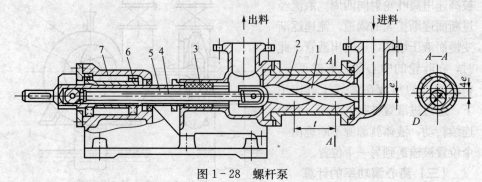

图1-28　螺杆泵

1. 螺杆　2. 螺腔　3. 填料坯　4. 连接杆　5. 轴套　6. 轴承　7. 机座

螺杆的功用是与螺腔形成封闭腔并向前推移物料。螺杆用不锈钢制造，偏心安装在螺腔内，偏心距e为3～6 mm，螺距t为50～100 mm，图1-28中D为螺杆直径。

螺腔是具有双头螺线的橡皮衬套，它的功用是与螺杆形成许多互不相通的封闭腔。螺腔的内径比螺杆直径约小1 mm，这样可保证在输送料液时起密封作用。螺腔的螺距是螺杆螺距的2倍。螺杆在螺腔内作行星运动，它是通过平行销联轴节（或偏心联轴器）与电动机连接来传动的。

（二）螺杆泵的工作原理

工作时，螺杆与橡皮衬套（螺腔）相配合形成一个个互不相通的封闭腔。当螺杆转动时，封闭腔沿轴向由吸入端向排出端方向移动，并在吸入端形成新的封闭腔。形成的封闭腔容积增大，压力减小，把物料吸入封闭腔内，然后沿着转动的螺杆，轴向移动至排出端。在排出端封闭腔逐渐消失，容积减小，压力增大，把物料排出泵外。由于螺杆作行星运动，使吸入端不断形成封闭腔，并向前运动以至消失，将流体向前推进，从而产生连续抽送流体的作用。

螺杆泵吸入力一般为83 kPa。排出压力与螺杆长度有关，一般螺杆的每个螺距可产生202 kPa的压力。

（三）螺杆泵的计算

1. 螺杆泵流量计算

$$Q = \frac{neDT\eta}{4165}$$

式中：Q ——螺杆泵流量（m^3/h）；

$\quad\quad n$ ——螺杆转速（r/min）；

$\quad\quad e$ ——偏心距（cm）；

$\quad\quad D$ ——螺杆直径（cm）；

$\quad\quad T$ ——螺腔螺距（cm），$T=2t$，t 为螺杆螺距；

$\quad\quad \eta$ ——泵的容积效率，一般为 $\eta=0.7\sim0.8$。

2. 螺杆泵功率计算

$$N = 2.66 \times 10^{-2} QH\gamma$$

式中：N ——螺杆泵功率（kW）；

$\quad\quad Q$ ——料液流量（m^3/h）；

$\quad\quad H$ ——总压力（Pa）；

$\quad\quad \gamma$ ——料液密度（kg/m^3）。

（四）螺杆泵的使用维护

螺杆泵不能空转，开泵前应灌满液体，否则橡皮套发热会使橡皮变为浆糊状，使泵不能正常工作。为满足不同流量的要求，可通过调速装置来改变螺杆转速，以符合生产需要。泵的合理转速为 750～1 500 r/min。转速过高，易引起橡皮衬套发热而损坏，过低会影响生产能力。对填料坏密封装置应定期检查调整。每班工作结束后，应对泵进行清洗。对轴承要定期进行润滑。

三、滑 片 泵

滑片泵流量较均匀，运转平稳，噪音小，转子和壳体之间的密封好，可以产生高压。它可用于输送液体、肉糜及抽吸真空等。

滑片泵主要由泵体、转子、滑片和端盖等组成，如图 1-29 所示。泵体上有进料口和出料口。这种泵用于输送肉糜时，为了使肉糜中的空气尽可能排除，以减少肉糜中的气泡和脂肪的氧化，从而保证肉糜的外观及色、香、味，一般在泵体中部有连接真空系统的接口，如图 1-30 所示，并在出口处安装有防止肉糜进入真空管道的滤网。由于泵体与真空系统相连，使肉糜在自重和真空吸力作用下进入泵内。

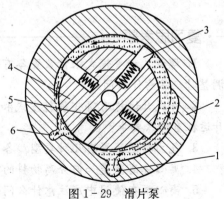

图 1-29 滑片泵
1. 进料口 2. 泵壳 3. 滑片 4. 转子
5. 弹簧 6. 出料口

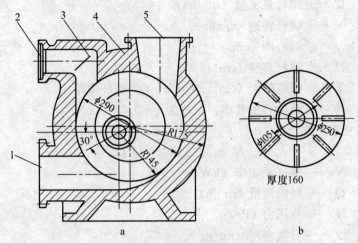

图 1-30 输送肉糜的泵体与转子

a. 泵体 b. 转子

1. 出料口 2. 真空泵接口 3. 滤网 4. 泵体 5. 进料口

转子的功用是安装滑片，并带动滑片一起旋转。它是具有径向槽的圆柱体，滑片安装在径向槽内，可以在槽内自由滑动。转子偏心地安装在泵体内，偏心距为 20 mm。

滑片泵的工作原理如图 1-29 所示。当转子旋转时，滑片在离心力和弹簧的作用下，紧压在泵体内壁上。转子在进料区时，相邻的两滑片所包围的空间逐渐增大，形成局部真空而吸入物料，并推移到出料区。在出料区，两滑片之间的空间逐渐减小，对吸入的物料产生压力，使物料从出料管排出。转子不断地转动，物料便被不断地输送出去。

· 复习思考题 ·

1. 螺旋式和重锤式张紧装置各有什么优缺点？各适用于那种输送装置？调整时应注意什么问题？

2. 斗式升运机有哪些装料方式和卸料方式？各适合装卸哪种物料？对升运机有什么要求？

3. 气力输送装置有几种类型？各有什么优缺点？

4. 离心分离器是如何分离物料的？

5. 离心泵在使用中应注意什么问题？

6. 螺杆泵与离心泵比较有什么特点？

实验实训一　　张紧装置的调整

一、目的要求

通过实习，使学生熟悉常用调整工具的使用，掌握带式输送机、斗式升运机和刮板式输送机的正确调整方法，在生产中能正确调整输送机。

二、设备与工具

1. 带式输送机或斗式升运机、刮板式输送机 4 台。

2. 调整工具 4 套。

三、实训内容和方法步骤

1. 检查带式输送机或斗式升运机橡胶带（或输送链）的松紧程度，并作好记录。

2. 打开保护罩，用扳手旋松锁紧螺母。

3. 用扳手旋转一侧的调整螺母，使张紧滚筒移动，橡胶带（或输送链）一边发生变化。再用同样方法调整另一侧的调整螺母。调整时，不能一次调整到位，应分几次调整，使张紧滚筒（或输送链）平行移动。调整时，滚筒两边的张紧量应相同。

4. 调整结束后，将锁紧螺母拧紧。

5. 启动输送机，观察输送机运行是否平稳，有无跑偏现象。如出现不正常现象，应重新进行调整，直至正常为止。

6. 安装好保护罩及其他附属部件，调整结束。

实验实训二　　离心泵的拆装和使用

一、目的要求

通过实习，使学生熟悉离心泵的构造，掌握离心泵密封装置的检查调整，在生产中能正确使用离心泵。

二、设备与工具

1. 离心泵 4 台。

2. 工具 4 套。

3. 电源两处，水源两处。

三、实训内容和方法步骤

1. 观察离心泵的整体结构。

2. 按照先外后里的方法，逐步拆卸离心泵，并对拆下的零部件及拆卸顺序进行记录。拆卸密封装置时，应细心认真，防止损坏密封填料。

3. 观察离心泵的内部结构、叶轮的构造和填料密封装置的装配关系。

4. 按照先拆后装，后拆先装的原则，装配离心泵，并对密封装置进行调整。

5. 对安装好的离心泵接上电源和水源，并启动离心泵，观察离心泵的工作情况。如水源位置低于离心泵轴心线，则在启动离心泵前，应向泵内灌水，排气后再启动离心泵。

第二章 杀菌机械与设备

杀菌机械一般是指消除产品或包装容器、包装材料、包装辅助物、包装件上的微生物，使其数量降低到允许范围内，并且钝化酶活性，防止食品发生腐败变质所使用的机械。

第一节 概 述

一、杀菌机械的分类和特点

杀菌机械按杀菌方法可分为热杀菌设备、冷杀菌设备和冷热结合杀菌设备。热杀菌设备又分为低温杀菌设备和高温杀菌设备。低温杀菌设备的杀菌温度低于 100 ℃，适于高酸性（pH＜4.5）产品的杀菌；高温杀菌设备的杀菌温度高于 100 ℃，它又分为高温短时杀菌机和超高温瞬时杀菌机。冷杀菌法亦称非加热杀菌法，可以消除由于加热杀菌使产品品质变化的不利影响。冷杀菌包括辐照杀菌和化学杀菌。

按杀菌设备工作过程分为间歇式杀菌设备和连续式杀菌设备。间歇式杀菌设备一般采用夹层锅或高压釜，利用蒸汽或热水加热杀菌。该类设备结构简单、投资少、生产能力低、劳动强度大，但操作方便，适用于小规模工厂使用。连续式杀菌设备种类多、结构复杂、成本高、杀菌效率高、自动化程度高。现代化大型工厂在杀菌线上普遍采用这种杀菌设备。

按杀菌机结构特征可分为滚筒式、板式和管式杀菌设备等。

二、杀菌机械的发展趋势

伴随着新的包装、杀菌方法的产生和多学科综合技术的应用，杀菌机械正朝着进一步提高产品质量、提高杀菌效果和设备生产能力、降低消耗、提高机械自动化程度、减轻劳动强度和改善工作条件等方向发展。

用电磁波杀菌装置代替热杀菌装置与化学杀菌，可克服由于热杀菌和化学杀菌使食品变色、变味、营养损失等缺点。

对流体采用超高温瞬时杀菌机械。超高温瞬时杀菌机具有加热时间短、杀菌温度高、自动化程度高的特点。它在保证产品品质和外观质量方面，都优于常规热杀菌法。它还可以满足无菌灌装、无菌包装生产线对杀菌机械生产能力、生产节拍和产品参数调节等的工艺要求。因此超高温瞬时杀菌机在现阶段得以迅速发展。

为提高杀菌效率，采用组合杀菌技术的杀菌机已经进入实用阶段。如采用过氧化氢与紫外线、过氧化氢与热风、酒精与紫外线、紫外线与过热蒸汽的组合杀菌机，不但杀菌效率高，而且可节约大量杀菌剂，清除或减少了包装件上的化学物残留量。

高压处理杀菌对软包装食品杀菌处理尤为有效，是杀菌机械的发展方向之一。它是将产品置于 $20\sim60$ MPa 气压下，在短时间内破坏细菌细胞结构，达到杀菌目的的新技术。

机电一体化是杀菌机械发展的一个重要方向。杀菌机械正在逐步实现从工艺过程控制到生产质量管理的全面自动化方向发展。即采用微电子器件和微机对杀菌机械生产过程进行自动检测、数据处理、调节和故障诊断等。

第二节　罐头制品间歇式热杀菌设备

间歇式杀菌设备一般用于罐头制品及包装件的杀菌。常用的设备有立式杀菌锅、卧式杀菌锅和回转式杀菌机。

一、卧式杀菌锅

卧式杀菌锅主要由锅体、锅盖、杀菌车、蒸汽系统、冷却水系统、温度、压力监控系统等组成，如图 2-1 所示。锅体为圆柱形筒体，锅体的前部铰接着可以左右旋转开关的锅盖（门盖），末端焊接成椭圆封头。锅体底部装有两根平行导轨。导轨应与地面成水平，才能使杀菌车顺利进出，故锅体下部比车间地面低 $200\sim300$ mm。

蒸汽系统包括蒸汽管、蒸汽阀和蒸汽喷射管等。蒸汽阀采用自激式或气动式装置，既能控制温度又能控制压力。为保证锅内蒸汽量供给的操作要求，还设有旁路管路及辅助蒸汽阀。蒸汽喷射装置位于导轨之下，一般是沿蒸汽管壁均匀钻出喷射孔，也有采用特殊喷嘴结构的，无论采用哪种结构，其喷口总面积应等于进气管最窄截面积的 $1.5\sim2$ 倍。当采用蒸汽加热、空气加压杀菌时，蒸汽压力与压力表显示的锅内压力不相符，原因是锅内压力包括蒸汽压力和空气压力。当采用热水为加热介质时，还应设有热水贮罐。

冷却水系统主要包括冷却水管、冷却水阀及溢流阀等。冷却水通常沿锅体

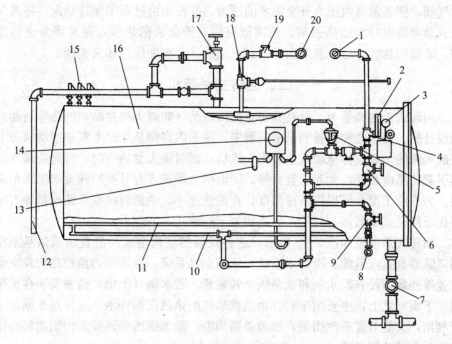

图 2-1 卧式杀菌锅

1. 蒸汽管　2. 温度计　3. 压力表　4. 蒸汽阀　5. 传感器　6. 辅助蒸汽阀　7. 排水阀
8. 空气管　9. 加压空气阀　10. 蒸汽喷射管　11. 杀菌车导轨　12. 排气管　13. 电源
14. 温控仪　15. 安全阀　16. 锅体　17. 溢流阀　18. 弹簧式安全阀　19. 冷却水阀　20. 减压阀

上部喷入。溢流阀安装在锅体上部。为维持冷却时锅内压力一致，防止罐头类容器变形或破损而采用加压方式冷却时，还需配有空气压缩系统或蒸汽加压系统。

气、水排泄装置包括排气阀及排水阀。排气阀用于排除锅内空气，也可与溢流管并用。

杀菌时，把待杀菌的容器制品（如罐头类制品）置于杀菌车中，制品的堆放要保证蒸汽在制品周围可以充分对流换热。然后将杀菌车逐个推入杀菌锅内，盖上锅盖后，锁紧密封装置。

用蒸汽杀菌时，打开所有排气阀，同时通过蒸汽阀向锅内通入蒸汽，待锅内空气被充分排除后关闭排气阀。随蒸汽量的增加，锅内压力和温度不断升高。当达到规定的杀菌温度时，逐渐关闭辅助蒸汽阀，注意调节锅内压力和温度至稳定值，并开始杀菌计时。杀菌计时终了，关闭蒸汽阀，缓缓开启排气阀、排水阀，使锅内压力降至常压，杀菌操作结束。

用热水杀菌时，打开所有排气阀，将热水贮罐内预先制备的热水（缩短加热时间）送入杀菌锅内，热水将罐头淹没后，关闭排气阀、溢流阀，打开加压空气阀，使杀菌器内压力升至需要的压力，并在杀菌过程中保持稳定。将蒸汽送入杀菌器内对水加热杀菌。杀菌结束后，排出杀菌热水，并对罐头进行冷却。杀菌制品的冷却一般采用蒸汽和水或空气和水加压冷却来实现。

二、回转式杀菌机

回转式杀菌机是为了提高盛装半流质制品（如罐头类食品）的热穿透能力而设计的。使用这种设备的杀菌过程中，罐头内容物是处于不断被搅动状态下完成灭菌的，故也称搅动式杀菌机。该机杀菌时罐头受热均匀，可避免局部过热引起的品质改变，尤其适宜大号、固形物含量高或有某些特殊要求的罐头杀菌。另外由于搅动可提高杀菌温度，在传热速率、杀菌时间及杀菌质量等方面都优于静置式杀菌锅。其生产方式仍属于间歇式。

回转式杀菌机如图2-2所示。这种设备的结构组成与静置杀菌锅基本相同，除装有蒸汽系统、冷却水系统、压缩空气系统、温度压力监控系统及安全装置等外，还设有贮水锅和杀菌锅回转装置。贮水锅（上锅）通常安装在杀菌锅（下锅）之上，主要用于贮存由蒸汽加热的杀菌用循环水。这样热水既被重复利用，又能节省蒸汽用量，缩短杀菌周期。杀菌锅的回转装置由锅内旋转体和锅外传动装置组成。

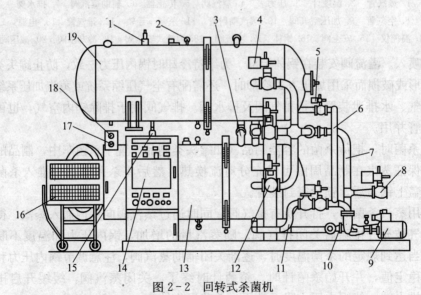

图2-2　回转式杀菌机

1. 安全阀　2. 空气阀　3. 上、下锅连接管路　4. 上锅加热阀　5. 进水阀　6. 水管　7. 蒸汽管　8. 蒸汽阀　9. 电动机　10. 循环水泵　11. 循环水管　12. 下锅加热阀　13. 下锅（杀菌锅）14. 控制柜　15. 下锅安全阀　16. 杀菌篮　17. 温度表　18. 压力表　19. 上锅（贮水锅）

杀菌时，罐头竖直装入杀菌篮中，由压紧装置将杀菌篮与旋转体固定，使之不能与旋转体产生相对运动。旋转体由锅外的电机通过无级变速器带动旋转，转速一般在 5～45 r/min 范围内无级调节。旋转体可朝一个方向旋转，也可正反交替旋转。交替旋转时，动作换向由时间继电器设定。另外，在传动装置上安置有一个定位器，以保证旋转体停止在某一特定位置上，使杀菌篮能顺利从锅中取出。罐头随转体旋转，其内容物的搅动是靠罐内顶隙气体产生的，如图 2-3 所示。罐体在作跟头式运动的过程中，顶隙气体在罐内上下翻滚，起到了搅动固形物的作用，从而实现罐头迅速升温，均匀受热的目的。

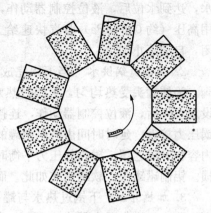

图 2-3　罐身作跟头运动时内容物搅动示意图

回转式杀菌机的一个杀菌周期可分为 8 个操作程序，由可编程序控制器组成的自控系统按设定的程序参数，自动控制完成一个杀菌周期全过程的操作。

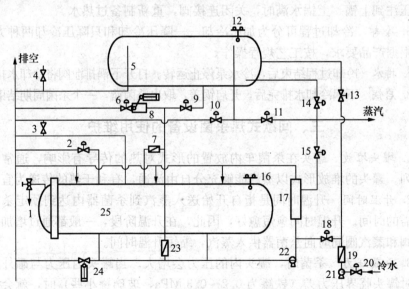

图 2-4　回转式杀菌机管路流程

1. 安全阀　2. 下锅溢流阀　3. 阀门　4. 上锅安全阀　5. 上锅　6. 冷却水放流阀
7、19、23. 单向阀　8. 碟阀　9. 上、下锅连接阀　10. 减压阀　11. 增压阀　12、16. 液位控制器
13. 阀门　14. 上锅加热阀　15. 下锅加热阀　17. 汽水混合器　18. 冷水节流阀　20. 冷水阀
21. 冷水泵　22. 循环泵　24. 排泄阀　25. 下锅

1. 制备过热水 如图 2-4 所示，开始操作时，启动冷水泵，向上锅供水，达到水位后，液位控制器动作，自动停止供水。这时，自动打开加热阀，用高压（约 0.6 MPa）蒸汽快速给上锅水加热，达到设定温度后，加热阀关闭，自动停止加热。

2. 向杀菌锅供水 当下锅完成装锅、密封、排气后，打开上、下锅连接阀。为使罐头受热均匀，上锅过热水快速（在 50～90 s 内）送入下锅。达到设定水位后，液位控制器动作，连接阀关闭，经延时后又重新打开，以使上下锅压力接近。延时时间由待杀菌罐的种类而定。因玻璃瓶罐头导热性差，罐头内容物升温迟缓，罐内外压力平衡时间长，延时时间需要长些，以避免瓶盖压损。铝制罐罐头、软罐头亦如此。而镀锡铁皮罐罐头延时时间则可短些。

3. 加热升温 下锅过热水与罐头进行热交换后温度下降，打开下锅加热阀，蒸汽经汽水混合器进入下锅，使水温迅速升至设定杀菌温度。在加热同时，循环泵和旋转体启动，强制水循环，从而提高了传热效率。

4. 杀菌 水温升至设定杀菌温度后进入杀菌阶段。蒸汽不断通入锅内，循环泵继续运行至杀菌结束。

5. 热水回收 杀菌结束后，启动冷水泵向下锅灌注冷水，并将下锅的高温水压注到上锅。上锅水满时，关闭连接阀，重新制备过热水。

6. 冷却 冷却过程可分为加压冷却——降压冷却和只降压冷却两种方式，具体根据产品要求，按工艺规程操作。

7. 排水 冷却过程结束后，冷水泵停止运转。打开下锅排泄阀将冷却水排出。

8. 启锅 下锅冷却水排完后，开启锅盖，取出杀菌篮，一个杀菌周期结束。

三、间歇式热杀菌设备的使用维护

1. 罐头堆放 罐头在杀菌车内放置的形式对热的传导有影响，通常是直立排列。罐头的堆放形式以蒸汽能够充分自由流通，有利于热的传递为宜。

2. 升温时间 升温时间是指自开始送入蒸汽到杀菌器内达到预定杀菌温度所需的时间。升温时间愈短愈好，因此，在升温阶段，一般都通过增加辅助蒸汽阀和蒸汽阀同时向杀菌器供入蒸汽，缩短升温时间。

3. 杀菌压力 杀菌时，罐头内的压力会增大。当罐头内压力与罐外压力差超过罐头临界压力差（铁罐为 0.2～0.3 MPa，玻璃罐小些）时，就会使罐头变形或破坏。这时就需用压缩空气向杀菌器内补充压力，补充压力的大小应等于或大于罐内外压力差与允许压力差之差。一般为 0.1～0.15 MPa，大型罐要低些，玻璃罐允许压力差更小一些。

4. 冷却 冷却时采用喷淋冷却效果较好。在常压下冷却，由于罐头内压过大易造成膨胀或破裂，因此必须采用加压冷却也即反压冷却，使杀菌器内的压力稍大于罐头内压力。反压不能过大或过小，太小容易产生胀罐、凸角等缺陷，玻璃罐会产生跳盖现象。太大时铁罐容易产生瘪罐。

　　冷却时冷水不能直接冲到罐上，否则容易造成破损。冷却水应符合自来水卫生标准。

　　冷却时应使罐头充分冷透，某些果酱罐头或番茄酱罐头如果未冷透送入库房，易使产品的色泽变深或影响风味，使质量下降。

　　5. 维护　对安全阀和压力表应定期进行校验。对传动系统定期润滑保养。

第三节　罐头制品连续式热杀菌机

　　连续式热杀菌机生产率高，操作使用方便，适用于规模大、产量高的罐装类食品厂使用。常用的杀菌机有喷淋连续杀菌机、常压连续杀菌机和水封式连续杀菌机。

一、喷淋连续杀菌机

　　喷淋连续杀菌机是利用巴氏杀菌原理，以热水为介质，对酸性食品进行低温连续杀菌处理的机械。特别适用于瓶装、罐装饮料及酒的杀菌。目前大部分啤酒厂使用这种杀菌机械。

　　（一）分类

　　1. 按层数和运动方向分　按物料放置层数分为单层和双层。按运动方向分为同侧进出口和对侧进出口两类。

　　2. 按制品输送装置分　有链带式和步移式两类。链带输送机构为匀速连续式，步移式输送机构为间歇式。

　　3. 按喷淋方式分　有用水箱通过喷头喷淋和用水管通过喷头喷淋两种。前者易清除水垢，适用于水质较硬地区；后者耗水量小，传热效果好，适用于水质较软的地区。

　　（二）主要结构及工作原理

　　喷淋连续杀菌机主要由机架，输送装置，喷淋水循环系统，传动装置，控制系统及进、出瓶输送带等组成，如图2-5所示。

　　机架是杀菌隧道的主体，为方便安装运输，通常制成入口机架、出口机架及数段中间机架。机架为框架结构，两侧镶有可拆卸罩板，便于检查清洗，机架的高低位置由底部的螺旋支脚调节实现。机架上装有支承输送机构的固定框架。采用步移式输送机构时，还装有支承步移架的活动框架。

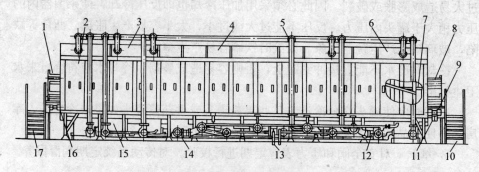

图 2-5 喷淋连续杀菌机

1. 进瓶输送带 2. 入口机架 3. 2m机架 4. 3m机架 5. 内管路系统 6. 出口机架
7. 步移栅床装置 8. 出瓶输送带 9. 升降油缸 10、17. 操作平台 11. 油缸控制装置
12. 外管路系统 13. 冷却水 14. 循环水泵 15. 水箱组件 16. 进退油缸

　　制品输送装置有连续式和间歇式两种。连续式由传动装置带动输送链带连续完成输瓶作业。间歇式由步移输送机构和液压驱动装置组成。

　　斜面滚子式步移机构工作原理如图 2-6 所示。交叉布置的固定栅和活动栅通过栅条支架分别安装在机体的固定和活动的支承框上。进退油缸安装在入口机架端，升降油缸安装在出口机架端。工作时，升降油缸回缩，动斜块前

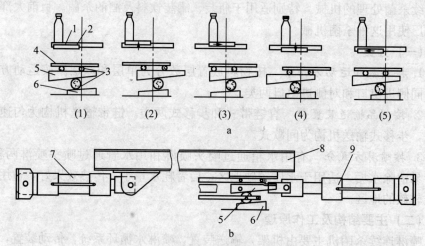

图 2-6 斜面滚子式步移机构工作原理

a. 步进工作过程：
(1) 静止状态 (2) 动斜块前移 (3) 活动栅前移 (4) 动斜块后移 (5) 活动栅后移
b. 进退油缸、升降油缸与升降、步移机构的连接关系
1. 固定栅 2. 活动栅 3. 滚子 4. 水平滚子导轨 5. 动斜块 6. 定斜块 7. 进退油缸
8. 连杆 9. 升降油缸

移,在斜面滚子的作用下,活动栅将落在固定栅上的瓶子抬起,如图 2-6a (2) 所示;然后,进退油缸外伸,经连杆带动活动栅使瓶子前移,如图 2-6a (3) 所示;接下来,升降油缸外伸,动斜块后移,活动栅下降,瓶子回落到固定栅上,如图 2-6a (4) 所示;最后,进退油缸回缩,活动栅退回到起始位置,瓶子完成一次步移动作,如图 2-6a (5) 所示。步移距离由进退油缸的行程调节控制。步移周期根据工艺要求,由时间继电器控制。

喷淋水循环系统的功用是制备热水,并供喷淋水循环使用,主要由喷淋装置、水箱组件及内外管路装置等组成,如图 2-7 所示。喷淋管为方形喷管,在喷管下开有数个矩形喷口,喷口旁装有折流板。管中的水经过折流板从喷口喷出,使喷淋面积大而均匀,且不易堵塞。

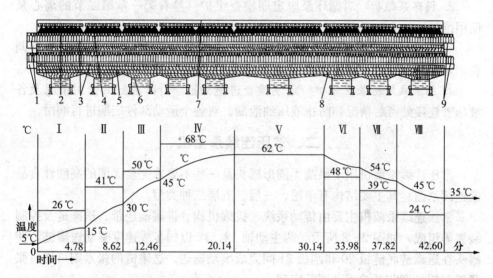

图 2-7 喷淋连续杀菌机杀菌操作流程图
Ⅰ、Ⅱ、Ⅲ.预热区 Ⅳ.高温区 Ⅴ.保温区 Ⅵ、Ⅶ、Ⅷ.冷却区
1.进瓶输送带 2.喷淋管 3.栅床装置 4.上层瓶 5.下层瓶 6.水箱 7.盖板
8.分流板 9.出瓶输送带

水箱组件设在输送机构之下,包括若干个水箱和箱内的分流板、放液阀、水位指示器等。各水箱间由连通管连通,水位保持一致,并设有溢流阀。杀菌段水箱内还装有加热棒。水箱的主要作用是回收喷淋水,再送入喷管循环使用。

喷淋杀菌机分为 8 个温度区。Ⅰ、Ⅱ、Ⅲ为预热区,Ⅳ为高温区,Ⅴ为保温区,Ⅵ、Ⅶ、Ⅷ为冷却区。整个系统配有 10 台水泵,其中 8 台分别用在预热区、冷却区和保温区,2 台用在高温区。有 4 个加热器分别用在 Ⅴ、Ⅳ、Ⅱ

与Ⅶ、Ⅲ与Ⅵ温度区。

为充分利用热能，节省蒸汽消耗，在喷淋水系统中，Ⅰ区与Ⅷ区喷淋水互相连通循环使用。在Ⅷ区水箱内，直接通入蒸汽，将水加热到规定温度后，由泵送到Ⅰ区喷淋（预热），然后再由泵把这部分用过一次的水从Ⅰ区水箱送到Ⅷ区喷淋（冷却）。各段水温由系统中的气动薄膜阀自动控制调节。与此相同，Ⅱ区与Ⅶ区、Ⅲ区与Ⅵ区的喷淋水水箱也都是互相连通循环使用的，只是热水还需经加热器加热，Ⅳ区、Ⅴ区水箱分别单独配有加热器和水泵，自成循环。

（三）使用维护

1. 水的处理　各区段喷淋用水必须经过软化处理，以免受热后在水箱和制品表面形成白色水垢堵塞喷口。水质应符合自来水卫生标准。

2. 循环泵维护　对循环泵应定期检查维护（参看第一章第二节的离心泵使用维护）。

3. 连续式输送装置维护　应定期检查输送带的张紧程度，必要时进行调整。定期润滑各运动部件。

4. 间歇式输送装置维护　定期检查进退油缸、升降油缸的密封情况及各液压管连接处密封情况，防止液压油泄漏。对各个运动部件定期进行润滑。

二、常压连续杀菌机

常压连续杀菌机用于果蔬类圆形罐头及一些不要求完全无菌的高酸性食品的连续杀菌。其主要结构有单层、三层、五层三种类型。

常压连续杀菌机主要由传动系统、拨罐机构、进罐输送带、送罐链及控制装置等组成，如图2-8所示。两主动轴12、15以同步线速度驱动送罐链，使罐头在送罐链底链板20和刮板21间完成滚动输送。送罐链的张紧则可通过张紧轮和蜗杆调节器6手动调节实现。

进罐传动系统由进罐电动机经蜗杆减速器带动链轮25，使进罐输送带主动轮带动两根输送胶带22运动。罐头进入输送带后，即依着挡板29依次排列，当达到规定数量时，由光电管发出信号，等待拨罐板将罐头拨入杀菌槽。

拨罐机构的动力由拨罐电动机经减速器和联轴器传递给拨罐板。拨罐板的动作由装在进罐传动轴上的六角控制轮和光电管根据输送带上罐头的情况，自动或手动控制，将罐头定时定量拨入杀菌槽内。

槽体包括杀菌槽、冷却槽和中间槽。中间槽根据杀菌工艺要求可作为杀菌槽，也可作为冷却槽。各槽内的水用蒸汽加热，由温控系统实现自动或手动控制调节。在槽体侧面装有限制液位的可调式溢流口，以满足对不同规格罐头杀菌之用。在槽体端输送链转弯处设有排除卡罐故障用的活动托板。

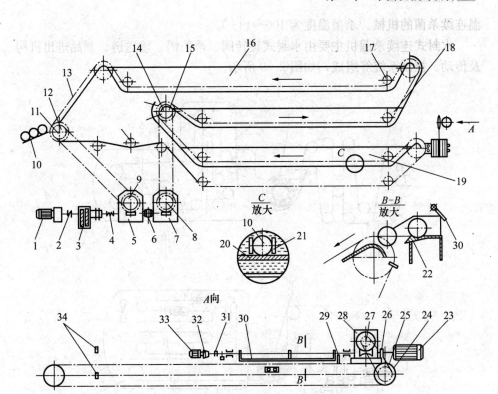

图 2-8 三层常压连续杀菌机传动系统图

1. 电动机　2. 联轴器　3. 减速器　4. 离合器　5、7、28. 蜗杆减速器　6. 蜗杆调节器
8、9、11、14、25、27. 链轮　10. 罐头　12. 出罐端链轮主动轴　13. 送罐链　15. 杀菌槽链轮
主动轴　16. 冷却槽　17. 张紧轮　18. 中间槽　19. 杀菌槽　20. 底链板　21. 刮板
22. 输送胶带　23. 进罐电动机　24. 进罐输送带主动轮　26. 联轴器　29. 挡板
30. 拨罐板　31. 联轴器　32. 减速器　33. 拨罐电动机　34. 光电管

常压连续杀菌机工作时，从封罐机送来的罐头进入进罐输送带后，由拨罐机构把罐头定量拨入杀菌槽内，再由刮板送罐链带动罐头，由下至上沿杀菌槽、中间槽、冷却槽运动，最后经出罐机构卸出，完成杀菌全过程。

常压连续杀菌机在使用前应根据杀菌工艺要求确定杀菌槽和中间槽的杀菌温度。对送罐链、进罐输送带和传动链应定期检查其松紧程度，必要时进行调整。经常检查蜗轮蜗杆减速器润滑油面，及时添加润滑油，并定期更换润滑油。

三、水封式连续杀菌机

水封式连续杀菌机是利用封闭的蒸汽或过热水，对罐头类包装制品进行高温连续杀菌的机械。杀菌温度为 100～143 ℃。

　　水封式连续杀菌机主要由水封式旋转阀、杀菌锅、输送链、制品进出机构及传动、控制系统等组成，如图 2-9 所示。

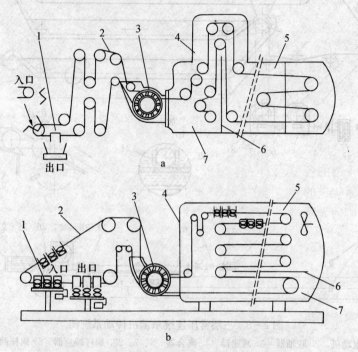

图 2-9　软罐头水封式连续杀菌机示意图
a. 杀菌室与冷却水槽左右布置的杀菌机　b. 杀菌室与冷却水槽上下布置的杀菌机
1. 进出罐机构　2. 输送链　3. 水封式旋转阀　4. 杀菌锅　5. 杀菌室
6. 隔板　7. 冷却室

　　完全浸没在水中的旋转阀采用叶轮式结构，制品可在叶片间自由通过，热介质则被水密封在杀菌锅内。杀菌锅用隔板分成杀菌室和冷却室两部分，根据工艺需要，杀菌室和冷却室可以是左右布置（图 2-9a），也可以是上下布置（图 2-9b）。为提高圆柱形制品的传热速率，在杀菌室内还设有使制品边移动边滚动的传递机构。

　　水封式连续杀菌机工作时，制品由进出罐机构的进口送入，由旋转阀送入杀菌机冷却室，用冷却水预热。接着向上提升到杀菌室。在杀菌室内，制品在稳定的高温、高压环境中，由环形布置的输送链及传递器带动，折返数次进行杀菌。杀菌时间可通过调节输送链速度控制。杀菌完成后，制品经过隔板转入冷却室进行加压冷却，然后再次经旋转阀送出杀菌机，用常压水冷却或在外界空气中冷却，最后经出口输出。

水封式连续杀菌机外形较小，罐头类制品在杀菌室内可以滚动，传热速率高，常用于高温短时杀菌。

水封式连续杀菌机在杀菌前，应根据制品的工艺要求选择合适的输送速度，以保证杀菌要求。速度的调节可在传动系统蜗轮蜗杆减速机上进行，通过调速手柄选择相应的速度。由于罐头滚动速度不同，制品得到的热量也不同。因此，在更换杀菌品种时，也可以不改变输送速度，而改变罐头的滚动速度即可达到杀菌要求。杀菌温度可根据杀菌工艺要求在 100~143 ℃之间调节。

第四节　流体物料超高温杀菌装置

前面介绍的各种杀菌机都是将产品包装后，对产品包装件进行热杀菌处理的设备。而先进的包装过程是将灭菌的制品，在无菌环境下装入无菌容器内，再进行封口的无菌包装过程。其中对灌装前的流体制品，特别是乳制品及饮料的灭菌操作，一般采用高温短时（HTST）杀菌装置和超高温（UHT）瞬时杀菌装置。由于超高温瞬时杀菌具有灭菌效率高、杀菌时间短、制品营养价值高、风味损失小、在常温下保存期长和经济效益较好等优点，而被广泛采用。

超高温杀菌的杀菌温度一般在 130~150 ℃，杀菌时间仅为 2~8 s。其加热方式有间接加热法和直接加热法。

一、间接加热超高温杀菌装置

间接加热装置是指物料与加热蒸汽不直接接触，而是通过换热器间接对物料加热杀菌的装置。

（一）组成与工作原理

间接加热超高温（UHT）杀菌装置种类较多，其主要加热设备为片式换热器或管式换热器。片式换热器间接加热 UHT 杀菌装置如图 2-10 所示，该装置主要由加热段和冷却段的片式换热器、离心乳泵、均质机及自控操作系统等组成。

工作时原料乳由平衡槽经输送泵送入预热段，与杀菌乳进行热交换，使其温度预热到 85 ℃。然后乳液进入温度保持槽，保持约 6 min，其目的是使乳对热产生稳定作用，防止在高温换热器表面产生过多沉淀物。温度保持槽的乳液由高压泵送入均质机（也可将均质机设在高温灭菌后）均质。均质后的乳液流入第一加热段和第二加热段，将乳液迅速加热到 135~150 ℃，保温 2~4 s，完成杀菌，然后送往换向阀。

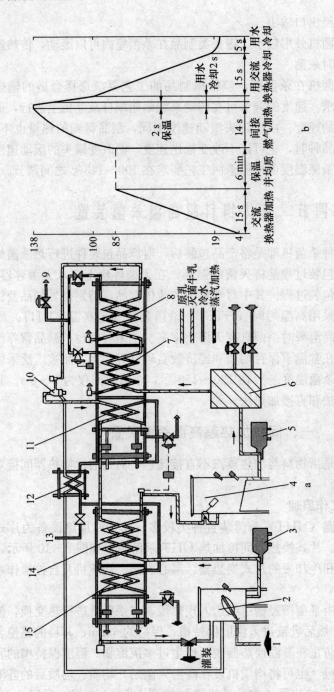

图 2-10 间接加热超高温杀菌装置示意图

a. 间接加热 UHT 杀菌装置工作流程图 b. 孔品在杀菌装置中的时间——温度变化曲线

1. 原料乳 2. 平衡槽 3. 输送泵 4. 温度保持罐 5. 高压泵 6. 均质机 7. 第一加热段 8. 第二加热段 9. 蒸汽管 10. 换向阀 11. 第一冷却段
12. 回流乳冷却器 13. 冷却水 14. 预热段 15. 第二冷却段

换向阀由控制装置自动控制，当杀菌温度低于 135 ℃时，换向阀自动调节，使未达到杀菌温度的乳液流入回流乳冷却器冷却后，返回平衡槽重新杀菌。达到杀菌温度的乳液经换向阀流入第一冷却器中冷却至 100 ℃，再经预热段换热器和第二冷却段冷却，使乳液温度降至 10~15 ℃后，送入下道工序。如生产消毒乳，可直接输送到无菌灌装机进行灌装。

（二）主要工作部件

片式换热器是间接加热 UHT 杀菌装置的主要工作部件，是由若干冲压成型的金属薄片组合而成的高效热交换器。在高温短时和超高温杀菌装置中，广泛采用这种换热器进行加热、冷却。

片式换热器的结构如图 2-11 所示。传热片悬挂在导杆上，由前支架和后支架支撑。压紧螺杆通过压紧板将各传热片叠合压紧在一起。片与片之间装有橡胶垫圈，以保证密封并使两片间有一定空隙。压紧后所有传热片上的角孔形成液流通道。冷、热流体分别在传热片两面流动，进行热交换。拆卸时仅需松开压紧螺杆，沿导杆移开压紧板，即可将传热片拆卸，进行清洗和维修。

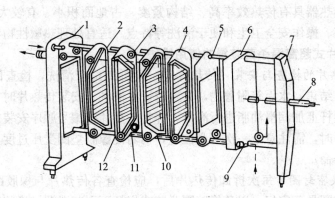

图 2-11　片式换热器

1. 前支架　2. 上角孔　3. 橡胶垫圈　4. 分界片　5. 导杆　6. 压紧板
7. 后支架　8. 压紧螺杆　9. 连接管　10. 传热片橡胶垫圈
11. 下角孔　12. 传热片

传热片是片式换热器的关键工作部件，用不锈钢冲压制成多种形状，使用较多的有波纹片和网流片两种，如图 2-12 所示。波纹片上冲压有与流体流向垂直或成一定角度的波纹，当流体流过时可使流体形成波动流动，多次改变方向造成激烈的涡流，以消除表面滞流层，从而提高片面与流体间的传热效率。为提高传热片的刚度，增加支承点，防止热变形，在传热片表面每隔一定间隔还压有突筋。网流片表面冲压有许多凸凹花纹，这既促使流体形成急剧涡流，又增加了片间支承点和刚度。为使流体沿片面均匀流动消除死角，片的长宽比为3～4较为合适。

每块传热片上有4个角孔，构成流体通道。布置垫圈必须使传热片组合后形成互不相通的冷热流体的两个进出通道。其中每一条通道与两个角孔相通，两条通道在各片上依次相间。流体在换热片上有呈直线方向流动和对角线方向流动两种方式，如图2-12所示。呈直线方向流动的左片和

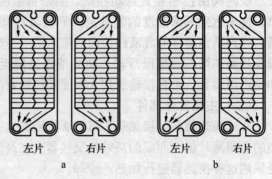

左片　右片　　　左片　右片
　　a　　　　　　b

图2-12　波纹传热片
a. 料液直线方向流动　b. 料液对角线方向流动

右片的构造完全一样，可用同一种冲模冲出，周边垫圈的布置也相同，组合时只需将左片旋转180°就成了右片。呈对角线方向流动的左片和右片结构对称，需两套模具。从性能上看，两者无明显差别。

片式换热器具有传热效率高、结构紧凑、占地面积小、有较大的适应性、热利用率高、操作安全卫生和便于清洗等特点。适宜处理热敏性物料。

（三）片式超高温杀菌装置的使用维护

1. 传热片的检查与安装　传热片应定期拆卸检查清洗，检查传热片是否有沉积物、结焦、水垢等附着物，并及时进行清洗。安装传热片时，应先在压紧螺母和导杆上加润滑油脂进行润滑，并将传热片按编号顺序安装。每次重新压紧传热片时，需注意上一次压紧位置，切勿使橡胶垫圈受压过度，以致减少垫圈使用寿命。

2. 更换密封圈　每次拆卸传热片后，应检查各传热片与橡胶圈粘合是否紧密，橡胶圈是否完好，以免橡胶圈脱胶或损坏而引起泄漏。橡胶密封圈应定期（一般一年）进行更换。当需要更换橡胶圈时，需将该段全部更换，以免各片间隙不均，影响传热效果。

3. 使用前的检查　使用前可先用清水循环试验，检查有无泄漏。如有轻微泄漏，可将压紧装置稍微压紧。如压紧后仍然有泄漏，则需将传热片拆卸，检查橡胶密封圈。

4. 使用　使用中应保持蒸汽压力稳定，以保证产品的质量。杀菌过程中出现泄漏，可按上述第3条处理。杀菌结束后，应用热水对杀菌装置进行清洗。

二、直接蒸汽喷射式超高温杀菌装置

直接蒸汽喷射式超高温（UHT）乳品杀菌装置如图2-13所示。装置中

的第一、第二预热器及冷却器为管式或片式换热器。第一预热器用来自真空室的二次蒸汽加热。第二预热器用高压蒸汽加热。真空室为不锈钢真空容器。乳泵为蒸汽密封的离心泵，以保证工作时处于无菌状态。无菌均质机配有蒸汽箱，用蒸汽密封所有通道。

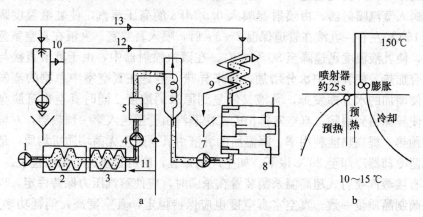

图 2-13　直接蒸汽喷射式超高温加热杀菌装置示意图

a. 直接蒸汽喷射杀菌装置工作流程图　b. 乳品杀菌装置中的温度变化过程

1. 输送泵　2. 第一预热器　3. 第二预热器　4、7. 乳泵　5. 直接蒸汽喷射器　6. 真空室　8. 无菌均质机　9. 无菌冷却器　10. 冷凝器　11. 高压蒸汽　12. 二次蒸汽　13. 冷却水

在直接蒸汽喷射式 UHT 杀菌装置中，蒸汽喷射器是保证乳制品瞬时达到杀菌温度的核心部件，其结构如图 2-14 所示，主要由内外套管组成。内套管在圆周方向开有许多直径小于 1 mm 的小孔，外套管为一非对称三通。蒸汽由

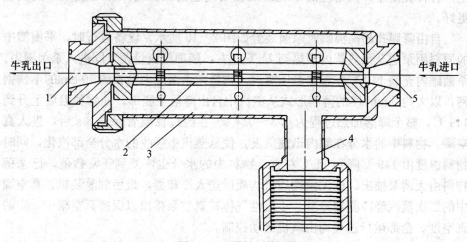

图 2-14　蒸汽喷射器

1. 出料口　2. 内套管　3. 外套管　4. 蒸汽管　5. 进料口

蒸汽管进入外套管与内套管之间，从内套管小孔强制喷射到乳制品中去。为防止乳制品沸腾和使蒸汽顺利喷入，乳制品和蒸汽均处于一定压力之下。一般乳制品压力为 0.39 MPa 左右，蒸汽压力在 0.47～0.9 MPa 之间。

工作时，鲜乳先通过第一、第二预热器，预热至 75～85 ℃。然后乳液由乳泵送入蒸汽喷射器，由喷射器喷入 0.9 MPa 的高压蒸汽，使乳液温度瞬时升至 150 ℃ 左右。乳液在管道保温 2～3 s 后，喷入真空室。乳液在真空室急剧蒸发，使乳液温度迅速降至 80 ℃ 左右。在蒸汽喷射器中，由于乳液直接与蒸汽混合加热，使乳液中水分增加，带来异味。但是在真空室中急剧的蒸发作用，使增加的水分挥发掉，乳液又恢复到原来的浓度。同时真空也有脱臭作用，使异味得到消除。真空室排出的二次蒸汽由管道送入第一预热器，对鲜乳进行预热，提高热能利用率。降温后的乳液由乳泵送至无菌均质机均质，最后经无菌冷却器冷却至 20 ℃ 以下。如生产消毒乳，则可直接进行无菌包装。

直接蒸汽喷射式超高温杀菌装置在杀菌时，应使蒸汽压力保持稳定，以保证杀菌制品质量一致。真空室真空度也应保持恒定，真空度高，消耗功率大，真空度低，水分蒸发少，制品含水率增加。对蒸汽喷射器应定期拆卸检查、清洗，保持内套管蒸汽喷孔畅通。每次工作前和工作结束后，要对杀菌装置进行清洗、消毒。

三、自由降膜式超高温瞬时杀菌装置

自由降膜式超高温瞬时杀菌装置也是一种直接杀菌装置，主要用于工业化生产各种乳制品，其处理的牛乳品质较其他超高温瞬时杀菌装置生产的质量更好。

自由降膜式超高温瞬时杀菌装置如图 2-15 所示。设备运行时，平衡槽中的原料用泵送至预热器内预热到 71 ℃ 左右，随即经流量调节阀进入杀菌罐内。杀菌罐内充满 149 ℃ 左右的高压蒸汽，物料在杀菌罐内沿长约 10 cm 的不锈钢网，以大约 5 mm 厚的薄膜形式从蒸汽中自由降落至底部，使物料温度上升到 149 ℃，整个降落加热过程为 0.3～0.4 s。在经过保温管保温 3 s 后，进入真空罐。物料中的水分在罐内迅速蒸发，使从蒸汽中吸收的水分全部汽化，同时物料温度由 149 ℃ 降到 71 ℃ 左右，物料中的水分也恢复到正常数值。已杀菌物料由无菌泵抽出，经无菌均质机均质后送入冷却器，最后到灌装机。真空罐中的二次蒸汽经冷凝器冷凝，不凝性气体被真空泵排出以保持真空罐中一定的真空度。全部运行过程均由微机自动控制。

这种杀菌装置因采用直接加热，换热效率高，但需要洁净蒸汽。加热杀菌过程中原料呈薄膜液流，加热均匀且迅速，加热、冷却瞬间完成，产品品质

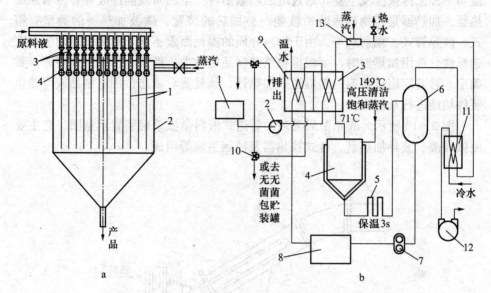

图2-15　自由降膜式超高温瞬时杀菌装置及工艺流程

a. 杀菌罐　1. 不锈钢丝网　2. 外壳　3. 流量调节阀　4. 分配管

b. 工艺流程　1. 平衡槽　2. 输送泵　3. 预热器　4. 杀菌罐　5. 保温管　6. 真空罐　7. 无菌泵

8. 无菌均质机　9. 冷却器　10. 三通阀　11. 冷凝器　12. 真空泵　13. 加热器

好。因料液进入时罐内已充满高压蒸汽，故不会对料液产生高温冲击现象，不会与超过处理温度的金属表面接触，因而没有焦、杂味，处理效果较好。但蒸汽混入料液中，后期需要蒸发去水，投资大，操作较难控制。

自由降膜式超高温瞬时杀菌装置的使用维护可参看直接蒸汽喷射式超高温杀菌装置的使用维护。

第五节　电磁波辐射杀菌装置简介

利用加热原理杀菌目前仍是包装杀菌的主流。而近年来，利用电磁波辐射技术进行物理方法杀菌的机械设备日益受到重视，并且得到越来越广泛的应用。

一、微波杀菌装置

微波杀菌装置是指利用特定的电磁波对物体辐射所产生的热力效应和非热力效应的共同作用，来杀灭有害细菌的设备。

微波杀菌装置主要由微波功率源、波导管、加热器及控制系统等组成。微波功率源又称微波发生器,通过电磁场振荡将产生的微波能经波导管传输到加热器。加热器是指物料吸收微波能而被加热的装置。微波加热器的类型有箱式、波导管式、辐射式等。由于物料介质的损耗因素不同,对微波能的吸收有选择性。选用加热器时,要根据被杀菌制品的种类、性质、形状、规格等参数确定。目前应用较普遍的是隧道式加热器,该装置对液态、固态制品或容器包装件均能进行杀菌操作。

图2-16所示为先杀菌后灌装的管道式液料微波杀菌装置示意图。它主要由微波源、波导加热管、片式换热器及控制系统等组成。

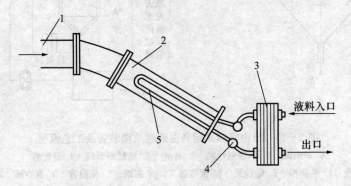

图2-16 管道式液料微波杀菌装置
1.微波源 2.波导加热管 3.片式换热器 4.控温传感器 5.输液管

该装置与箱式微波加热器的主要区别是将微波加热器放在波导管之中,构成对料液进行热处理的波导加热区。波导加热管一端与微波源相连接,另一端与换热器相通。波导管截面尺寸的大小,取决于所使用输出的微波源波导截面,波导加热管内输液管的形状和长度,取决于杀菌处理的工艺要求。根据料液在加热区停留的时间,可以是单管式、往复贯穿多管式或螺旋管式。输液管应由能透射微波而又低耗的便于清洗的介质材料制成,如石英玻璃管等。

片式换热器通过液体交叉换热,起到了进料预热和出料冷却的作用。波导加热区输液管中的液料可以按微波连续加热冷却工艺,一次进出换热器,也可以按多次快速加热冷却工艺,交替经过多个换热器,反复进出加热区经受微波的瞬时辐照。后一种工艺可避免让物料长时间连续性地处于高温状态,为保持物料的色、香、味及营养成分提供了有利条件。

二、紫外线杀菌装置

紫外线杀菌装置是一种利用电磁波辐照的冷杀菌装置。但紫外线能量级较小,对微生物的作用不是电离,而是使分子受激发后处于不稳定的状态,从而破坏分子间特有的化学结合，导致细菌死亡。紫外线的杀菌能力主要与波长有关。波长为 $250\sim260\,nm$ 的紫外线杀菌能力最强，被称为杀菌线。此外，杀菌效果还与细菌种类有关，并受有效放射照度和照射时间累积的照射线量等因素影响。

在乳制品、果冻等无菌充填机输送线上，就是采用串联安装的三套高效紫外线装置完成复合薄膜容器的灭菌，如图 2-17 所示。另外，将紫外线杀菌装置与其他杀菌方法组合使用，也能获得较好的杀菌效果，如与双氧水化学杀菌装置组合等。

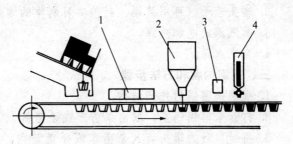

图 2-17 无菌充填机上的紫外线杀菌装置
1. 容器用紫外线杀菌装置 2. 充填机 3. 杯盖用紫外线杀菌装置 4. 封盖机

紫外线杀菌装置能量低，穿透力弱，适用于对空气、水、薄层液体制品及容器表面的杀菌处理。普通的杀菌装置（紫外线杀菌灯），发出的紫外线波长为 $253.7\,nm$，是一种低压水银蒸汽放电灯，其内部结构与普通的荧光灯相同，大约 80% 的射线波长在主波长范围内。

· 复习思考题 ·

1. 高温杀菌设备杀菌操作中的压力控制有什么作用？
2. 总结杀菌机都采取了哪些提高产品质量、提高杀菌效果的措施？
3. 回转式杀菌机有哪些优点？
4. 简述喷淋连续杀菌机的节能设计。
5. 常压连续杀菌机更换杀菌罐型时需要做哪些部位的调整？
6. 水封式连续杀菌机的水封式旋转阀有什么作用？
7. 直接蒸汽喷射式 UHT 杀菌装置和间接加热 UHT 杀菌装置用于乳品杀菌各有什么特点？

实验实训一　杀菌锅的使用

一、目的要求

通过实习，使学生熟悉罐头杀菌设备的构造，掌握罐头杀菌装置的正确使用，在生产中能正确使用罐头杀菌装置。

二、设备与工具

1. 卧式或立式杀菌锅1～2台。

2. 罐头若干（可用装罐、封盖实习制作的罐头做实验）。

3. 蒸汽源或电加热源。

4. 自来水源。

三、实训内容和方法步骤

1. 观察杀菌锅的外部结构。

2. 打开杀菌锅锅盖，取出杀菌车或杀菌篮。

3. 将封口后的罐头装入杀菌车或杀菌篮内，然后将杀菌车或杀菌篮放入杀菌锅内，关上杀菌锅锅盖。

4. 向杀菌锅注满水，然后打开蒸汽阀门加热（也可用电加热），并记录预热时间。注意观察压力表和温度表的变化情况。

5. 达到杀菌温度后，开始记录杀菌时间，并关小蒸汽阀门，保持杀菌温度。随时注意压力和温度的变化，做好压力、温度记录。

6. 达到杀菌时间后，停止加热，并排出杀菌水。

7. 根据实验室条件，对罐头进行加压冷却（用空气或蒸汽加压）、常压冷却或空气冷却，并记录冷却时间。

8. 冷却后，打开锅盖，取出罐头，检验罐头杀菌情况，剔除胀罐、凸角、跳盖等残缺罐头，并计算成品比例。

9. 清洗杀菌锅，整理实验器具。

实验实训二　片式杀菌装置构造观察与维护

一、目的要求

通过实习，使学生熟悉片式杀菌装置的构造，掌握片式杀菌装置的正确安装、使用和维护保养。

二、设备与工具

1. 片式杀菌器4台。

2. 拆卸工具4套。

3. 钙基润滑脂1筒。

4. 自来水源。

三、实训内容和方法步骤

1. 观察片式杀菌装置的外部结构。

2. 松开压紧螺母，按顺序拆下传热片，并按编号排放。

3. 观察传热片的结构、料液在传热片内的流动方式及流动路线。

4. 检查传热片是否有沉积物、结焦、水垢等附着物，并进行清洗。检查各传热片与橡胶圈粘合是否紧密，橡胶圈是否完好。

5. 如有橡胶圈脱胶或损坏时，要更换橡胶圈。更换橡胶圈时，必须将该段全部更换，以免各片间隙不均，影响传热效果。

6. 安装传热片，先在压紧螺母和导杆上加润滑油脂进行润滑，并将传热片按编号顺序安装。压紧传热片时，需注意上一次压紧位置，切勿使橡胶垫圈受压过度，以致减少垫圈使用寿命。

7. 用清水循环试验，检查传热片有无泄漏。如有轻微泄漏，可将压紧装置稍微压紧。如压紧后仍然有泄漏，则将传热片拆卸，重新检查橡胶密封圈，并进行更换。更换后重新做上述试验。

第三章　真空浓缩设备

真空浓缩设备是生产浓缩果蔬汁、炼乳、乳粉等食品的主要设备之一。

用于加工食品的原料含有大量的水分（75%～90%），而糖类、蛋白质、维生素等营养成分只占 5%～10%，且热敏感性很强。所以在加工食品时，既要保持食品原有的风味和营养价值，又要提高制品浓度，这对浓缩工艺流程的设计、浓缩设备的选型和使用都有较高的要求。

第一节　概　　述

真空浓缩设备是在 18～8 kPa 的低压状态下，以蒸汽间接加热方式对料液加热，使其在低温下沸腾蒸发。

真空浓缩设备广泛应用于食品、化工、医药等工业部门，其主要优点：一是能降低物料的沸点，加速水分的蒸发，避免物料的高温处理，有利于保全物料的营养成分；二是通过提高加热蒸汽与物料间的温度差，提高设备在单位面积及时间内的传热量，加快浓缩过程，增强生产能力；三是可利用低压蒸汽为加热蒸汽，减少热损失。真空浓缩设备的缺点是浓缩需有抽真空系统，要增加附属机械设备及动力。由于蒸发潜热随沸点降低而增大，所以热量消耗大。

一、真空浓缩设备的分类

真空浓缩设备的型式很多，一般按如下方法分类：

按加热蒸汽被利用的次数可分为单效真空浓缩设备和多效真空浓缩设备。

在浓缩过程中，液体汽化所生成的蒸汽称为二次蒸汽。单效就是二次蒸汽不再作为热源利用，直接进入冷凝器冷凝。它在中小型果酱、乳粉和炼乳厂中应用较广。

多效是几个蒸发器相连，将前面一台浓缩器产生的二次蒸汽作为下一浓缩器的加热蒸汽，多次利用。以生蒸汽加热的蒸发器为第一效，利用第一效产生的二次蒸汽加热的蒸发器为第二效，依次类推。食品加工厂的多效浓缩设备一般采用双效、三效，效数越多，越有利于节能，但设备投资费用越高。

按液料的流程可分为循环式浓缩设备和单程式浓缩设备。循环式浓缩设备又分为自然循环浓缩设备和强制循环浓缩设备。

按料液蒸发时的分布状态分为薄膜式浓缩设备和非膜式浓缩设备。

薄膜式浓缩设备蒸发时，料液在蒸发器内分散成薄膜状。薄膜式浓缩设备有升膜式、降膜式、片式、刮板式和离心式等。由于蒸发面积大，热利用率高，薄膜式浓缩设备的水分蒸发快，但结构较复杂。

非膜式浓缩设备蒸发时，料液在蒸发器内聚集，仅作翻滚或流动，形成大蒸发面。非膜式浓缩设备有盘管式和中央循环管式。

二、真空浓缩设备的选择与要求

(一) 真空浓缩设备的选择

真空浓缩设备必须根据浓缩物料的特性，按照不同需要进行选择。

1. **热敏性**　食品物料的成分在高温下或长期受热时受到破坏、变性、氧化等作用的特性称作热敏性。为了解决热敏性强的成分对蒸发过程的特殊要求，生产中常在较低的温度环境下进行蒸发浓缩，或在较高温度下进行瞬时受热蒸发浓缩，一般选用薄膜式浓缩设备或真空度较高的浓缩设备。

2. **结垢性**　料液在浓缩过程中在加热面上生成垢层的特性称作结垢性。物料结垢后将增加热阻，降低传热系数，严重时使生产能力下降以致停产。所以对结垢性强的料液，通常采用强制循环式浓缩设备、管内流速很大的升膜式浓缩设备或采用带搅拌器的浓缩设备，利用高流速来防止垢层的形成。有时也采用电磁防垢、化学防垢方法，或采用清洗垢层较为方便的浓缩设备。

3. **结晶性**　料液在浓度增加时，会有晶粒析出的特性称作结晶性。晶粒沉积将影响加热面的热传导，严重时会堵塞加热管。对易结晶的料液，要选择强制循环浓缩设备或带搅拌器的浓缩设备。

4. **黏滞性**　有些料液在浓度增加时，黏度也随之增大，致使流速降低、传热系数降低、生产能力下降。所以对黏度较高或加热后黏度增大的料液，应选用强制循环式、刮板式或降膜式浓缩设备。

5. **腐蚀性**　有些料液酸度较高，具有腐蚀性。为提高抗腐蚀能力，通常采用不锈钢或具有防腐涂层钢材制成的浓缩设备。

(二) 对真空浓缩设备的要求

选择真空浓缩设备时，除了要满足原料的特性外，还要全面衡量，使设备满足如下几点要求：

(1) 能满足工艺要求，如料液的浓缩比、浓缩后的收得率、料液特性的保持等。

（2）传热效果好，传热系数高，热利用率高。

（3）结构紧凑合理，操作清洗方便，安全可靠。

（4）动力（如搅拌动力或真空动力等）消耗少。

（5）加工制造容易，维修方便，既节省材料、耐腐蚀，又能保证足够的机械强度。

三、真空浓缩设备的操作流程

（一）单效真空浓缩设备操作流程

单效真空浓缩装置由浓缩器、分离器、冷凝器及抽真空装置组成。料液进入浓缩器后，加热蒸汽对料液进行加热浓缩，二次蒸汽进入冷凝器冷凝，不凝结气体由抽真空装置抽出，使整个装置内部处于真空状态。料液根据工艺要求的浓度，可间歇或连续排出。目前在果酱类食品生产中，多采用这种流程。

（二）多效真空浓缩设备操作流程

按加料方式的不同，多效真空浓缩设备操作流程分为并流（顺流）法、逆流法和平流法。

1. 并流（顺流）法　图3-1所示为并流法两效三罐番茄酱浓缩装置，由两台中央循环管式蒸发器和一台循环泵带夹套加热的搅拌式蒸发器组合而成。由于该装置中，料液与蒸汽的流动方向相同，均由第一效顺序至末效，故称为并流法。生蒸汽通入第一效加热室，蒸发出的二次蒸汽作为第二效的加热蒸汽，第二效的二次蒸汽则送到冷凝器冷凝。料液进入第一效，经浓缩后顺序进入第二效进行浓缩。由于第二效 A、B 两罐间没有压力差，所以 A 罐料液进入 B 罐时，用料泵输送。

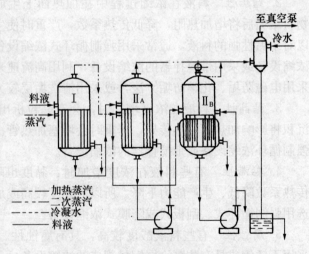

图3-1　并流法两效三罐浓缩装置流程

并流法是生产中最常用的流程，其优点是：后一效蒸发室的压力比前一效低，故效间物料输送可利用其效间的压力差，而不必用泵；后效料液的沸点较前一效低，当前效料液进入后效时，会因过热而自行蒸发，常称自然蒸发或闪蒸。并流法的缺点是后效浓度比前效高，且温度又较低，所以沿料液流动方向浓度逐渐增高，使传热系数下降。

2. **逆流法**　图 3-2 所示为逆流法两效番茄酱浓缩流程，蒸汽与料液的流动方向相反，故称为逆流加料法。原料由末效进入，用泵依次输送至前一效，最终的浓缩液由第一效底部排出。加热蒸汽由第一效通入，二次蒸汽则由第一效顺序通入二效至末效。

逆流法的优点是随着逐效料液浓度的不断提高，温度也相应升高，因此各效料液的黏度较为接近，使各效的传热系数也大致相同。逆流法的缺点是：效间料液需用泵来输送，

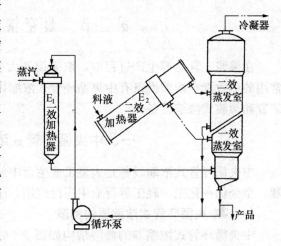

图 3-2　逆流法两效浓缩装置流程

能耗较大，且因各效进料温度均低于沸点，与并流加料法相比，产生的二次蒸汽量也较少。

逆流法适用于处理黏度随温度和浓度变化较大的物料，不宜处理热敏性物料。

3. **平流法**　图 3-3 所示为平流法三效浓缩装置流程。把料液分别向各效加入，浓缩液从各效排出。这种操作流程各效的浓度相同，加热蒸汽由第一效

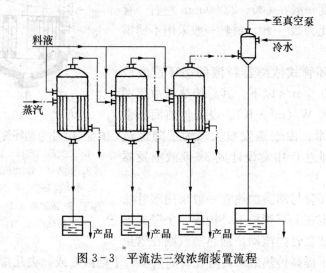

图 3-3　平流法三效浓缩装置流程

流向末效，适用于处理蒸发过程中伴有结晶析出的物料。

真空浓缩设备主要由浓缩器（浓缩锅）和附属设备组成。而浓缩器又由加热室和蒸发室组成。附属设备则包括真空泵、冷凝器、汽液分离器等。

第二节　真空浓缩器

在果酱、乳品等生产过程中，浓缩设备大多数是采用单效真空浓缩设备。常用的单效真空浓缩设备有中央循环管式浓缩设备、夹套加热室带搅拌器浓缩装置和薄膜式浓缩设备。

一、中央循环管式浓缩器

中央循环管式浓缩设备是大型工业生产中使用广泛、历史较久的一种蒸发器，至今仍在化工、轻工等行业中广泛应用，故称为标准式蒸发器。

（一）中央循环管式浓缩器的构造

中央循环管式浓缩器的典型结构如图 3-4 所示，加热室由沸腾加热管及中央循环管和上下管板所组成，以保证料液被充分加热，处于良好的循环状态。在加热室中部有一直径较大的中央循环管，也称中央降液管。为了使溶液在蒸发器中有良好的自然循环，中央循环管截面积为加热管束截面积的 40% 以上。沸腾加热管采用直径 25～75 mm 的管子，长度一般在 600～2 000 mm 左右，管长与管径之比为 20～40，材料一般采用不锈钢管。

中央循环管式浓缩器料液的循环速度较低，一般在 0.5 m/s 以下。其总传热系数范围为 580～2 900 W/(m² · K)。设备传热面积常达数百平方米。由于蒸发量大，为了降低蒸汽耗量，工业生产中常设计成 3～6 效蒸发器组。

中央循环管与沸腾加热管一般采用胀管法或焊接法固定在上下管板上，构成一个竖式加热管束。料液在管内流动，加热蒸汽则在管束间流动。为了提高传热效果，可在管间增加若干挡板，或抽去几排加热管，形

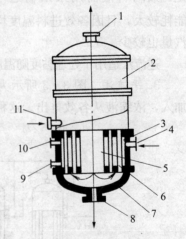

图 3-4　中央循环管式浓缩设备
1. 二次蒸汽出口　2. 蒸发室
3. 加热室　4. 加热蒸汽进口
5. 中央循环管　6. 沸腾加热管
7. 锅底　8. 浓缩液出口　9. 冷凝水出口
10. 不凝汽出口　11. 料液进口

成蒸汽通道，同时，配合不凝结气体排出管的合理分布，有利于加热蒸汽的均匀分配。

蒸发室是指加热室上部的空间。料液经加热后汽化时，必须具有一定的高度和空间，使汽液分离。蒸发室的高度，主要根据防止料液被二次蒸汽夹带的上升速度决定，并考虑清洗、维修加热管的需要。蒸发室的高度一般为加热管长度的 1.1~1.5 倍。

（二）工作原理与主要特点

工作时，加热蒸汽对沸腾加热管中的料液进行加热，管中的料液由于加热而沸腾上升到蒸发室，然后在蒸发室内不断蒸发。蒸发后的料液由中央循环管下降，再进入沸腾加热管加热，形成自然循环，使料液不断循环和浓缩，从而达到浓缩目的。料液在蒸发室产生的二次蒸汽由蒸发室顶部排出。

中央循环管式浓缩设备具有结构简单、操作方便可靠、料液液面容易控制等优点。但由于结构限制，料液的循环速度较低，特别是黏度大时循环效果较差，也不便于设备的清洗和检修。

二、夹套加热室带搅拌器浓缩装置

夹套加热室带搅拌器的浓缩装置在食品厂中应用广泛，其结构如图 3-5 所示。浓缩锅由上锅体和下锅体组成。下锅体外壁是夹套，为加热蒸汽室。锅内装有横轴式搅拌器，由电动机通过三角皮带和蜗轮蜗杆减速器带动（转速为 10~20 r/min）。搅拌器有 4 个桨叶片，桨叶与加热面的距离为 5~10 mm。蒸发室产生的二次蒸汽由水力喷射器抽出，以保证浓缩锅内达到预定的真空度。

操作开始时，先向下锅体内通入加热蒸汽赶出锅内空气，然后开启抽真空系统，使锅内形成真空，将料液吸入锅内。当吸入锅内的料液达到容量要求时，开启蒸汽阀门和搅拌器，进行浓缩。经取样检验，料液达到所需

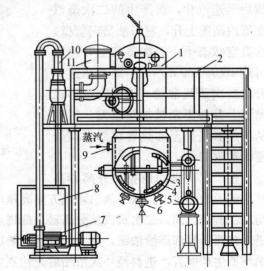

图 3-5 夹套加热室带搅拌器浓缩装置
1. 上锅体 2. 支架 3. 下锅体 4. 搅拌器 5. 减速器
6. 进出料口 7. 多级离心泵 8. 水箱 9. 蒸汽入口
10. 水力喷射器 11. 汽液分离器

浓度要求后，解除真空即可出料。

夹套加热室带搅拌器浓缩装置的主要优点是结构简单，操作控制容易，适宜于浓料液和黏度大的料液增浓，如果酱、牛奶等的加工。缺点是加热面积小、生产能力低、不能连续生产。

三、薄膜式浓缩器

薄膜式浓缩器可以使料液沿管壁或器壁分散成液膜流动，以增加蒸发面积，提高浓缩效率。常用的薄膜式浓缩器有升膜式和降膜式两种。

(一) 升膜式浓缩器

升膜式浓缩器的结构如图3-6所示，主要由加热器、分离器、循环管等部分组成。加热器由多根垂直管束组成。管径一般为30～50 mm，为使加热面供应足够成膜的气流，管长与管径之比应为100～150。

工作时，料液自加热器底部进入管内，加热蒸汽在管间流动，将热量传给管内料液。料液被加热沸腾后迅速汽化，所产生的二次蒸汽在管内高速上升，将料液挤向管壁。在真空状态下，二次蒸汽上升速度可达100～160 m/s。料液被高速上升的二次蒸汽带动，沿管内壁形成薄膜上升并不断被加热蒸发，料液从加热器底部至加热管顶部出口处逐渐被浓缩。

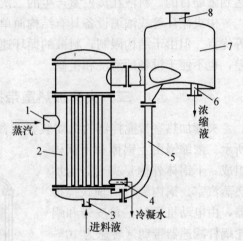

图3-6 升膜式浓缩器
1. 蒸汽进口　2. 加热室　3. 料液进口
4. 冷凝水出口　5. 循环管　6. 浓缩液出口
7. 分离室　8. 二次蒸汽出口

在二次蒸汽的诱导和分离器高真空的吸力作用下，浓缩液沿切线方向高速进入蒸发分离器，在离心力作用下与二次蒸汽分离，二次蒸汽从分离器顶部排出，浓缩液一部分通过循环管，再进入加热器底部继续浓缩，另一部分达到浓度的料液从分离室底部排出。对非循环型生产而言，进料经一次浓缩后，达到成品浓度而排出。

升膜式浓缩器使用时，要注意控制进料量，一般经过一次浓缩的蒸发水份量，不能大于进料量的80%。如果进料量过多，加热蒸汽不足，则管的下部积液过多，会形成液柱上升而不能形成液膜，使传热效果大大降低。如果进料量过少，会产生管壁结焦现象。料液最好预热到接近沸点时进入加热器体，可增加液膜在管内的比例，提高沸腾和传热系数。

升膜式浓缩设备属于自然循环式浓缩设备。料液沿管壁成膜状流动，进行连续传热蒸发，料液在浓缩器停留时间较短（10～20 s），传热效率良好，适合于热敏性制品浓缩。

一般长管式的管长 6～8 m，短管式 3～4 m，其传热系数可达 1 745 W/（m² · K）。这种浓缩设备的主要优点是：设备占地面积少，传热效率高，受热时间短。在加热管中停留时间约 10～20 s，从而减少了热敏性料液分解的危险。由于料液在管内速度较高，故尤其适用于易起泡沫的料液，同时还能防止结垢的形成及黏性料液的沉淀，加热器一般安装于蒸发分离室外侧，便于检修，但管子较长，清洗较困难。

图 3-7 为双效升膜式浓缩装置，可连续操作，具有节约加热蒸汽与冷却水等优点。

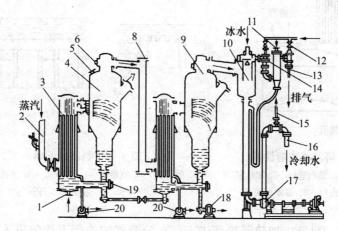

图 3-7 双效升膜式浓缩装置

1. 料液进口 2. 蒸汽进口 3. 加热管 4. 一效蒸发分离室 5. 视孔

6. 清洁孔 7. 入孔 8、19. 清洗孔 9. 二效蒸发分离室

10. 冷凝器 11. 冷水进口 12. 高压蒸汽进口 13. 排气管

14. 喷射式真空泵 15. 放气口 16. 冷却水出口 17. 排水泵

18. 酱体抽出泵 20. 冷凝水排出泵

（二）降膜式浓缩器

降膜式浓缩器传热效率高，受热时间短，适合于果汁及乳制品生产。但料液均匀分布于管内较困难。

降膜式浓缩设备的构造与升膜式浓缩设备相似，如图 3-8 所示，主要区别是料液由加热器顶部加入，经分配器导流管分配进入加热管。

为了使料液均匀分布于加热管内，并沿管内壁流动，在管的顶部或管内装有分配器。分配器的结构如图3-9所示。分配器对提高传热有明显作用，但也增加了清洗管道的难度。

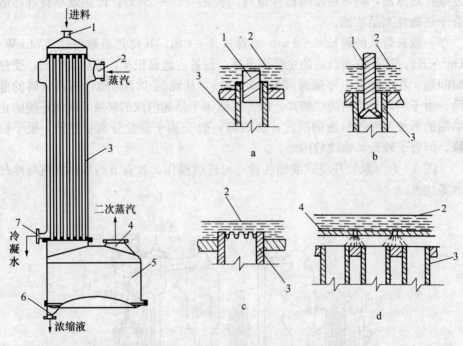

图3-8　降膜式浓缩设备
1.料液进口　2.蒸汽进口　3.加热室
4.二次蒸汽出口　5.蒸发分离室
6.浓缩液出口　7.冷凝水出口

图3-9　料液分配器
a.螺旋式　b.圆锥式　c.齿缝式　d.多孔板式
1.导流管　2.液面　3.传热管
4.分配板

　　工作时，料液由加热器顶部进入，在分配器的作用下均匀进入加热管中，并在重力作用下沿管壁成液膜状向下流动。蒸汽在管外流动，对料液进行加热。汽液混合物进入蒸发分离室后进行分离，二次蒸汽由分离室顶部排出，浓缩液由底部抽出。降膜式浓缩设备为连续作业，料液通过加热管后即达到浓缩要求，故加热管应足够长，才能保证传热效果。由于料液受热时间短，有利于对食品营养成分的保护。其次，由于蒸发时以薄膜状进行，故可避免泡沫的形成。

　　降膜式浓缩设备利用重力作用降膜，且受热时间短，适宜于热敏性强的物料。料液沸腾时生成的泡沫易在管壁上受热破裂，适宜于蒸发易生泡沫的物料。料液液位变化会影响薄膜的形成及厚度变化，严重时会使加热管内表面暴露而结焦。由于加热管较长，如有结焦则清洗困难，不适宜于浓度高、黏度大的物料。生产过程中不能随意中断生产，否则容易结垢或结晶。

四、浓缩设备常见故障

由于操作条件、使用方法等因素的变化，常导致浓缩设备不能正常运行，甚至使浓缩过程中断。因此，应根据浓缩设备的结构特点和工作流程，正确判断浓缩设备的故障。

(一) 真空度过低

真空度过低会使浓缩液的沸点和二次蒸汽的温度随之升高，从而降低了加热蒸汽与浓缩液之间的有效温度差，既减少了传热量，减缓了蒸汽蒸发速度，又使料液加热温度升高，影响了有效成分的保存。真空度过低，除影响浓缩质量外，还降低了设备的生产能力。造成真空度过低的原因如下：

1. 浓缩设备泄漏　各连接件泄漏渗入空气，空气渗入使真空设备增加了额外负担，严重时甚至导致无法抽真空。

2. 冷却水量不足　除了水泵设备方面的原因，冷却水量不足主要是由于管道堵塞、阀门损坏造成。冷却水量不足使二次蒸汽不能及时冷凝，严重影响真空设备操作，特别是使用水力喷射器产生真空时，由于水量不足而不能形成正常的射流速度，将使浓缩设备的真空度大大降低。

3. 冷却水温过高　冷却水的进水温度过高，浓缩加热产生的大量二次蒸汽不能及时得到冷凝，浓缩设备的真空度便迅速降低。这在使用水力喷射器兼作冷凝设备的浓缩设备中，反应特别明显。由于设备安装、设计方面的缺陷，水力喷射器出水未经冷却而直接使用，促使冷却水温迅速上升，也是真空度降低的原因之一。

4. 使用蒸汽压力过高　加热蒸汽压力过高使浓缩设备蒸发速率迅速升高，产生了大量的二次蒸汽，加重了冷却设备的负荷，使真空度逐步降低。真空度的降低又提高了物料的蒸发温度，将影响产品质量和设备的生产能力。

5. 真空设备有故障　用于浓缩生产的真空泵有故障使抽气速率下降。用于浓缩设备的水力喷射器喷嘴阻塞，使冷却水的流量下降，出口处冷却水射流受到影响，使设备真空度无法达到工艺要求。

(二) 真空度过高

1. 冷却水温度过低　浓缩设备冷却水的进水温度过低，使设备的真空度过高。虽然高真空增加了加热蒸汽与物料沸点之间的有效温度差，有利于提高传热量、加快蒸发速率，但由于二次蒸汽的汽化潜热随真空度的升高而增大，增加了加热蒸汽的消耗。

2. 加热蒸汽压力过低或蒸汽量不足　由于加热蒸汽使用压力过低或者蒸汽流量不足，使蒸发速率大大降低。

3. 分离室故障　在使用汽水分离器的浓缩设备中，由于汽水分离器堵塞或者汽水分离器选择不当，造成冷凝水排水不畅，使加热器积水严重。此外，如果加热蒸汽品质差，或者冷天蒸汽管道保温不良，也会使加热器内积水严重，从而使热量传递发生困难，使真空度过高。

4. 加热器故障　加热器表面的严重结焦降低了加热面的传热系数，使蒸发速率降低而使浓缩锅内真空度超过标准。

(三) 冷却水倒灌入浓缩设备

1. 设备突然停止运行　突然停电使锅内真空度高于真空系统。此时未及时关闭蒸汽，破坏锅内真空度，真空系统内的冷却水将会倒灌入浓缩设备。

2. 操作失误　未按正常顺序进行操作（在设备停运时先关闭真空设备，后破坏锅内真空），使锅内真空度瞬时高于真空系统，冷却水将会倒灌。

3. 真空设备故障　真空设备的突然故障使真空系统抽气速率突然急剧下降，在此情况下，未及时采取破坏锅内真空的措施，冷却水将倒灌。

(四) 加热器表面结焦

1. 进料量过少或蒸汽温度、压力过高　进料时浓缩设备内物料量不多，加热表面未被物料全部浸没而即开启蒸汽阀门，使加热表面裸露而结焦。当运行中供料中断以及生产过程中加热蒸汽压力、温度的突然升高或者操作条件的突然变化，都可能使加热面严重结焦。

2. 操作不当　不按停车顺序进行操作。停车时未先关闭加热蒸汽阀门而先破坏真空，使物料液位下跌，造成加热面裸露而结焦。

(五) 跑料

1. 进料量偏多　启动操作时一次进料量过多，使分离器内料液位过高，造成压气操作困难而易产生跑料。在正常操作中，进料量大于出料量和蒸发水分之和，使分离器内料液位过高而跑料。

2. 真空度偏高　实际操作中真空度过高或者真空度突然升高，将产生跑料。

3. 设备泄漏　间歇操作浓缩设备底部或者升（降）膜式浓缩设备底部泄漏，使料液跳动严重而外溢。

4. 出料中断　连续式设备中出料突然中断，会使料液面上升而产生跑料。

第三节　真空浓缩设备附属装置

真空浓缩设备的附属装置主要包括汽液分离器、冷凝器及真空泵等。

一、汽液分离器

汽液分离器又称捕集器、捕沫器、捕液器、除沫器。其功用是将蒸发的二次蒸汽中夹带的细微液滴分离，以减少料液的损失，并避免污染管道和其他浓缩器的加热面。

汽液分离器有惯性型分离器、离心型分离器和表面型分离器等类型。

（一）惯性型汽液分离器

惯性型汽液分离器的结构如图 3-10a、b 所示。其工作原理是：在二次蒸汽流经的通道上设置若干挡板，使带有液滴的二次蒸汽通过时多次突然改变流动方向，并与挡板碰撞。由于液滴惯性大，在突然改变方向时从蒸汽中甩出，沿挡板面流下，与气体分离。为了提高分离效果，惯性型汽液分离器的直径一般比二次蒸汽的入口直径大 2.5～3 倍。正常操作时效果较好，但阻力损失较大。

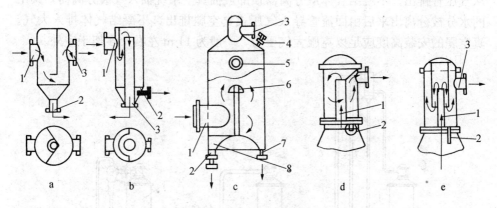

图 3-10　汽液分离器

a、b. 惯性型汽液分离器　c. 离心型汽液分离器　d、e. 表面型汽液分离器

1. 蒸汽进口　2. 料液回流口　3. 二次蒸汽出口　4. 真空解除阀　5. 视孔　6. 折流板
7. 排液口　8. 挡板

（二）离心型汽液分离器

离心型汽液分离器的结构与离心分离器相似，如图 3-10c 所示。其工作原理是：带有液滴的二次蒸汽沿分离器内壁切向导入，使汽液混合物产生回转运动，液滴在离心力的作用下被甩至内壁，并沿内壁流下，回到蒸发室。二次蒸汽由顶部排出。在蒸汽流速较大时，分离效果好，但阻力损失仍较大。

（三）表面型汽液分离器

表面型汽液分离器的结构如图 3-10d、e 所示。工作时，带有液滴的二次蒸汽通过多层金属网或磁圈时，液滴被粘附在网圈的表面，而二次蒸汽通过。这种汽液分离器的特点是气流速度较小，阻力损失小，但填料和金属网不易清洗。

二、冷 凝 器

冷凝器的功用是将真空浓缩所产生的二次蒸汽冷凝，并将其中不凝结气体（如二氧化碳、空气等）分离，以减轻抽真空系统的负担，并保证所需的真空度要求。冷凝器的种类很多，主要有大气式冷凝器、表面式冷凝器、低水位冷凝器和喷射式冷凝器等。

(一) 大气式冷凝器

大气式冷凝器的结构如图 3 - 11a 所示。工作时，冷却水自冷凝器顶部进入，由交错分布并具小孔的淋水板上均匀地分散淋下。二次蒸汽从冷凝器底侧进入，由下往上流经隔板间隙，与从冷凝器顶部进入的冷水逆流接触，冷凝后从气压管排出。不凝结气体从分离器顶部被抽真空系统抽入气液分离器，其中的水分被分离出来后由回流管导入气压式真空腿排出，不凝结气体排入大气。真空腿的安装高度应足以克服大气压力，一般为 11 m 左右，多架于室外。

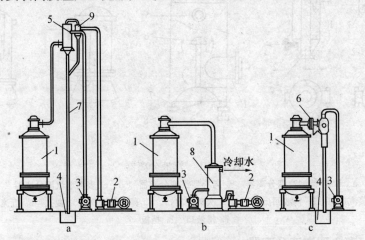

图 3 - 11　冷凝器

a. 大气式冷凝器　b. 表面式冷凝器　c. 低水位冷凝器

1. 真空浓缩锅　2. 干式真空泵　3. 给水泵　4. 热水池　5. 大气式冷凝器

6. 水力喷射器　7. 气压式真空腿　8. 表面式冷凝器　9. 气液分离器

(二) 表面式冷凝器

表面式冷凝器的结构如图 3 - 11b 所示。在圆筒形壳体内装有多根平行管子所组成的管束，管束固定在两端管板上。按管束安放形式可分为立式和卧式两种，以立式居多。通过管壁间接传热，二次蒸汽在管内流动，冷却水在管外与二次蒸汽呈逆向流动。两种流体的温差较大，一般二次蒸汽与冷却水温相差10～12℃，除非冷却水具有回收价值，否则其使用是不经济的。单效降膜式浓缩设备上采用这种冷凝器。

（三）低水位冷凝器

低水位冷凝器是将大气式冷凝器的气压腿由贮液槽和抽水泵代替，这样可降低冷凝器的高度。有时，在其顶端还连接有真空泵或水力喷射泵，如图 3-11c 所示。低位冷凝器由于降低了安装高度，可安装在室内。它要求配置的抽水泵具备较高的允许真空吸头，管路应严密，以防止冷却水倒吸入浓缩设备。由于多配置了一套抽水泵，投资费用有所增加。

（四）喷射式冷凝器

喷射式冷凝器主要由水力喷射器和离心泵组成，兼有冷凝和抽真空两种作用。水力喷射器的结构如图 3-12 所示，由喷嘴、吸气室、混合室、扩散室等部分组成。

工作时，由离心泵将水压入喷嘴。由于喷嘴断面积减小，水流以高速（15～30 m/s）从喷嘴射出，这样在喷嘴出口处就形成低压区域，不断将二次蒸汽吸入。由于二次蒸汽与冷却水间有温差，二次蒸汽凝结成水，同时夹带着不凝性气体随冷却水一起排出，既达到冷凝效果，又起到抽真空作用。

喷嘴排列是否恰当，对抽气效果有很大影响。喷嘴按同心圆排列，一般为1～3圈，喷嘴直径以 16～20 mm 为宜。喷嘴喉部直径大小与要求的真空度有关，其喉部上下截面积之比在3～4 之间，喉管长度为 50～100 mm。为避免

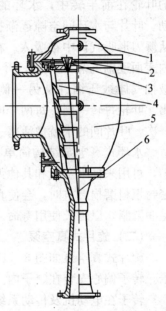

图 3-12　水力喷射器
1. 顶盖　2. 喷嘴　3. 喷嘴托板
4. 导向盘　5. 喷射器体　6. 扩散管

高压水流的冲击，在吸气室内装有导向盘，可起到缓冲和分配水流作用。

三、真　空　泵

真空泵的功用是降低浓缩锅内的压力，保证整个浓缩装置处于真空状态，从而使料液在低温下沸腾，有利于提高食品的质量。

常用的真空泵有机械泵和喷射泵两类。机械泵有回转泵和往复泵，喷射泵有水力喷射泵和蒸汽喷射泵。蒸汽喷射泵与水力喷射泵（见喷射式冷凝器）结

构基本相同。

（一）水环式真空泵

水环式真空泵如图 3-13 所示，主要由泵体、泵盖和叶轮组成。泵体和泵盖构成工作室。叶轮有 11 个叶片，呈放射状均匀分布在轮毂上。叶轮偏心地安装在工作室内。

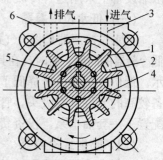

图 3-13 水环式真空泵
1. 叶轮 2. 水环 3. 进气管
4. 吸气口 5. 排气口 6. 排气管

水环式真空泵工作前，先向泵内灌入一半水。当电动机带动叶轮高速旋转时，由于离心力的作用，将水甩至工作室内壁形成一个旋转水环，水环外部表面与轮壳相切。沿箭头方向旋转的叶轮在前半转中，水环的内表面逐渐向外移动。叶片与水环间空隙逐渐扩大形成真空，气体从镰刀形吸气口中被吸入。在后半转中，水环的内表面逐渐与轮毂接近，叶片间空隙逐渐减小，被抽气体被压缩并从另一侧镰刀形排气口中排出。叶轮每转一周，每两个叶片间的容积即改变一次，叶片间的水就像活塞一样反复运动，连续不断地抽吸和排出气体。

水环式真空泵结构简单、紧凑，操作可靠，内部不需润滑，排气量较均匀，可用来抽吸空气和其他无腐蚀性、不溶于水的气体。但高速旋转的叶片及密封填料磨损严重时，会使真空度下降，故需经常检查或更换。轴承应定期加足润滑脂，以延长使用寿命。

（二）旋片式真空泵

旋片式真空泵如图 3-14 所示，它的主要部件是圆筒形定子和圆柱体转子。转子偏心安装在定子内。

转子在电动机及传动系统带动下，绕自身中心轴作逆时针旋转。转子上方与定子腔壁紧密接触。两个滑片横嵌在转子圆柱体的直径上，它们之间有一根弹簧，使滑片紧贴在定子的腔壁上。这样滑片把定子和转子之间的空间分隔成两个腔室。当滑片跟着转子旋转时，靠近进气口一面的腔室容积逐渐增大，压力减小，从被抽容器中吸入气体。而在另一腔室中，滑片对已吸入的气体进行压缩，使它推开排气阀，从排气口排出。转子不断转动，就达到了抽气的目的。为避免漏气，排气阀以下部分全浸没在真空油内。

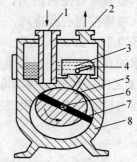

图 3-14 旋片式真空泵
1. 进气口 2. 排气口
3. 真空油 4. 排气阀 5. 转子
6. 弹簧 7. 滑片 8. 定子

· 复习思考题 ·

1. 真空浓缩设备的选择要求是什么？
2. 简述真空浓缩设备的操作流程。
3. 简述升膜式真空浓缩设备的结构、工作原理和使用。
4. 简述喷射式冷凝器结构、工作原理和特点。
5. 简述浓缩设备常见故障及解决措施。

实验实训一　真空浓缩设备结构观察与选型

一、目的要求

掌握真空浓缩设备的结构和选择真空浓缩设备的方法。

二、设备与工具

真空浓缩设备 2~4 种类型。

三、实训内容及要求

1. 真空浓缩设备的结构观察　选择一种真空浓缩设备，观察其组成和结构。

2. 选择真空浓缩设备　根据实习场所的具体条件，试选择一套真空浓缩设备。真空浓缩设备选择时的要求和应考虑的因素如下：

（1）料液的性质。包括成分组成、黏滞性、热敏性、发泡性、结垢性、结晶性、腐蚀性和是否含有固体悬浮物等。

（2）工艺要求。包括处理量、蒸发量、料液和浓缩液进出口的浓度、温度和作业方式（连续还是间歇）等。

（3）产品质量要求。符合卫生标准，产品的色、香、味和营养成分等符合要求。

（4）资源条件。包括热源、气象、水质、水量和原料供给情况等。

（5）经济性和操作要求。包括厂房占地面积和高度、设备投资状况、传热效果和热能利用、操作和维修是否方便等。

实验实训二　真空浓缩设备的检修

一、目的要求

掌握真空浓缩设备检修的基本方法。

二、设备与工具

1. 真空浓缩设备 2 台。

2. 检修工具 2 套。

三、实训内容及要求

1. 浓缩设备的检修　检修的目的是为了保养设备、保证设备正常安全运转、提高设备的生产能力和减少蒸汽消耗量。由于浓缩设备每年使用时间长短不一。所以停车后必须立即进行清洗及检修，及时盖封，避免尘土污染，减少腐蚀，保证卫生及质量要求。由于经过一段时间的使用后，加热管内、外会形成积垢，仪器、仪表的灵敏度降低，设备的密封橡胶、垫圈等老化脱落（松动）而导致设备阀门泄漏等问题，故必须经常检修，及时更换。检修后，应进行压力试验及真空试验。对设备的易损零部件，应及早备好备件，以便及时更换。

2. 浓缩设备的安全技术要求　检修设备前，必须熟悉有关图纸，了解设备的结构、管路阀门的使用、设备的操作规程等。各电动机应装有地线，避免漏电时发生人身事故。传动部分应装有保护罩。检修后试验时，设备内必须先有料液然后才能通入蒸汽，避免在传热面上产生结焦现象，同时避免设备骤热骤冷，以延长设备的使用寿命。进行设备检修时，如进入蒸发器内操作，必须先在蒸汽阀门上挂警告牌，照明必须采用低压工作灯。

第四章 干燥机械与设备

食品干燥的目的是为了减少体积和重量，以便贮存、运输。食品中去除大量水分后，可抑制微生物滋生，保持成品质量。工业生产中常用的干燥方法有喷雾干燥、微波干燥、红外辐射干燥、沸腾干燥和升华干燥等。

干燥操作不仅是传热的过程，还包含着化学变化。干燥时，可先用较经济的方法除去容易蒸发的水分，再用工艺较复杂的方法除去难蒸发的水分。由于被干燥的物料在形态、含水量、热敏特性等方面存在差异，干燥所需的时间、温度、水汽量、传热量等差异很大，同时要考虑设备的经济性、能量消耗、操作使用、安全生产等因素，所以干燥机械与设备的种类较多。

食品干燥设备可分为外热性干燥设备和内热性干燥设备。外热性干燥设备主要利用蒸汽、热空气等与物料热交换，对物料从外到内进行干燥。外热性干燥设备有喷雾干燥设备、升华干燥设备和沸腾干燥设备。内热性干燥设备是使被干燥物料在能量场的作用下，使分子产生热运动而达到干燥的目的，常用的有微波干燥设备和红外线干燥设备。

第一节 喷雾干燥设备

喷雾干燥主要是将流体物料干燥成粉状物料，如乳粉、果汁粉、蛋清粉等。

一、喷雾干燥的原理及分类

喷雾干燥是通过机械作用，将浓缩后的料液分散成细小的雾状微粒，与热空气接触后，瞬间将大部分水分除去，使物料中的固体物质干燥成粉末。

喷雾干燥具有干燥迅速、干燥条件和质量容易调节、生产效率高、生产环境好和无需后续加工等优点。但也存在设备较复杂、回收装置机械结构复杂、能耗较高等缺点。喷雾干燥在乳粉、奶油粉、乳清粉、果汁粉、速溶咖啡等的食品加工中得到广泛应用。

喷雾干燥按料液微粒化的方法分为压力喷雾干燥和离心喷雾干燥。按干燥室中热风和被干燥物料之间的运动方向分为并流型、逆流型和混合型。

二、喷雾干燥设备及流程

(一) 压力喷雾干燥设备及流程

压力喷雾干燥是利用高压泵产生的高压，将浓缩后的液料送入雾化器（喷枪），使液料雾化成 $10 \sim 200 \, \mu m$ 的雾状微粒喷入干燥室，与热空气直接接触，使其表面水分迅速蒸发，瞬间（一般在 $0.01 \sim 0.04 \, s$ 内）被干燥成球状颗粒。

1. 水平箱式并流型压力喷雾干燥设备流程　该设备主要由干燥室、高压泵、空气加热器、螺旋输送器、布袋过滤器、排风机等部分组成，如图 4-1 所示。

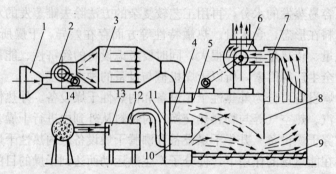

图 4-1　水平箱式并流型压力喷雾干燥设备流程

1. 空气过滤器　2. 引风机　3. 空气加热器　4、10. 热空气入口及喷雾处
5. 干燥室　6. 排风机　7. 布袋过滤器　8. 挡板　9. 螺旋输送器
11. 空气分配室　12. 高压管路　13. 高压泵　14. 管式杀菌器

工作时，新鲜空气通过空气过滤器过滤，由引风机送入空气加热器，把空气加热到 150 ℃左右，然后再由空气分配室使热空气均匀进入干燥室。料液先通过管式杀菌器杀菌后进入高压泵，以 $14 \sim 15 \, MPa$ 的压力送入喷嘴进行喷雾。雾滴在干燥室中与热空气相遇，雾滴吸取热量，瞬间失去大部分水分，成粉末状固体落入底部，并由螺旋输送器输送至冷却沸腾床冷却，立即称量包装。

少量粉尘被气流带至布袋过滤器，空气穿过布袋被排风机抽走，粉尘则粘附在布袋上，由振荡器定时振动，使布袋上粘附的粉尘落入底部螺旋输送器上。为充分发挥其回收性能，通常排风机功率大于进风机功率的 25%～30%，使干燥室内呈微弱负压，避免粉尘泄漏，污染车间，使废气尽量排入大气。

2. **立式并流型压力喷雾干燥设备流程**　该设备结构如图 4-2 所示。因干燥室为圆柱体，又称塔式喷雾干燥设备。干燥室的高度一般在 5 m 以上，随着生产能力的提高，目前干燥室的高度已达 15～20 m。干燥室的底部为圆锥体，其锥角为 50°～55°，便于自动卸料。

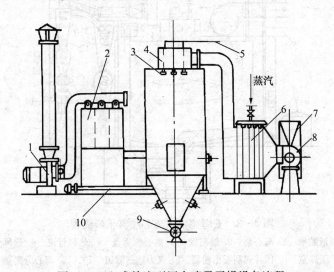

图 4-2　立式并流型压力喷雾干燥设备流程
1. 排风机　2. 布袋过滤器　3. 喷头　4. 热空气分配室　5. 高压管路
6. 空气加热器　7. 空气过滤器　8. 进风机　9. 出粉口　10. 螺旋输送器

喷头装于塔顶平面上，采用 M 型喷嘴。在塔的锥体下部，装有出料阀门，可连续出料，排风采用布袋过滤器分离粉尘。工作时，新鲜空气经空气过滤器进入空气加热器，加热至 130～160 ℃后，送到热空气分配室，使热空气均匀地进入干燥室。高压泵将料液送入雾化器，由于高压的作用使料液从喷头喷出雾化。雾滴在干燥室与热空气相遇，以并流方式自上而下运动，使水分蒸发干燥。干燥的粉粒落入塔底，由星形阀排出干燥塔。

（二）离心喷雾干燥设备及流程

离心喷雾干燥设备是利用离心力将料液雾化，喷入干燥室干燥的设备。

1. **安海德罗式离心喷雾干燥设备流程**　安海德罗式离心喷雾干燥设备流程如图 4-3 所示。

贮槽内的料液通过离心泵送入离心喷雾盘，成雾状喷入干燥室，干燥后的粉粒落入干燥塔底部，经回转出粉器将粉料刮到气力输送管内。室外冷空气通过空气过滤器过滤后，由进风机送入空气加热器，再由热风管送入热风分配室与雾滴同一方向，在干燥室并流垂直下降，废气和干粉一同由气力输送装置卸出，并与从冷空气进口 15 进来的冷空气混合后，沿切线方向一同进入离心分

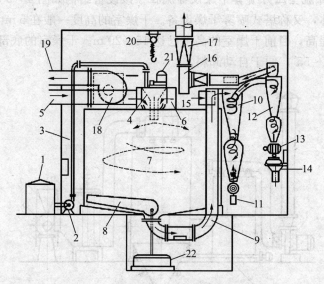

图 4 - 3 安海德罗式离心喷雾干燥流程

1. 浓缩料液贮槽 2. 离心泵 3. 输料管 4. 离心喷雾盘 5. 热风管道 6. 热风分配室
7. 干燥室 8. 回转式刮板出粉器 9. 气力输送管道 10、12. 离心分离器
11、15. 冷空气进口 13. 出粉器 14. 振动筛 16. 排风机 17. 风管 18. 进风机
19. 送风管 20. 电动葫芦 21. 电动机 22. 刮粉器传动机构

离器 10。由于从进风口 11 处进入冷风，使沉降的粉粒通过中央管进入下一个旋风分离器 12，干粉通过出粉器进入振动筛筛分。旋风分离机排出的废气由排风机 16 排入大气。

安海德罗式离心喷雾干燥设备流程的优点是刮板式刮粉器每分钟回转一周，使粉料在短时间内脱离干燥室的高温。干燥后的粉料与废气全部一次由气力输送装置送至离心分离器。干粉与废气在离心分离器内分离时，由于外界引入净化的冷空气，使成品在输送过程中得到冷却。其他附属设备集中于干燥室顶部或周围，占地面积较小。塔顶装有电动葫芦可吊出或放置离心机，不必钻入塔内清洗或维修。

安海德罗式喷雾干燥流程的缺点是在输送过程中，空气流速不得小于 15~20 m/s，每输送 1 kg 奶粉约需 1~3 kg 空气。用于气力输送的空气相对湿度不宜过高。由于粉料在输送管道内高速流动，极易与管壁产生摩擦，造成数量不少的微细粉尘成品，不好处理。虽然在分离时得到冷却，但冷却效率不高，冷却后温度高于空气温度 9 ℃。在夏季 30 ℃工作环境下，干粉只能冷却到 39 ℃，仍高于乳脂肪熔点。为了提高冷却效率，需将空气预先冷却处理，但不如采用冷却沸腾床式冷却出粉装置经济。

2.尼罗式喷雾干燥设备流程　尼罗式喷雾干燥设备工艺流程如图4-4所示。

尼罗式离心喷雾干燥塔内外壁全用不锈钢制造，并经抛光处理，符合食品卫生要求，外观好。保温层厚60 mm，在塔的锥部装有8个电磁振荡器，由继电器控制，每隔一定时间，交换地振动几次，把粘附于塔壁的粉末振下来，及时送到出粉口。

离心喷雾盘用不锈钢制造，采用弯曲多叶板喷雾盘，盘上共有16条叶槽，圆盘直径为210 mm，在14 000 r/min的速度下，处理物料量为500 kg/h。由于这种盘从直沟槽改为弯曲槽，可减少成品中的空气，避免了氧化。由于转速高，喷出的液滴直径

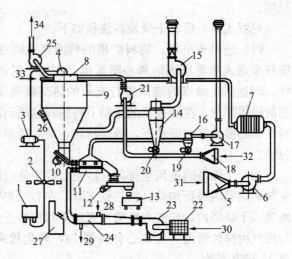

图4-4　尼罗式离心喷雾干燥设备流程
1.物料贮槽　2.双联过滤器　3.螺杆泵　4.离心喷雾机　5、18、22.空气过滤器　6.进风机　7.空气加热器　8.蜗壳式热风盘　9.喷雾塔　10.激振器　11.冷却沸腾床　12.出粉振动装置　13.集粉箱　14、16.细粉回收离心分离器　15、17.排风机　19、20.鼓形阀　21.细粉回收风机　23.冷却风机　24.空气减湿冷却器　25.冷却风圈排风机　26.仓壁振荡器　27.仪表控制台　28.冷盐水进口　29.热交换后冷盐水出口　30、31、32.新鲜空气入口　33.冷却风圈进风　34.冷却风圈排风

小，粉料的颗粒较小。但经过细粉回收装置，使颗粒直径增大，提高了乳粉的速溶性。

采用离心风分离器，效率高，出粉方便，易清扫和清洗，输粉管道大为简化。进热风处有蜗壳式热风分配盘，使热风分配均匀，防止产生焦粉、粘粉现象。

在干燥以后操作中，用沸腾冷却床和空气减湿器代替气流输送和冷却，减少细粉生成量，能连续出粉又能连续筛粉。尤其是能及时冷却，连续包装。

空气减湿器是一个管式换热器。进入冷却沸腾床的空气除了必须降温外，尚需降低空气湿度，否则干燥粉料遇湿空气后会增加含水量。减湿器壳体内装有管道，壳体直接与空气过滤器连接，进来的新鲜空气，在壳体内与通入冷水或冷盐水的换热管道进行热交换，使空气冷到露点以下，所含湿气

凝结。

尼罗式离心喷雾干燥设备流程如下：

（1）进料至出粉。物料贮槽的料液经双联过滤器，把机械杂质除掉，由螺杆泵送入喷雾塔顶的离心喷雾机。在离心机的高速旋转下，将物料喷成雾状，与送入干燥塔的热风进行充分的热交换蒸发掉水分，干燥成粉粒落入塔底的锥体部分，在激振器的振动下将粉料输送到冷却沸腾床冷却。冷却后的粉料在偏心振动筛的振动下，破碎粉块，最后经振动装置将粉料输送到集粉箱去包装。

（2）干燥塔的进风至排风。冷空气经空气过滤器 5 过滤后，被进风机送入空气加热器内进行加热。加热到 220 ℃左右的热空气，经蜗壳式热风盘螺旋式地吹入干燥塔内，与离心机喷出来的雾状物料进行热交换。蒸发出来的水蒸气与废气由排风管道进入离心分离器 14，粉尘被离心分离器回收，废气由排风机 15 排出室外。

（3）冷却沸腾床的进风到排风。空气经过滤器 22 过滤后，由通风机送入空气减湿冷却器内进行降温和除湿，再进入冷却沸腾床冷却从喷雾塔中输送来的粉料。经过热交换的冷空气从冷却沸腾床的排风口送至离心分离器 16 将细粉回收，废气则由排风机 17 排出室外。

（4）细粉回收系统。经离心分离器 14、16 回收的细粉，分别由鼓形阀排入到细粉回收管道。而经过空气过滤器过滤的空气，在细粉回收通风机的作用下，带着细粉一起进入蜗壳式热风盘内，吹入喷雾塔，与离心机喷出来的雾滴混合，重新干燥。对奶粉生产而言，可使奶粉颗粒增大，从而提高奶粉的速溶性。

（5）控制系统。该流程中有很多设备通过电器开关来控制和调节生产过程，如螺杆泵的无级变速调节，离心机、鼓风机、激振器、鼓形阀等的电器开关，都集中在仪表控制台 27 上，便于操作。

三、喷雾粒化装置（喷雾器）

喷雾器是喷雾干燥设备的重要部件，能使料液稳定地喷洒成大小均匀的雾滴，均匀地分布于干燥室的有效部分，并与热空气保持良好的接触。但雾滴不能喷至干燥室壁面，也不能相互碰撞。目前我国广泛应用的压力喷雾器有 M 型和 S 型两种。

（一）M 型压力喷雾器

M 型喷雾器的结构如图 4－5a 所示，主要由涡流板、喷头等组成。喷头内镶入人造红宝石喷嘴。在喷头上有导流沟，导流沟的轴线垂直于喷头轴线，但

不与之相交。导流沟与涡流板上的切
向通道相通。

　　高压料液进入喷雾器，经涡流板
上的小孔进入导流沟，沿切线方向进
入喷嘴内，产生强烈的旋转运动，形
成环形薄膜从喷头喷出。高压下喷出
的锥形液膜，受到迎面空气的碰撞，
液膜被撕列破碎成细小雾滴，与进入
干燥塔内的热气流进行热、质交换，
便在瞬间干燥。涡流板采用 45 号钢制
成，淬火后具有一定的硬度。有的喷
头是用硬质合金制成，则无须镶入宝
石喷嘴。

　　M 型喷雾器的流量大，适用于生
产能力较大的干燥设备。采用红宝石

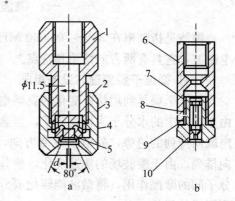

图 4-5　喷雾器
a. M 型喷雾器　　b. S 型喷雾器
1、6. 管接头　2. 喷头帽　3. 涡流板　4. 喷头
5. 人造红宝石喷嘴　7. 喷头座　8. 涡流芯
9. 垫片　10. 喷孔

喷嘴，耐磨性能好，喷孔内壁光滑，雾化状况一致，产品质量好。同时，红宝
石喷嘴的喷孔直径大，不易被堵塞，并在一定程度上改善了乳粉的色泽及冲调
性。

（二）S 型压力喷雾器

　　S 型喷雾器的结构如图 4-5b 所示。它由喷头座、涡流芯等组成。在涡流
芯上有两条导流沟，导流沟的轴线与涡流芯的轴线成一定的角度，使进入导流
沟的料液作螺旋运动。喷头座、涡流芯等均用不锈钢材料制成。喷孔直径一般
为 0.5～1.4 mm。

　　S 型喷雾器由于采用的是不锈钢材料，耐磨性能差，喷头内孔易磨损，使
雾化状态发生改变，需要经常修复或更换，喷头流通能力也较小。故也有用硬
质合金材料制造的，但制造工艺较难。

第二节　电磁辐射干燥设备

　　电磁辐射干燥设备是利用电磁感应加热（如高频、微波、红外线等）来干
燥食品的。由于电磁辐射效应是使食品中的水分子在激烈的运动中产生摩擦而
发热，所以食品能从外部到内部同时均匀发热而干燥，且具有选择性，不会过
热而焦化，外部形状的保持也比其他干燥方法好。常用的电磁干燥设备有微波
干燥设备和红外线干燥设备。

一、微波干燥设备

微波是指频率在 300～300 000 MHz，介于无线电波和光波之间的超高频电磁波，它具有两者的性质和特点。

（一）微波干燥原理与设备组成

微波干燥是利用快速变化的高频电磁场与物料分子相互作用加热干燥的。由于物料中的水分子为极性分子，当遇到微波电场时，水分子即有沿着电场方向取向排列的趋势，外电场改变方向，水分子也会旋转 180°而重新和电场取向排列。由于微波场的快速变化，使分子也快速地旋转，分子的热运动和相邻分子间的摩擦作用，将微波能转化成分子的热运动，使物料温度升高，从而达到干燥的目的。

微波干燥设备主要由直流电源、微波发生器（磁控管、调速管）、冷却装置、微波传输元件、加热器、控制及安全保护系统等组成，如图 4-6 所示。微波发生器是在微波加热干燥中产生微波能的器件，由直流电源提供高压并转换成微波能，主要有磁控管和速调管两种。冷却装置主要用于对微波发生器的腔体和阴极等部位通过风冷或水冷进行冷却。

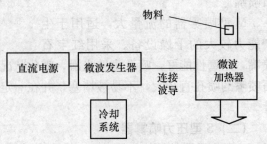

图 4-6　微波干燥设备系统组成

（二）微波与场中物料的介电特性

微波在传播中遇到介质会发生反射、吸收和穿透现象，根据物料与电磁场之间的关系，可分为导体、绝缘体、介质和磁性化合物。

导体的作用用于传播和反射微波能量。导体材料有铜、铝、银等。在微波系统常用的传播微波装置一般使用铝或黄铜制成矩形管。

绝缘体又称为"无损耗介电体"，是几乎不吸收微波能量的材料，用于穿透和反射微波。微波装置使用的绝缘体材料一般有玻璃、陶瓷、云母、聚四氟乙烯等，用于微波场中被加热物料的支撑装置，如输送带、托盘等。

介质是指性能介于导体和绝缘体之间的材料，具有吸收、穿透和反射微波能量的能力。在干燥操作中，被加热的物料吸收微波能量，将微波能转化为热能，故称为"有耗介质"。

磁性化合物的性能非常像介电材料，能反射、吸收、穿透微波，同微波场的磁场分量发生作用，会产生热量。这些材料为铁磁体，大都用作保护或轭流装置的材料，以防止微波能的泄漏。

（三）微波炉

微波炉也称箱式加热器或箱式微波炉，它是利用驻波场的微波加热干燥设备，其结构如图 4-7 所示，由矩形谐振腔、输入波导、反射板、搅拌器等组成。

谐振腔是由金属构成矩形的中空六面体，其中一面装有反射板和搅拌器，底面装有支承加热物料的低损耗介质底板，在其他面上（箱壁上）开有炉门和排湿孔，如果用于连续生产的加热干燥设备，则在对应的两侧底边还开有长方形孔（通道），以便传送带和干燥物料连续运行通过。

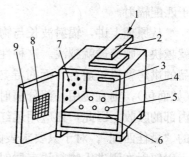

图 4-7　微波炉

1. 微波输入　2. 波导管　3. 横式搅拌器
4. 谐振腔　5. 被干燥产品　6. 低损耗
介质板　7. 排湿孔　8. 观察窗　9. 炉门

（四）微波干燥的特点

根据微波加热原理可知，微波干燥属内热干燥。微波深入到物料的内部，使湿物料本身发热、蒸发、干燥，故加热、干燥的时间短，只需常规方法的一半或以下时间就可以完成整个加热、干燥操作。对形状比较复杂的物料加热均匀性能好，避免了外热干燥中出现的温度梯度现象。无升温过程，对含水量不同的物料具有调平作用。切断电源，物料加热立即停止，无余热现象，便于自动控制。被加热干燥的物料表里一致，穿透性强，加热效率高，产品质量好。

二、红外辐射干燥设备

红外辐射干燥设备主要利用远红外辐射发出的远红外线被物料吸收，直接转化为热能，使物体升温以达到干燥的目的。红外干燥具有高效、优质、低耗等特点，在食品行业中广泛用于面包、饼干的烘烤操作。

（一）远红外辐射加热原理

远红外线是指波长在 $5.6\ \mu m$ 以上的红外线。其加热干燥原理是当被加热物料中的固有振动频率和射入物料的远红外线的频率一致时，产生强烈的共振，使物料中的分子运动加剧，温度迅速升高，即物料内部分子吸收红外辐射能，直接转变为热能而实现干燥。

物料并非对所有波长的红外线都可以产生吸收，而是在某几个波长范围上吸收比较强烈，这种特性叫做物料的选择性吸收。而对辐射体来说，也并不是对所有波长的辐射都具有很高的辐射强度，而是按波长不同而变化的，辐射体的这种特性叫做选择性辐射。当选择性吸收和选择性辐射一致时，称为匹配辐射加热。在远红外辐射加热技术中，达到完全匹配是不可能的，只能做到接近于匹配辐射。

从原理上讲，辐射波长与物料的吸收波长匹配越好，辐射能被物料吸收得就越快，则穿透就越浅。这种性质对于比较薄的物料干燥有利，如对蛋卷类食品的烘烤就比较适合。而对导热性差，又要求心部均要加热的厚大食品物料（如面包），则宜使用一部分辐射能匹配较差、穿透性较深的波长，以增加物料内部的吸收。因此，在应用远红外加热技术过程中，应考虑波长与物料两者间的"最佳匹配"。对于只要求表面层吸收的物料，应使辐射峰带正相对应，使入射辐射在刚进入物料浅表层时，就引起强烈的共振而被吸收、转变为热量，这种匹配叫做"正匹配"；对于要求表里同时吸收、均匀升温的物料，应根据物料的不同厚度，使入射的波长不同程度地偏离吸收峰带所在的波长范围。一般来说，偏离越远，则透射越深，这种匹配方法称为"偏匹配"。

（二）远红外辐射元件

远红外辐射元件是产生远红外线的器件，它将热能转变成为远红外辐射能。远红外辐射元件一般由热源、基体和涂覆层组成。热源可采用电、天然气等。基体采用金属、碳化硅或陶瓷、耐火材料等制成。涂覆层使用金属氧化物，比较常用的有 TiO_2、Cr_2O_3、MnO_2、Fe_2O_3、SiO_2、BN、SiC 等。将这些物质或它们的混合物涂覆在基体的表面，加热时，能发出不同波长的远红外线。使用时可根据不同需要选择一种或几种化合物混合制成远红外辐射材料，以得到需要的波长。由这三部分材料组成的元件，其工作顺序为：由热源发出的热，通过基体传递到远红外辐射涂层，在涂层的表面辐射出远红外线。

（三）常用的远红外辐射干燥设备

1. 金属氧化镁管远红外辐射加热器　金属氧化镁管远红外辐射加热器是以金属管为基体，表面涂以金属氧化镁的远红外加热器，主要由电热丝、绝缘层、金属管、远红外涂层等组成。电热丝置于金属管内部，空隙由具有良好的导热性和绝缘性的氧化镁（MgO）粉末填充，管的两端装有绝缘瓷件和接线装置，其结构如图 4-8 所示。根据工作要求，可将金属管制成各种形状和规格，基体材料可用不锈钢或 10 号钢制造。

金属氧化镁远红外辐射管机械强度高，使用寿命长，密封性好。只需拆下炉侧壁外壳即可抽出更换。因此，在食品行业得到广泛应用。

金属氧化镁管的表面负荷率与表面

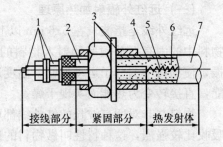

图 4-8　氧化镁管远红外辐射器

1. 接线装置　2. 电极　3. 紧固装置　4. 金属管
5. 电热丝　6. 氧化镁粉　7. 辐射管表面涂层

温度有关，在辐射涂料已选定的情况下，其最大辐射通量的峰值波长，随表面温度的升高向短波方向移动。当元件表面温度高于 600 ℃时，发出可见光，使远红外部分占辐射强度的比例有所下降。另外，由于金属为基体的远红外涂层容易脱落，所以在炉内高温作用下，金属管容易产生下垂变形，影响烘烤质量。

2. 碳化硅板远红外辐射加热器　碳化硅板远红外辐射加热器如图 4-9 所示。它是在金属管状加热器的基础上演变的一种型式，物料可同时接收高辐射和低辐射红外线，加热效果可提高 1/3。碳化硅板的一面开有凹槽，槽内嵌入发热元件镍铬电阻丝，用石棉板或玻璃纤维加以绝缘。在板的背面装有低辐射率的绝缘填料，可使热量集中到加热面，这样既能省电，又能提高板面温度。在板的顶部，装有高辐射材料，物料在它们之间被加热干燥。

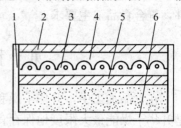

图 4-9　碳化硅板远红外辐射加热器

1、6. 外壳　2. 高辐射材料　3. 电阻丝
4. 碳化硅板　5. 低辐射材料

碳化硅的远红外辐射特征与糕点主要成分（面粉、糖、食用油、水等）的远红外吸收光谱特性相匹配，可以取得很好的干燥效果。

3. 乳白石英管红外辐射加热器　乳白石英管红外辐射加热器是一种具有选择性的红外加热元件，由电热丝供热，以乳白石英管作热辐射介质。

乳白石英红外辐射加热器的表面温度可达 800 ℃，电与辐射热的转换率可达 60%，热惯性小，升温快，特别适用于快速加热的工作场合。乳白石英管红外辐射加热器的结构如图 4-10 所示。

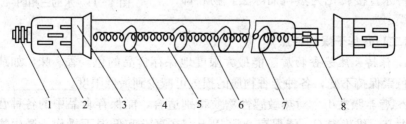

图 4-10　乳白石英管红外辐射加热器

1. 接线柱　2. 金属卡套　3. 金属卡环　4. 自支撑节　5. 惰性气管腔　6. 钨丝热子
7. 乳白石英管　8. 密闭封口

（四）远红外辐射干燥设备的选用

1. 高辐射涂料的选用　要选用辐射系数高的涂料元件，也可用一种或几

种涂料混合使用。因为辐射系数越高，辐射的能量越大，加热效果越好。工作中要注意辐射系数的稳定。

2. 结构合理，操作简便　辐射元件的排列方式、反射板的装设及烘道结构等必须合理，有利于连续作业。

3. 易于控制，便于维护　有较稳定、可靠的控制方法，又便于维护和换件，符合食品卫生要求。

第三节　其他干燥设备

在食品加工中，升华干燥和沸腾干燥设备也是使用较多的干燥设备，尤其是升华干燥能最大限度地保存食品的营养成分。

一、升华干燥设备

(一) 升华干燥原理

升华干燥又称冷冻干燥。由物理学可知，水有液相、气相和固相三相，如图 4-11 所示。从图中可看出，O 点为水的三相点，OA 为冰的融解线。根据压力减小时沸点下降的原理，只要压力在三相点压力之下（图中压力为 646 Pa 以下，温度 0 ℃以下），物料中的水分则可从冰直接升华为水汽。根据这个原理，就可以先将食品的湿原料冻结至冰点之下，使原料中的水分变为固态冰，然后在较高的真空度下，将冰直接转化为蒸汽而除去，物料即被干燥。

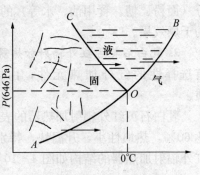

图 4-11　水的三相图

(二) 升华干燥的特点

1. 保持天然芳香物质　能最大限度地保存食品的色、香、味，如蔬菜的天然色素保持不变，各种芳香物质的损失可减少到最低限度。

2. 营养损失小　对热敏感性物质特别适合，能保存食品中的各种营养成分，尤其对维生素 C，能保存 90%以上。在真空和低温下操作，微生物的生长和酶的作用受到抑制。

3. 制品重量轻、体积小　各种升华干燥的蔬菜经压块，重量减少许多，体积缩小到几十分之一。贮藏时占地面积小、运输方便。由于体积减小，相应地包装费用也少得多。

4. 复水快，食用方便　因为被干燥物料含有的水分是在结冰状态下直接蒸发的，故在干燥过程中，水汽不带动可溶性物质移向物料表面，不会在物料表面沉积盐类，即在物料表面不会形成硬质薄皮，也不存在因中心水分移向物料表面时对细胞或纤维产生的张力，不会使物料干燥后因收缩引起变形，故极易吸水恢复原状。

5. 保护易氧化物质　因在真空下操作，氧气极少，因此一些易氧化的物质（如油脂类）得到了保护。

6. 成品保质期长　升华干燥能排除 95％～99％ 以上的水分，产品能长期保存而不变质。

由于上述的特点，升华干燥在食品工业上常用于肉类、水产类、蔬菜类、蛋类、速溶咖啡、速溶茶、水果粉、香料、酱油等的干燥。同时，在军需食品、远洋食品、登山食品、宇航食品、旅游食品和婴儿食品上有很好的发展前景。

（三）升华干燥装置

1. 升华干燥装置的组成　升华干燥装置由制冷、真空、加热、干燥和控制系统等组成，如图 4-12 所示。

制冷系统由冷冻机组与升华干燥箱、冷凝器等组成。冷冻机可以是互相独立的两套，即一套制冷升华干燥室，一套制冷冷凝器，也可合用一套冷冻机。制冷法有直接法、间接法、多孔板状冻结法和挤压膨化冻结法等。冷冻机可根据所需要的不同低温，采用单级压缩、双级压缩或复叠式制冷机。制冷压缩机可采用氨或氟利昂制冷剂。

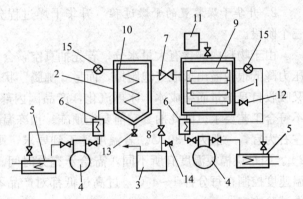

图 4-12　箱式升华干燥设备

1. 升华干燥箱　2. 冷凝器　3. 真空泵　4. 制冷压缩机
5. 水冷却器　6. 热交换器　7. 冷凝器阀门　8. 真空泵阀门
9. 板温指示　10. 冷凝温度指示　11. 真空计　12. 放气阀
13. 冷凝器排水口　14. 真空泵放气阀　15. 膨胀阀

冷凝器是一个真空密封的容器，内有表面积很大的金属管路连通冷冻机，有制冷到 -40～-80 ℃ 低温的能力，冷凝从干燥箱内排出的大量蒸汽，降低箱内蒸汽压力。还有除霜装置和排水阀、热空气吹入装置等，用来排出内部冰霜水分并吹干内部。

真空系统由升华干燥室、冷凝器、真空设备和真空仪表构成。目前真空设备及其组合有三种：罗茨泵、低温冷凝器和多级蒸汽喷射器（串联）。多级蒸汽喷射器的优点是结构简单、无需机械动力、检修方便、故障率低和对材质要求不高等。蒸汽喷射器要抽除大部分因升华而排出的可凝性气体，通常需要设置4～6级，由前级增压，后用冷凝器冷凝，后面几级以排除空气为主。

加热系统的功用是加热升华干燥箱内的槅板，促使产品升华。加热方法可分为直接加热和间接加热。直接加热法用电直接在箱内加热；间接加热法利用电或其他热源加热传热介质，再将其通入槅板。

干燥室有圆形、箱形等。干燥室要求能制冷到-40 ℃或更低温度，又能加热到50 ℃左右，也能被抽成真空。一般在室内做数层槅板，室内通过一个装有真空阀门的管道与冷凝器相连，排出的水汽由该管通往冷凝器。其上开有观察孔，还装有测量真空和升华干燥结束时温度、槅板温度和产品温度等用的电线引入接头等。

控制系统由自动监控元件和仪表等组成自动化程度较高的控制系统，以有效地控制操作和保证产品质量。

2. 升华干燥装置的干燥过程 升华干燥过程分为预冻、升华和加热干燥三个阶段。

由于物料内部含有大量水分，若先抽真空，会使溶解在水中的气体因外界压力降低很快溢出形成气泡跑掉，而呈"沸腾"状。同时，水分蒸发成蒸汽时又吸收自身热量而结成冰，冰再汽化，产品因内部发泡汽化而产生许多气孔，不符合工艺要求。因此抽真空前要先预冻。预冻温度以低于物料的共熔点5 ℃左右为宜，一般为-30 ℃。若温度达不到要求，则冻结不彻底。预冻时间约2 h。因每块槅板温度有所不同，需给予充分时间。从低于共熔点温度起，降温速度控制在每分钟1～4 ℃，过高过低都对产品不利。不同产品的预冻速度由试验决定。

预冻后进入升华干燥阶段，温度基本保持不变，排除冻结水分，是恒速过程。由冰直接汽化也需要吸收热量，此时开始加热，保持温度在接近而又低于共熔点温度。若不给予热量，物料本身温度下降，则干燥速度下降，干燥时间延长，产品干燥不合格。若加热温度太高或过量，则物料本身温度上升，超过共熔点，局部熔化，体积缩小和起泡。因1 g冰在133 Pa时能产生9 500 L水汽，用普通机械泵来排除如此大体积的水汽是不可能的，而用蒸汽喷射泵会使成本增加，故采用冷凝器，用其冷却的表面来凝结蒸汽使其成霜。冷凝器中蒸汽压降低至某一水平上，与干燥箱内高蒸汽压形成压差，故大量水汽不断进入冷凝器。

冻结水分全部蒸发后，产品已定型，进入剩余水分蒸发阶段。这时，加热速度可以加快。蒸发没有冻结的水分时，干燥速度下降，水分不断排除，温度逐渐升高（一般不超过 40 ℃），温度达到 30～35 ℃后停留 2～3 h，干燥结束。此时可破坏真空，取出成品，在大气压下对冷凝器加热，使霜融化成水排出。

二、沸腾干燥设备

沸腾干燥又称"流化干燥"。"流化"是指固体颗粒被流体吹起呈悬浮状态，粒子相互分离，作上下、左右、前后运动，这种状态称作"流化"、流态化、流动化或沸腾状态。沸腾干燥是指干燥介质使固体颗粒在沸腾状态下进行干燥的过程。

（一）沸腾干燥的特点与适用范围

沸腾干燥一般适用于 0.03～6 mm 颗粒状物料，或结团现象不严重的场合，故常用于喷雾干燥后作进一步干燥之用，如生产奶粉用的喷雾干燥设备和流化床冷却设备等。对溶液或悬浮液的液体物料的干燥和造粒也很合适。沸腾干燥设备的热容量系数很大，可达 2 300～7 000 W/m²，生产能力可在小至每小时几千克，大到每小时数万千克范围内变动，物料停留时间可任意调整，尤其对含水要求很低的产品特别合适。

沸腾干燥中物料与干燥介质接触面积大，搅拌激烈，表面更新机会多。热容量大，设备生产能力高，干燥速度快，物料停留时间短，适宜于热敏性物料干燥。床内纵向返混激烈，温度分布均匀，对物料表面水分可使用比较高的热风温度。同一设备，既可用于间歇生产，又能连续生产。可以按需要调整干燥停留时间，对产品含水量有变化或原料含水量有波动的情况更适宜。设备简单，投资费用低，操作维修方便。

沸腾干燥对被干燥物料的颗粒度有一定的限制。几种不同物料混在一起干燥时，各种物料的密度应当接近。不适宜于含水量高而且结团的物料。因纵向沸腾，对单级连续式沸腾干燥器，物料停留时间可能不均匀。

（二）沸腾干燥设备的分类

沸腾干燥设备按被干燥的物料分为粒状物料干燥器、膏状物料干燥器和液体干燥器。

按操作方式分为连续操作沸腾干燥器和间歇操作沸腾干燥器。

按设备结构型式分为单层沸腾干燥器、多层沸腾干燥器、卧式多室沸腾干燥器、喷动床干燥器、振动沸腾干燥器和脉冲沸腾干燥器等。

（三）粒状物料沸腾干燥器

1. 单层沸腾干燥器　这种干燥器结构简单，操作方便，生产能力大，应用广泛，其流程和主要设备如图 4 - 13 所示。一般床层高度为 300～400 mm，根据干燥介质的不同，生产强度可达 500～1 000 kg/h。适用于较易干燥或干燥强度要求不严格的粒状物料，对于粒度分布较广，并有一定黏性难以流化的物料，可装搅拌器。

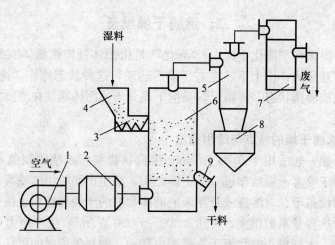

图 4 - 13　单层沸腾干燥器

1. 进风机　2. 加热器　3. 螺旋加料器　4. 进料斗
5. 离心分离器　6. 干燥室　7. 袋滤器　8. 料斗　9. 卸料管

2. 多层沸腾干燥器　多层沸腾干燥器结构如图 4 - 14 所示，物料有规则的自上而下移动，故停留时间分布均匀，物料的干燥程度均匀，易于控制产品

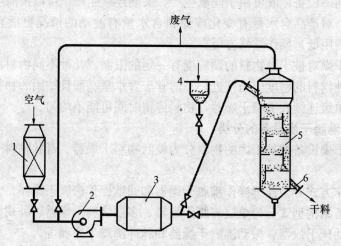

图 4 - 14　多层沸腾干燥流程

1. 空气过滤器　2. 鼓风机　3. 电加热器　4. 料斗　5. 干燥器　6. 出料管

质量，热利用率高。适宜物料降速干燥或产品要求含水量很低的物料。

多层沸腾干燥器可分为溢流管式和穿流板式，前者用的场合多，结构如图 4-15 所示。溢流管的设计和操作是关键，否则易造成堵塞或气体穿孔，从而造成下料不稳定，破坏沸腾床。故一般溢流管下面均装有调节装置，其结构主要有两种，一种为菱形堵头，结构如图 4-15a 所示。上下位置可调节，用来改变下料孔的自由截面积，达到控制下料量，但需人工调节。另一种为铰链活门式，结构如图 4-15b 所示。可自动开大或关小活门，但需注意活门轧死或失灵。该型式结构复杂，设计和操作不易掌握。

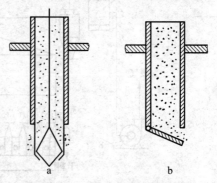

图 4-15　溢流管调节装置
a. 菱形堵头式　b. 铰链活门式

穿流板式沸腾干燥器结构简单，无溢流管，物料直接通过筛板孔由上到下流动，如图 4-16 所示。气体同时通过筛板孔由下向上运动，在每块板上形成沸腾床。操作控制要求严格，筛板孔径应比物料粒径大 5～30 倍，一般孔径为 10～20 mm，开孔率为 30%～45%。气体通过筛板孔的临界速度和物料颗粒带出速度之比值，其下限为 1.1～1.2，上限为 2，粒径为 0.5～5 mm。生产能力高，一般每平方米床层截面可达 1 000～10 000 kg/h。

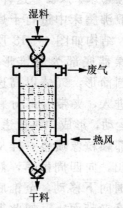

图 4-16　穿流板式多层沸腾干燥器

3. 卧式多室沸腾干燥器　这种干燥器结构简单，操作方便，适合难干燥和热敏性物料的干燥，现已推广到粉状、片状等物料。其结构如图 4-17 所示，干燥室为一矩形箱式沸腾床，底部为多孔筛板，开孔率一般为 4%～13%，孔径为 1.5～2.0 mm。上方有竖向挡板，将沸腾床分成 8 个小室，每块板可上下移动调节板间距。每小室下部有一进气支管，支管上有调节气体流量的阀门。主要干燥 4～14 目散粒状物料，初湿量在 10%～30%，产品终湿量在 0.02%～0.3%。缺点是热效率不及多层式高，在 1、2 两室易结块。

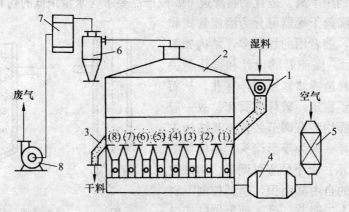

图 4 - 17   卧式多室沸腾干燥器

1. 摇摆颗粒机　2. 干燥器　3. 卸料管　4. 加热器　5. 空气过滤器
6. 离心分离器　7. 袋滤器　8. 抽风机　（1）～（8）. 干燥室

4. 喷动床干燥器　这种干燥器适用于粗颗粒、易黏结、流化性能差、不易在一般沸腾床中进行干燥的物料，结构如图 4 - 18 所示。干燥器底部为圆锥形，上部为圆筒形，气体以高速由锥底进入，夹带一部分颗粒向上运动，形成中央通道，在床顶部颗粒像喷泉一样从中央喷出，向四周散落，然后沿周围向下移动，至锥底又被气流夹带而上，如此循环。产品达到干燥要求后，由放料阀排出，然后再进行下一批生产。

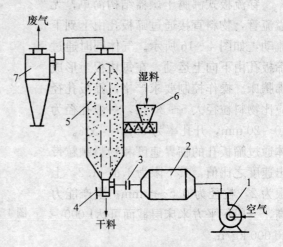

图 4 - 18   喷动床干燥器

1. 鼓风机　2. 空气加热器　3. 蝶阀　4. 放料阀
5. 喷动床　6. 加料器　7. 离心分离器

5. 振动沸腾干燥器　适用于不易流化的物料（如颗粒太粗或太细易黏结成块），以及对产品质量有特殊要求的物料（如保持完整晶体、晶体闪光度好等）。其结构如图 4 - 19 所示，由分配段、沸腾段和筛选段三部分组成。在它的下面都有热空气。物料从加料装置进到分配段，由于平板振动，使物料均匀地移到沸腾段去，干燥后离开沸腾段进入筛选段，筛选段分别安装了不同网目的筛子，将细粉和大块去掉，中间即为合格成品。

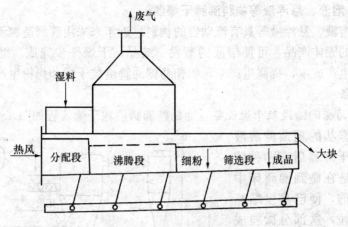

图 4-19 振动沸腾干燥器

6. 脉冲沸腾干燥器 适用于不易流化和有特殊要求的物料,其结构如图4-20所示。围绕干燥室底部装有数根热风进风管,在每根管上又装有快动阀门,它们按一定频率和次序开启和关闭。当热气流突然冲进时,在进口处产生一脉冲,此脉冲很快在粒子间传递,随着气体的进入,在短时间内形成一剧烈的沸腾状态,使物料和气体间进行强烈的传热传质。此沸腾状态在床内扩散和向上运动。当气体很快关闭后,沸腾状态在同一方向逐步消失,物料回复到固定状态,随后再重复此循环。

快动阀门开启时间与床层厚度和物料性能有关,一般为 0.08~0.2 s。阀门关闭的时间,应使放入的那部分气体完全通过整个床层,物料处于静止状态,颗粒间密切接触,以使下一次脉冲能有效地在床层中传递。进风管最好能安装 5 根,沿圆周均匀排列,按1、3、5、2、4、方式轮流开启,这样每一次的进风点与上一次的进风点可离得较远。脉冲沸腾干燥属于间歇操作,每次可装料 1 000 kg,物料粒径在 10 μm~4 mm。

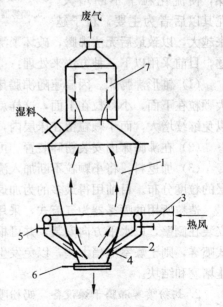

图 4-20 脉冲沸腾干燥器
1. 干燥室 2. 环状总风管 3. 进风管
4. 导向板 5. 快动阀门 6. 插板阀 7. 过滤器

（四）溶液、悬浮液等物料沸腾干燥器

对于溶液、悬浮液等具有流动性的物料，近年来采用沸腾造粒干燥，直接得到干燥的固体产品，可使溶液的蒸发、结晶、干燥一步完成，缩短工艺流程，降低生产成本，提高生产率，如葡萄糖沸腾造粒干燥和奶粉生产的喷雾沸腾干燥设备。

1. 葡萄糖沸腾造粒干燥设备 葡萄糖沸腾造粒干燥流程如图 4-21 所示。

喷成雾状的葡萄糖溶液进入沸腾干燥器后有两种情况：一种是在碰到沸腾床中流化粒子前，便已蒸发结晶干燥成微粒，这部分微粒成为晶种；另一种是雾化的溶液，在它未蒸发、结晶、干燥前，便与沸腾床中流化粒子碰撞，而涂布于其表面，在其表面不断蒸发，结晶干燥，使流化粒子不断增大。尤其以后者为主要，粒子越

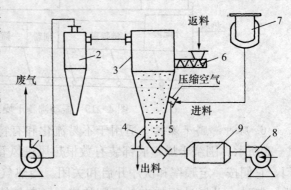

图 4-21 葡萄糖沸腾造粒干燥流程
1. 抽风机 2. 离心分离器 3. 沸腾干燥器 4. 卸料器
5. 喷雾器 6. 螺旋加料器 7. 高位槽 8. 鼓风机 9. 加热器

来越大，以致最后无法沸腾，破坏了沸腾正常操作，故控制粒子大小是关键问题，目前采用以下三种方法来处理：

（1）锥形沸腾床。因流速随沸腾床高度而改变，使颗粒在沸腾床中分级，大颗粒在下面，小颗粒在上面，这样就有可能使大颗粒从下面的出料口排出，以免继续增大，而小颗粒留在床层内，保持一定的粒度分布。

（2）在沸腾床内安装粉碎装置。可将大颗粒粉碎，以控制床内粒度分布。

（3）加返料。将小颗粒不断加入沸腾床内作晶种，用调节返料量来控制床层的粒度分布。目前用得最多的为加返料量，因容易控制。

造粒所用的喷雾器为气流式，采用具有空气导向装置的双流式喷嘴较好，安装在侧壁，以水平方向安装，并可根据产量沿圆周安装数个喷嘴。如用离心式喷雾，则干燥室应稍大些，以免发生粘壁现象。如用压力式喷嘴，要注意防止堵塞和结块。

2. 奶粉喷雾沸腾干燥设备 奶粉喷雾沸腾干燥设备如图 4-22 所示。浓奶经高压泵（压力为 12 MPa）送去喷雾，空气由燃油热风炉加热到 200～210 ℃，从顶部送入。干燥器沸腾所需空气还应由辅助风机吸入冷风补充进干燥器内，热风温度 80～85 ℃。已干燥的粉料被吹入旋风分离器落入贮粉桶，废气排入大气。

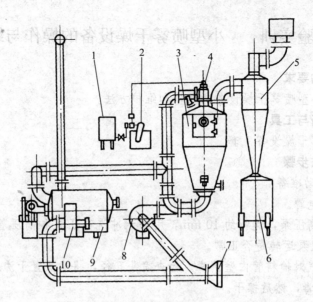

图 4-22 小型奶粉喷雾沸腾干燥设备

1. 保温槽 2. 高压泵 3. 干燥器 4. 喷嘴 5. 离心分离器 6. 贮粉桶 7. 空气过滤器
8. 辅助风机 9. 燃油热风炉 10. 鼓风机

该设备具有体积小、拆装运输方便、连续操作、生产效率高等特点。与规模相同的其他方法生产奶粉相比，车间面积节省 70%～80%，主要设备钢材耗用量节约 5/6 左右，投资费用节省 50% 左右，日处理量 3 500～4 000 kg（两班生产）。

· **复习思考题** ·

1. 简述喷雾干燥的原理及特点。

2. 简述喷雾干燥设备的分类及主要结构。

3. 简述喷雾干燥设备的主要装置及功用。

4. 简述微波干燥的工作原理、设备组成及特点。

5. 远红外辐射加热的工作原理是什么？常用的远红外辐射干燥设备有哪些？应如何选用？

6. 升华干燥装置主要由哪几部分组成？其干燥过程如何进行？

7. 沸腾干燥的原理是什么？具有哪些特点？

8. 简述沸腾干燥器的分类。

9. 对于不同的物料，常采用哪些沸腾干燥设备？其主要区别在哪里？

实验实训　小型喷雾干燥设备的操作与维护

一、目的要求

掌握中小型喷雾干燥设备的操作和维护方法。

二、设备与工具

小型喷雾干燥设备1套

三、方法步骤

（一）启动准备

1. 接通电源。

2. 开启高压泵，运行约 10 min，用沸水冲洗高压泵和高压管内部进行消毒。检查高压泵运转是否正常。

3. 用蒸汽对输料管内壁消毒。检查喷头孔径，将喷头置于沸水内浸泡 1~2 min 进行消毒，然后擦干。

（二）操作程序

1. 打开进风阀，使干燥塔内在 80 ℃温度下消毒，然后开启高压泵和阀门，使压力达到规定值后进行喷雾，并观察喷雾是否正常。

2. 喷雾后排风温度迅速下降，此时应调节热风温度和高压泵压力，使排风温度控制在要求范围内。

3. 经常检查粉袋积粉和出粉情况。

（三）停机

1. 进料保温缸内料液临近喷完时，向缸内充入少量沸水，以排除管内料液。同时关闭蒸汽阀，继续通风，以降低塔内温度。然后打开回流阀，关闭高压阀。拆卸高压管及喷头。用热水洗涤高压泵。

2. 当进风温度降至 60 ℃时，关闭进、排风机。

3. 对离心分离器，塔内壁及排风弯管处的积粉进行清理。

4. 关闭喷雾器的高压阀，开启高压旁通阀，卸下各喷雾器，进行彻底清洗。

5. 开启高压泵及活塞冷却水，泵入清水，将泵体及高压管内的料液排清，由旁通管路回收。

6. 高压泵须先用碱水循环清洗，再用清水清洗，然后关闭高压泵，再进行必要的拆洗。

7. 将设备内的余粉清扫干净，将热风口的少量焦粉刷净，关闭自动出料装置、筛粉装置及冷却装置等。

四、维护、保养

1. 干燥室、旋风分离器需定期用温水洗刷。干燥室可由人工用水喷枪进行冲洗，或用安装在干燥室顶部的喷嘴清洗。

2. 经常检查喷雾塔门及各连接处的密封性。

3. 经常检查仪表的灵敏度。

4. 及时更换密封圈、喷嘴等。

第五章　包装机械

　　包装机械是完成产品全部或部分包装过程的机器。包装过程包括充填、裹包、封口等主要包装工序，以及与其相关的前后工序，如盖印、贴标、计量等辅助设备。

　　包装机械按自动化程度分为全自动包装机和半自动包装机。全自动包装机可自动供送包装材料和内容物，并自动完成其他包装工序。半自动包装机则由人工供送包装材料和内容物，但自动完成其他包装工序。按包装产品的类型可分为专用包装机、多用包装机和通用包装机。专用包装机是指专门用于包装某一种产品的机器；多用包装机指通过调整或更换部分工作部件，可以包装两种或两种以上产品的机器；通用包装机在指定范围内适用于包装两种或两种以上不同类型产品。按包装机械功能不同可分为充填机械、灌装机械、裹包机械、封口机械、贴标机械、多功能包装机，以及完成其他包装作业的辅助包装机械。

　　现代高新技术如计算机、激光、光纤、热管等技术广泛地应用到食品包装技术与设备中，使得食品包装朝着高速化、联动化、无菌化、智能化方向发展。

第一节　灌装机械

　　将流体产品充填到包装容器内的机械称为灌装机械，本节重点介绍使用刚性包装容器的灌装机械。

一、灌装机械的分类

　　灌装机械按灌装的压力分为常压灌装机、负压灌装机、等压灌装机和加压灌装机。

　　在常压下将液体产品充填到包装容器内的机器称常压灌装机。它只适宜灌装低黏度不含气体的料液，如白酒、醋、酱油等。

　　负压灌装机是先将包装容器抽气形成负压，然后再将料液充填到包装容器内的机器，适用于灌装含维生素的饮料和果汁等易氧化的产品。负压灌装机又分为压差式负压灌装机和重力式负压灌装机。压差式负压灌装机的贮液罐内处于常压，只对包装容器抽气使之形成负压，依靠贮液罐和待灌容器之间的压力差，将料液充填到包装容器内。重力式负压灌装机是将贮液罐和包装容器都抽气形成负压，料液依靠本身的自重充填到包装容器内。

等压灌装机是先向包装容器充气，使其内部的气体压力和贮液箱内的气体压力相等，然后将料液充填到包装容器内的机械。它适用于灌装含气饮料和含气酒类，如汽水、可口可乐、啤酒、汽酒等。

加压灌装机是依靠挤压力将物料灌装到容器内，它适用于灌装黏稠类物料。

二、灌装机械的主要工作装置

灌装机械的主要工作装置有包装容器供送装置、料液定量装置和灌装控制阀。

（一）包装容器供送装置

1. 螺杆式供送装置　有等螺距螺杆供送装置、变螺距螺杆供送装置、特种变螺距螺杆供送装置等，这种装置可将规则或不规则排列的成批包装容器，按照包装工艺要求的条件完成增距、减距、分流、升降和翻身等动作，并将容器逐个送到包装工位。

2. 星形拨轮　星形拨轮的功用是将螺杆供送装置送来的包装容器，按包装工艺要求送到灌装机的主传送机构上，或将已灌装完的包装容器传送到压盖机的压盖工位上。

3. 容器升降机构　升降机构的功用是将送来的包装容器升高到规定的高度，以便完成灌装，然后再把灌装完的包装容器下降到规定位置。

机械式升降机构如图 5-1 所示（图中：α 为凸轮的升角；β 为凸轮回程升角；h 为凸轮的升程；Ⅰ 为瓶灌进入滑道的位置；Ⅱ 为瓶灌的装料位置；Ⅲ 为瓶灌下降到最低的位置）。这种升降机构结构简单，但是机械磨损大，压缩弹簧易失效，工作可靠性差，对灌装瓶的质量要求较高。该机构主要用于灌装不含气料液的灌装机中。

气动式升降机构如图 5-2 所示。升瓶时进气阀关闭，排气阀打开，压缩空气经气管进入汽缸后，推动活塞连同托瓶台上升，活塞上部气体从排气阀排出，完成升瓶过程。装料结束后，打开进气阀，关闭排气阀，使压缩空气同时进入汽缸上、下腔。这时活塞上下的气压相等，瓶子在托瓶台和瓶子自重的作用下自动下降，完成降瓶动作。

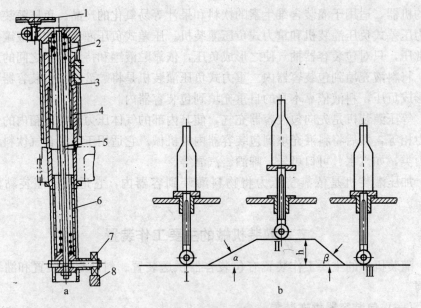

图 5-1　机械式升降机构

a. 升降机构　b. 升降凸轮展开示意图

1. 托瓶台　2. 压缩弹簧　3. 上滑筒　4. 滑筒座　5. 拉杆　6. 下滑筒　7. 滚轮　8. 凸轮导轨

　　这种升降机构克服了机械式的缺点，当发生卡瓶时，压缩空气被压缩，使瓶子不再上升，故不会挤坏瓶子。但是，瓶子下降时的冲击力较大，并要求气源压力稳定。该机构适用于灌装含气饮料的灌装机。

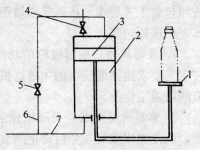

图 5-2　气动式升降机构工作原理

1. 托瓶台　2. 汽缸体　3. 活塞

4. 排气阀　5. 进气阀　6、7. 气管

　　气动—机械混合式升降机构如图 5-3所示，是以气动机构完成瓶罐上升，用凸轮推杆机构完成瓶罐下降的组合型升降机构。

　　气动组件中的柱塞杆为空心，固定安装于转台上，通过封头与压缩空气管道连接。汽缸为托瓶升降运动部件，上端安装有托瓶台，下边安装滚轮。胶制握瓶叉确定瓶子中心位置，保证瓶子回转灌液时不倾倒。下降控制凸轮与灌装转台同轴。当托瓶机构转至升起工位时，压缩空气进入柱塞杆，通过活塞的中心孔进入到活塞上部空间，推动汽缸与托瓶台上升，并维持到完成装料为止。装料结束时，滚轮已随汽缸转到下降凸轮位置，随着灌装台继续运转，滚轮受下降凸轮的约束，带动汽缸做下降运动，将托瓶台强制拉下。

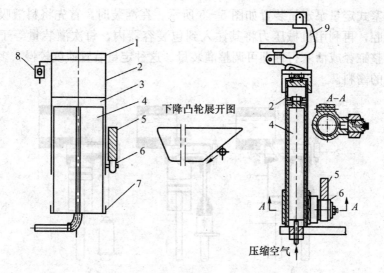

下降凸轮展开图

图5-3 气动—机械混合式升降机构

1. 托瓶台 2. 汽缸 3. 活塞 4. 柱塞杆 5. 下降凸轮 6. 滚轮 7. 封头 8. 减压阀 9. 握瓶叉

瓶罐在上升阶段依赖于压缩空气作用，由于空气的可压缩性，当调整好的机构出现距离增大误差时依然能够保证瓶子与灌液阀紧密接触，而出现距离减小误差，瓶子也不会被压坏。下降时，凸轮将使瓶托平稳运动，速度可得到良好控制。这种升降机构结构较为复杂，但整个升降过程稳定可靠，因而得到广泛应用。

（二）料液定量装置

料液的定量直接影响灌装质量。料液定量装置有机械式定量装置和电子式计量装置。

1. 机械式定量装置 机械式定量装置是利用定量机构对料液量进行控制，一般直接通过灌装阀或增设辅助机械元件来完成，易于实现，但定量精度较低，机械结构较为复杂，尤其是复杂的料液通道不利于清洗。

常压灌装机使用的定量杯定量装置如图5-4所示，它是先将料液送入定量杯定量后再灌入包装容器。改变定量杯中调节管的高度或更换定量杯，即可调节灌装量。这种定量机构结构简单，定量速度快，定量精度高，适于灌装低黏度料液。因定量杯在贮液箱内的上下运动易产生气泡，从而影响灌装定量精度，不适于灌装含气料液。

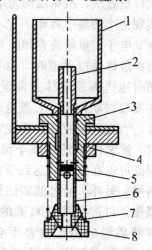

图5-4 定量杯

1. 定量杯 2. 定量调节管
3. 阀座 4. 锁定螺母 5. 密封圈
6. 进液管 7. 弹簧 8. 导瓶罩

活塞式定量泵定量装置如图5－5所示。在灌装时，首先将料液吸入定量泵的泵腔，再利用机械压力将其注入到包装容器内，每次灌装量等于泵的排量。调整缸径或活塞行程即可调整灌装量。这种定量装置速度较慢，多用于黏度较大的酱料。

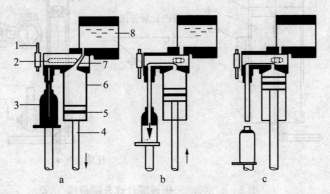

图5－5　活塞式定量泵工作原理

a. 计量　b. 注入　c. 出瓶

1. 三通阀　2. 酱液充填流路　3. 灌装瓶
4. 活塞杆　5. 活塞　6. 缸套　7. 吸取酱液流路　8. 贮料箱

2. 电子式计量装置　它是电子式计量结合在线实时检测与控制技术的现代计量方法，机械结构简单，料液通道易清洁，计量精度高，调整方便，容易实现生产的集中管理。

电子定重量装置如图5－6所示。在灌装阀中设有两个大小不同的料液通道，液体通过通道时，由负载传感器随时地边灌装液体边测量液体质量。在灌装初期，通过大通道进行快速灌装，当充入的液体接近规定的灌装量时，灌装阀则转换成小流量的通道，因而可以在短时间达到非常高的灌装精度。另外，通过灌装液体前的清零操作，可进行灌装料液的净重检测，容器质量的测定偏差不会影响灌装量。这种装置的灌装阀机械结构简单，无液体滞留，易清洗，可瞬时完成灌装量调整。

电子定容积法又称定时压力灌装

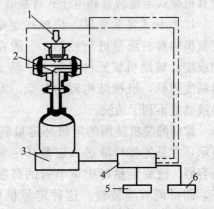

图5－6　电子定重量装置工作原理

1. 进液管　2. 灌装阀　3. 负载传感器
4. 控制器　5. 定值器　6. 显示监测器

法，如图5-7所示。加压贮
液罐中的料液在一定压力下，
以一定流速均匀而稳定地灌
入容器内，通过可控输液阀
精确控制液体流动时间进行
定量，压力和流速也由微电
脑控制，计量准确。由于灌
装设备没有活动件与液料接
触，灌装系统不必拆卸即可
进行清洗消毒。此装置适于
无菌灌装系统灌装价值较高
的液体食品。

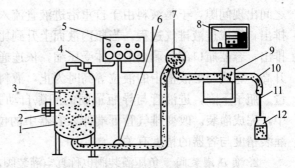

图5-7 电子定容积法示意图

1. 加压贮液罐 2. 供液阀 3. 受无菌空气或氮气压力液体
4. 供压阀 5. 压力控制器 6. 压力传感器 7. 多路供液管
8. 微电脑 9. 可控输液阀 10. 柔性管 11. 灌装阀 12. 容器

（三）灌装控制阀

灌装控制阀是根据灌装工艺要求，按一定的工作顺序控制气路和液路的切
断或连通，直接完成灌装操作的部件。在灌装过程中因存在液体和气体的流
动，故需要设有液体和气体两种通道。

1. 常压灌装阀 因灌装操作环境为常压状态，灌装过程简单，通常采用
弹簧阀门式灌装阀。图5-8所示为一采用液面控制定量的小口径瓶弹簧阀门
式灌装阀。

容器上升碰到灌装阀导瓶罩并压缩弹簧，使瓶口处密封，进液管与导瓶罩

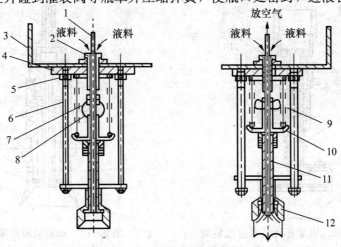

图5-8 弹簧阀门式灌装阀

1. 排气管 2. 分装管 3. 贮液槽 4. 底座 5. 紧固螺母 6. 支柱
7. 限位器 8. 弹性密封管 9. 弹簧 10. 弹簧支架 11. 进液管 12. 导瓶罩

之间出现间隙，于是液料由于自重沿进液管流入容器。容器内的空气由排气管排出，完成进液排气过程。当瓶内液面上升到比排气管下端略高时，气体无法排出，容器瓶口部分剩余的气体受压缩，依连通器原理，排气管中的液面继续升高，直到与贮液槽中的液位等高时为止，液料停止进入容器内，完成液体定量。瓶子下降，进液管与导瓶罩间的间隙自动关闭，排气管中的液体流入瓶中，完成灌装。改变排气管下端伸入容器中的位置就能改变容器内液面高度，灌装精度与容器的精度有关。

2. 负压灌装阀　负压灌装阀也称真空灌装阀，常用的有压差式和重力式两种。

定量杯真空灌装阀如图 5-9 所示，在初始位置，贮液箱、待装容器和真空系统三者互不相通。当容器压紧压盖使阀芯上升时，孔口 6 对准抽气口，容器中的空气被抽出。阀芯继续上升，孔口 6 离开抽气口，容器与真空系统断开，定量杯也升起离开贮液箱液面，而进液孔和阀芯上的孔 8 通过阀座内的环形槽而连通，定量杯中的料液流入容器。装料结束后，容器下降，在压缩弹簧的作用下，阀芯下降至原位，定量杯再次浸没在贮液箱的液面之下，充满液料，为再次灌装做好定量工作。贮液箱内为常压。

液位定量真空灌装阀有单室供液系统和双室供液系统（压差式）。双室供液系统的贮液箱与真空室是分开的，因而需设置两种通道如图 5-10 所示。

3. 等压灌装阀　等压灌装阀有旋转式和移动式，旋转式灌装阀又分为旋塞式和转盘式。

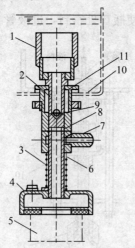

图 5-9　定量杯计量真空灌装阀

1. 定量杯　2. 阀芯　3. 压缩弹簧　4. 压盖
5. 待装容器　6、8. 孔口　7. 抽气口　9. 进液孔
10. 贮液箱　11. 阀座

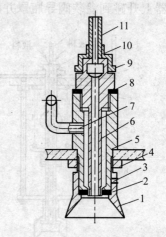

图 5-10　双室供液用灌装阀

1. 瓶套　2. 橡胶圈　3. 紧定螺钉　4. 螺母
5. 套筒　6. 灌头芯　7. 真空管　8. 垫片
9. 锁紧螺母　10. 管接头　11. 料液管

图 5-11 所示为旋塞式等压灌装阀，阀体固定在贮液箱的下面，内有三条通道，分别为进气管、出沫管，中间为进液管。阀体下面安装的下接头也有与阀体相对应的三条通道，下部开有环形槽，在此处进气与排气通道相通，并与下面导瓶罩内的螺旋环形通道连通。接头与导瓶罩之间用垫圈密封，导瓶罩内的橡胶圈用于灌装时密封瓶口。在锥体旋塞 11 上加工有三个不同角度通孔，由弹簧压紧在阀体内。旋塞转柄由安装在机架上的固定挡块拨动，使旋塞根据工艺要求的时刻及角度进行旋转。

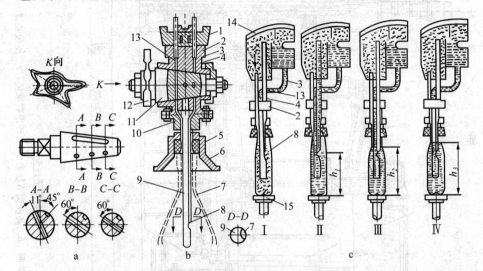

图 5-11 旋塞式等压灌装工作原理图

a. 旋塞结构图 b. 旋塞式灌装阀结构 c. 等压灌装工艺过程原理图

I. 充气 II. 进液、回气 III. 停止进液 IV. 余液回流

1. 上接头 2. 阀体 3. 进液管 4、7. 出沫管 5. 橡胶圈 6. 导瓶罩 8. 管口
9. 注液管 10. 下接头 11. 旋塞 12. 旋塞转柄 13. 进气管 14. 贮液箱 15. 瓶托

当瓶子顶紧橡胶圈后，固定挡块拨动旋塞转柄旋转一角度接通进气孔道，实现充气等压过程；旋塞再转一角度，接通下液孔道和排气孔道，实现进液回气过程；再转旋塞，关闭所有孔道，停止进液；再接通进气孔道，让通道内余液流入瓶中，实现排除余液；再关闭进气孔道，完成灌装。

三、旋转式等压灌装压盖机

旋转式等压灌装压盖机适用于啤酒、含气饮料灌装与压盖。

(一) 等压灌装压盖机构造与工艺过程

等压灌装压盖机如图 5-12 所示，主要由进、出瓶装置、瓶罐升降机构、灌装阀、环形贮液箱、压盖装置等组成。灌装工艺过程如图 5-13 所示。

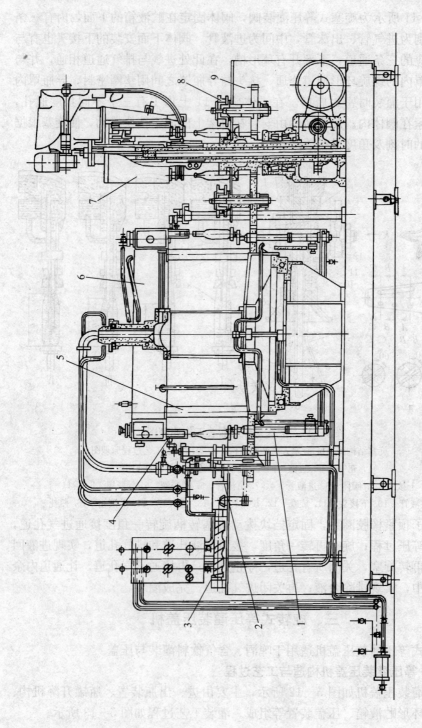

图 5 – 12　等压灌装压盖机

1. 瓶罐升降机构　2. 进瓶拨轮　3. 进罐螺杆　4. 灌装阀　5. 高度调节装置　6. 环形贮液箱　7. 压盖装置　8. 出瓶拨轮　9. 机体

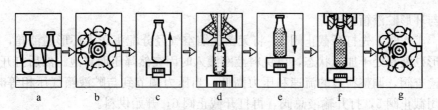

图 5-13 等压灌装压盖工艺过程

a. 螺杆分瓶传动　b. 拨轮进瓶　c. 托瓶机构托瓶上升
d. 灌装　e. 托瓶机构下降　f. 压盖装置压盖　g. 拨轮出瓶

瓶子进入灌装机后，先被进罐螺杆按灌装节拍分件送进，由进瓶拨轮将瓶子拨到托瓶机构上，托瓶机构上的一个托瓶台对应一个灌装阀。托瓶汽缸在压缩空气作用下将空瓶顶起，使灌装阀中心管伸入空瓶内，直到瓶子顶到灌装阀中心定位的胶垫为止，同时顶开灌装阀碰杆，使等压灌装阀完成充气—等压—灌装—排气的工作过程。

上述过程完成后，托瓶下降导板将托瓶机构压下，灌装完毕的瓶子下降到工作台平面，被拨轮拨到压盖机的回转工作台上。此时，压盖机将定向排列好的皇冠形瓶盖滑送到压盖头，由压盖装置压盖，压完盖的瓶子由出瓶拨轮拨出，送入下道工序。

该机等压灌装过程采用旋塞式等压灌装阀，其结构及灌装过程见图5-11。

（二）等压灌装压盖机的供料装置与传动系统

1. 供料装置　供料装置结构如图 5-14 所示，主要由分配头，环形贮液箱，高、低液面控制浮球等组成。分配头上端与输液管相连，下端均布 6 根支

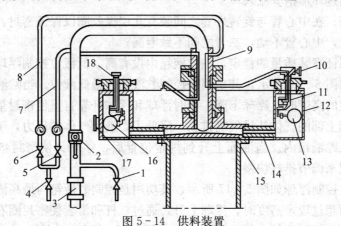

图 5-14　供料装置

1. 液压检查阀　2. 输液总阀　3. 输液管　4. 无菌压缩空气管　5、6. 截止阀
7. 预充气管　8. 平衡气压管　9. 分配头　10. 调节阀　11. 进气阀　12. 环形贮液箱
13. 高液面控制浮球　14. 支管　15. 主轴　16. 低液面控制浮球　17. 液位观察孔　18. 排气阀

管与环形贮液箱相通。

工作时，先打开截止阀5，将无菌压缩空气经分配头送入环形贮液箱，使环形贮液箱处于加压状态，以免料液刚灌入时因突然降压而冒泡。然后打开液压检查阀，调整料液的流速和压力高低，当压力调节到与贮液箱气压相等时，关闭截止阀5，打开输液总阀，再打开截止阀6，开始供料。

灌装机工作时，环形贮液箱随主轴一起转动，但输液中心管及各管路都是静止的，两者之间的连接和密封措施如图5-15所示。中心管上端与输液总管相接，下端处于环形贮液箱的回转中心，液料由此注入。中心管的外壁上平行于轴线开有两个互不相连的通孔，一个通孔上端与平衡气压管相连，下端通过环形槽5与高液位控制阀的进气阀相通；另一个通孔上端与预充气管相连，下端通过环形槽8流入

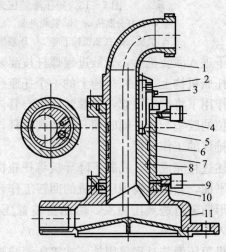

图5-15 灌装机分配头
1.输液总管 2.平衡气压管 3.预充气管
4.中心管 5、8.环形槽 6.旋转外套
7.橡胶圈 9.油杯 10.滚动轴承 11.管座

环形贮液箱。在中心管与旋转外套之间装有几层橡胶圈以保证密封，当外套随主轴旋转时，中心管不动，二者之间不致泄漏。

为了保证灌装质量的稳定，在贮液箱内设有高、低液位控制浮球。低液位控制浮球如图5-16所示，其功用是控制贮液箱内最低液位。当贮液箱内液面下降至规定的高度时，浮球下降，同时浮球和浮球杆靠自重使密封垫离开排气嘴，贮液箱上部的气体从排气嘴排出，降低了贮液箱气体的压力，于是料液由贮液罐进入贮液箱内。当液面上升到规定位置后，浮球又使密封垫堵住排气嘴。针阀用来调节排气快慢。

高液位控制浮球如图5-17所示，其功用是控制贮液箱内最高液位。当贮液箱内液面超过规定高度时，浮球上升，通过杠杆和滑套使密封圈右移，打开进气孔，于是无菌压缩空气进入贮液箱，将料液压回贮液罐。液位下降后，在浮球和重锤自重作用下，杠杆和滑套将密封圈左移，堵住进气孔，停止进气。

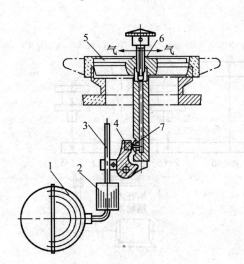

图 5-16　低液位控制浮球
1. 浮球　2. 重锤　3. 浮球杆
4. 密封垫　5. 浮球盖
6. 针阀　7. 排气嘴

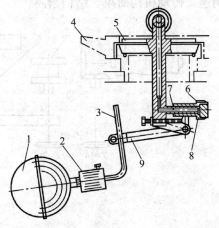

图 5-17　高液位控制浮球
1. 浮球　2. 重锤　3. 浮球杆
4. 贮液箱　5. 浮球盒　6. 滑套
7. 进气孔　8. 密封圈　9. 杠杆

2. 贮液箱高度调节装置　当容器的高度变化时，需要通过高度调节装置改变贮液箱与灌装工作台之间的相对高度，以保证正常的灌装作业。贮液箱高度调节装置通常有单柱和三柱两种结构形式，前者常见于小型灌装机。图5-18所示为联动三柱式贮液箱高度调节装置。主轴与贮液箱用固定螺钉连接起来，并与均匀布置的3根螺杆4联结成一体。螺杆的形状、尺寸相同，在其下端安装的调节螺母通过链轮、链条形成联动装置。调节时，松开固定螺钉，拧动3根螺杆上任意一只螺母，3根螺杆将同向、同量上下移动。移动时，螺杆不转动，故不破坏灌装阀与瓶托的对中状况。调好之后，旋紧固定螺钉。

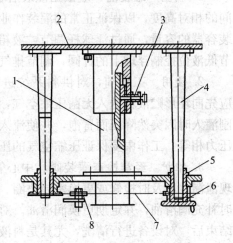

图 5-18　贮液箱高度调节装置
1. 主轴　2. 贮液箱　3. 固定螺钉　4. 螺杆(3根)
5. 调节螺母　6. 链轮　7. 链条　8. 张紧轮

3. 传动系统　灌装压盖机的传动系统如图 5-19 所示，灌装部分和压盖部分采用一台调速电动机带动，经过皮带和蜗杆蜗轮减速后，通过齿轮再分开传动。这样可使机器的各部分在规定的工作循环下，保持协调的动作和集中的调速，传动机构简单、结构紧凑。

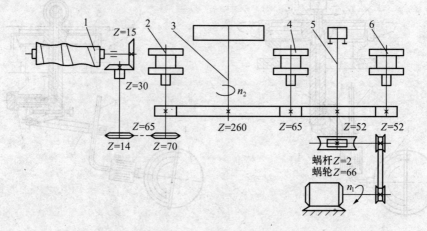

图 5-19 灌装机传动系统

1. 进瓶螺杆 2. 进瓶拨轮 3. 灌装机主轴 4. 拨瓶星轮 5. 压盖机主轴 6. 出瓶星轮

（三）旋转式等压灌装压盖机使用维护

1. 调整 罐装前，应根据灌装容器的高度，调节贮液箱与灌装工作台之间的相对高度，以保证正常的灌装作业，并相应调整压盖装置的高度。根据灌装容器的容量，通过浮球杆调节贮液箱内高、低液位控制浮球的控制液位。调节低液位控制浮球上的针阀，调节排气快慢。

2. 使用 工作前，对供料系统进行清洗、消毒。向贮液箱送入料液前，应先向环形贮液箱送入无菌压缩空气，使环形贮液箱处于加压状态，以免液料刚灌入时因突然降压而冒泡，并使流入贮液箱料液的压力与贮液箱压缩空气的压力相等。工作中要保证压缩空气的压力稳定不变。

3. 维护 经常检查灌装阀、中心管及压缩空气管连接处的密封情况，发现泄漏，应及时检修或更换密封垫圈。经常检查蜗杆蜗轮减速器润滑油面，及时补充润滑油，并定期更换润滑油。对各运动部件应定期进行润滑。每次工作结束后，对设备进行清洗，尤其是料液接触部位，要彻底清洗干净。

第二节 充填机械

充填机是将固体物料按预定量充填到包装容器内的机器。按计量方式不同，可分为容积式充填机、称重式充填机和计数充填机；按充填物的物理状态可分为粉料充填机、颗粒物料充填机；按功能可分为充填机、制袋充填机、成型充填机等。

一、容积式充填机

将产品按预定的容量充填至包装容器内的充填机叫做容积式充填机。根据物料容积计量的方式不同，容积式充填机有量杯式、柱塞式、螺杆式、料位式和定时充填机等。

容积式充填机适合于干料或黏稠状流体物料的充填。它的特点是结构简单、计量速度快、造价低，但计量精度较低。因此，它适用于价格较低物品的包装。

（一）螺杆式充填机

螺杆式充填机主要由螺杆计量装置、物料进给机构、传动系统、控制系统、机架等组成，如图 5-20 所示，传动系统如图 5-21 所示。

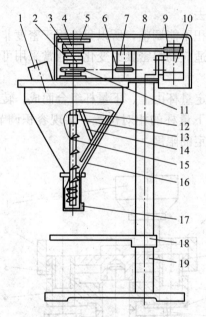
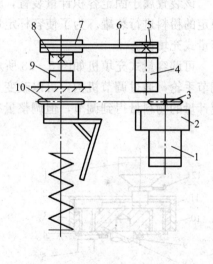

图 5-20 螺杆式充填机　　　　图 5-21 螺杆式充填机传动系统

1. 进料口　2. 电磁离合器　3. 电磁制动器　　　1. 搅拌电动机
4、9. 皮带轮　5. 光码盘　6、11. 链轮　　　2. 减速器　3、10. 链轮
7. 搅拌电机　8. 齿形带　10. 计量电动机　　　4. 计量电动机
12. 主轴　13. 联轴器　14. 搅拌杆　　　5、7. 带轮　6. 齿形带
15. 计量螺杆　16. 料仓　17. 筛粉格　　　8. 电磁离合器
18. 工作台　19. 机架　　　9. 制动器

工作时，启动计量电动机，带动皮带轮 7 绕着螺杆轴空转。计量开始时，给电磁离合器一个信号，离合器和皮带轮吸合，通过主轴带动计量螺杆转动，固定在主轴上的光电码盘也同步转动。当计量螺杆转过预定圈数实现计量后，

光电码盘也转过了同样的圈数，使电气控制系统发出信号，离合器与皮带轮脱开，制动器同时制动，计量过程结束。

　　螺杆式充填机是利用螺杆槽的容腔来计量物料的。由于每个螺距都有一定的理论容积，因此，只要准确地控制螺杆的转数，就能获得较为精确的计量值。螺杆式充填机适用于装填流动性良好的颗粒状、粉状固体物料，也可用于黏稠状流体物料，但不宜用于装填易碎的片状物料或相对密度变化较大的物料。

（二）量杯式充填机

　　量杯式充填机如图5-22所示，主要由转盘、定量杯、活门等组成。主轴带动转盘旋转时，物料由料斗落入计量杯内，刮板将定量杯上面多余的物料刮去。当定量杯随转盘转到卸料工位时，开启圆销推开定量杯底部活门，量杯中的物料在自重作用下充填到下方的容器中去。

　　该装置属于固定容积计量装置，其容积不能调整，所以只能用于密度非常稳定的粉料进行装罐。为了使容杯定量能适应物料密度的变化，通常采用可调容量式充填机。

　　可调容量式充填机如图5-23所示，定量杯由上、下量杯组合而成。转动调节手轮，通过调节机构，可以改变上、下量杯的相对位置，实现容积调节，使计量的物料量得到调节，但调整量有一定的限度。

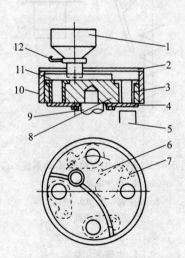

图5-22　固定容积量杯式充填机

1.料斗　2.罩盖　3.定量杯
4.活门　5.输料袋　6.闭合圆销
7.开启圆销　8.转盘　9.转盘主轴
10.护圈　11.刮板　12.下料活门

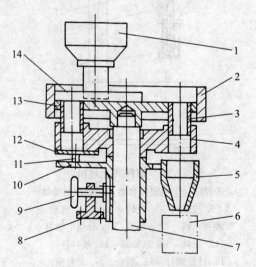

图5-23　可调容量式充填机

1.料斗　2.护圈　3.固定量杯　4.活动量杯
5.下料斗　6.包装容器　7.转轴　8.手轮支座
9.调节手轮　10.调节支架　11.活门导柱
12.活门　13.转盘　14.刮板

（三）转阀式充填机

转阀式充填机如图5-24所示。转阀转1转，充填2次，充填速度与转阀转速有关。转阀不能太快，否则容腔充填系数低。这种装置适合充填黏稠状流体，也适用于粉料的充填。装填物料的容量可通过调节螺钉调节。

（四）容积式充填机使用维护

容积式充填机的充填速度要控制在一定范围内。充填速度过快，计量误差大，合格率降低。当充填物料密度或品种改变时，要通过调整机构，相应地调整充填量。

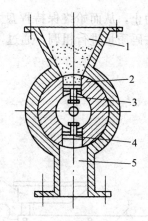

图5-24 转阀式充填机
1. 料斗　2. 转阀　3. 调节螺钉
4. 活门　5. 出料口

二、称重式充填机

由于容积式充填机计量精度低，对流动性差、相对密度变化较大或易结块物料的计量效果差，因此，对计量精度要求较高物料的包装，通常采用称重式充填机。高速称量的充填机多采用连续式称量装置。

连续式电子皮带秤称重充填机是在物料的连续输送过程中，通过对瞬间物流质量进行检测，并通过电子检控系统调节控制物料流量为给定定量值，最后利用等分截取装置获得所需的每份物料的定量值，如图5-25所示。

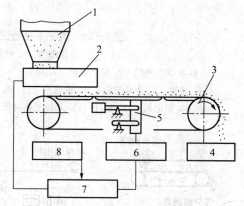

图5-25 连续式电子皮带秤
1. 料斗　2. 可控给料装置　3. 物料载送装置
4. 等分截取装置　5. 秤体　6. 检测传感器
7. 电子调节器　8. 重量给定装置

天平平衡盘式皮带电子秤如图5-26所示。电子秤主要由秤盘、差动变压器、阻尼器、输送带、电子控制系统及物料下卸分配机构等几部分组成。等臂杠杆承托着秤盘，物料流质量由砝码平衡。电子控制系统如图5-27所示，为闭环零值调节系统，即差动变压器输出（代表秤盘上质量）与质量校正（给定值）的差值维持为零，不然可逆电机将使闸门动作（开或关），直到保持上述关系为止，从而始终保持秤盘上物料的质量为"恒定值"。调节计量范围时，通过砝码质量进行粗调，通过"质量校正"旋钮进行微调。

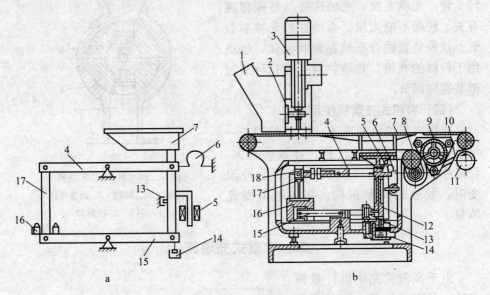

图 5-26　天平平衡盘式皮带电子秤

a. 原理图　b. 结构图

1. 料斗　2. 闸门　3. 可逆电机　4. 横杆　5. 差动变压器　6. Ω弹簧　7. 秤盘

8. 压辊　9. 主动带轮　10. 输送带　11. 圆毛刷　12. 前支架　13. 限位器

14. 阻尼器　15. 辅杆　16. 系统平衡砝码　17. 后支架　18. 微调砝码

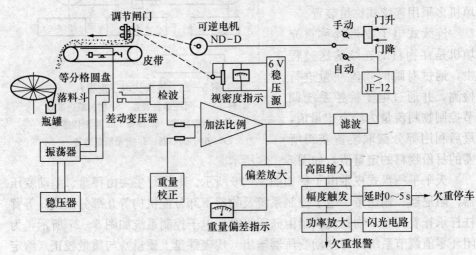

图 5-27　电子皮带秤电子控制系统

工作时，需要称量的物料连续流过自动秤。当皮带上的物料质量变化时，秤盘通过差动变压器将质量变化转变为相应的电量变化，经放大及控制电路，输出控制信号控制可逆电动机，调节闸门升降，控制皮带上的物料层厚度，以保证皮带上物料的质量流量为一恒值。在皮带端部卸料漏斗下方，有一个作等速回转的等分格圆盘，它每次将截取相等质量的物料，经圆盘分格下部漏斗将物料装入包装袋中。所以只要适当搭配皮带与等分盘的速度，即能达到所需要的称量。

工作前，根据包装容器容量调节定量值。先通过砝码对质量进行粗调，再通过"质量校正"旋钮进行微调。定量调好后，将可逆电机调到自动工位，启动输送带电机进行试装。对试装的容器内物料进行测量，并根据测量结果，通过质量微调砝码进行校正。工作中，应注意仪表参数的变化，及时对设备进行检查、调整。

三、计数充填机

计数充填机有单件计数充填机和多件计数充填机。

（一）单件计数充填机

单件计数充填机是逐件计量产品件数，并将其充填到包装容器内。单件转盘计数充填机如图 5 - 28 所示，它是利用转盘上的计数板对产品进行计数，并将其充填到包装容器内。该机工作时，定量盘上的小孔在通过料箱底部时，料箱中的物料就落入小孔中（每孔 1 粒）。由于定量盘上的小孔计数额分成 3 组，互成 120°，所以

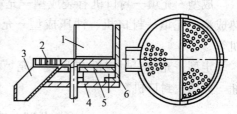

图 5 - 28　单件转盘计数充填机
1. 料斗　2. 定量盘　3. 卸料槽
4. 底盘　5. 卸料盘　6. 支架

当定量盘上的小孔有 2 组进入装料工位时，则必有 1 组处在卸料位卸料。物料通过卸料槽口充入包装容器。

单件计数充填机适用于物料呈杂乱堆积而需要计数包装的情况，如颗粒状的巧克力糖等，它们都各自具有一定的重量和形状，但难于排列，其包装时常常以计数方式进行。

（二）多件计数充填机

多件计数充填机有根据长度计数的计数机构和根据容积计数的计数机构。

长度计数机构如图 5 - 29 所示，计数时，排列有序的产品经输送机构送到

计量机构中，行进产品的前端触到计量腔的挡板时，压迫挡板上的电触头或机械触头，发出信号，指令推进器迅速动作，将一定数量的产品推到包装台上进行包装。该机构常用在饼干、云片糕包装或茶叶等小盒包装后，再进行第二次大包装等工序。

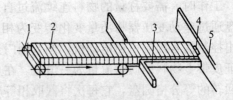

图 5 - 29　长度计数机构
1. 输送带　2. 被包装产品
3. 横向推板　4. 触头　5. 挡板

第三节　多功能包装机

在一台整机上完成两种或两种以上包装工序的机器称为多功能包装机。多功能包装机能够包装的物品也是多种多样，既可包装液体、黏稠酱体，也可包装粉、粒、块等物料。

多功能包装机根据包装工艺过程分为充填封口机、成型—充填—封口机、真空包装机、定型—充填—封口机和充气包装机。

成型—充填—封口机有袋成型—充填—封口机、箱成型—充填—封口机、热成型—充填—封口机、冲压成型—充填—封口机、熔融成型—充填—封口机等。

定型—充填—封口机有开袋—充填—封口机、开箱—充填—封口机、开瓶—充填—封口机。

一、袋成型—充填—封口机

将挠性包装材料先制成包装袋，然后进行充填和封口的机器称为袋成型—充填—封口机。纸、铝箔、塑料薄膜及其复合材料等，因其具有良好的保护物品的性能，并且来源丰富、价格低廉，又易于印刷、制袋等，因此，广泛应用于袋成型—充填—封口机。

（一）袋成型—充填—封口机的工艺流程

立式袋成型—充填—封口包装机的成型、充填及封口工序由上而下顺序布置在一条铅垂线上，适用于流动性好的粉粒状或液体类食品的包装，可采用三边封口袋、纵缝搭接袋、纵缝对接袋、四边封口袋等袋型。

卧式袋成型—充填—封口包装机的成型、充填及封口工序顺序布置在一条水平直线上，适用袋型主要为枕形袋，也可包装成三边封口袋、纵缝搭接袋、纵缝对接袋、四边封口袋等，适用于包装形状规则或不规则的单件或多件产品，如饼干、点心、肉类等食品。

袋成型—充填—封口包装机工艺流程如图5-30所示。

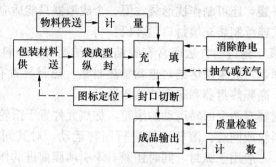

图5-30 袋成型—充填—封口包装机工艺流程

（二）袋成型—充填—封口包装机制袋封口工作部件

1. 制袋成型器 制袋成型器的功用是将平面状包装材料折合成所要求的形状。成型器必须满足袋型需要，结构简单，成型阻力小及成型稳定质量好的特点。常用的制袋成型器如图5-31所示。

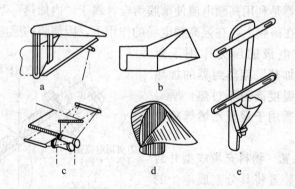

图5-31 制袋成型器
a. 三角形成型器 b. U形成型器 c. 缺口平板成型器 d. 翻领形成型器 e. 象鼻形成型器

三角形成型器结构简单，通用性好，多用于扁平袋。

U形成型器是在三角形成型器的基础上加以改进而成的，它在三角板上圆滑连接一圆弧导槽（U形板）及侧向导板，成型性能优于三角形成型器，一般用于制作扁平袋。

翻领成型器由内外两管组成，其外管呈衣服的翻领形，内管横截面依所需袋型而有不同形状（圆形、方形、菱形等），并兼有物料加料管的功能。这种成型器成型阻力较大，容易造成拉伸等塑性变形，故对塑料单膜的适应性较差，制造和调试都较复杂，而且一只成型器只能适用于一种袋宽。这种成型器成型质量稳定，包装袋形状精确。

象鼻形成型器成型过程平缓，成型阻力较小，对塑料单膜的适应性较好，不但可制作扁平袋，还可制作枕形袋，但一个成型器只能适应一种袋宽。该成型器多用于立式连续制袋充填封口包装机。

2. 封口装置　封口的方法通常有胶结和熔结两种。塑料薄膜包装袋要求封缝严密、牢固，一般采用熔结，也就是热封法。热封装置有滚轮式热封器、平板式热封器、高频热封器和超声波热封器。

滚轮式热封器有两个回转运动的滚轮，加热元件置于滚轮内部，滚轮表面加工有直纹、斜纹或网纹。滚轮连续进行回转运动，对其间的薄膜加热、加压，使其热封，一般用于纵封，同时还兼有牵引薄膜前进的作用。

平板式热封器结构简单，使用普遍，为间歇作业型。其加热元件为矩形截面的平板构件，一般采用电热丝、电热管使平板保持恒温。当被加热到预定的温度后，平板将要封合的塑料薄膜压紧在支撑板（或称工作台）上，即进行热封操作。这种板式热封器封合速度快，通常用于横封。所用塑料薄膜以聚乙烯类为宜，不适于遇热易收缩的聚丙烯、聚氯乙烯类薄膜。

高频热封器是利用高频电流使薄膜熔合，属于"内加热"型。它有两个高频电极相对压在薄膜上，在强高频电场的作用下，因薄膜的感应阻抗而迅速发热熔化，并在电极的压力作用下封合。这种"内加热"型热封器的加热升温快，中心温度高但不过热，所得封口强度大，适用于聚氯乙烯等感应阻抗大的薄膜。

3. 切断装置　物料充填成型并封合后，由切断装置将其分割成单个的小包装。图5-32所示为滚刀切断装置，通过滚刀与定刀相互配合完成切断。滚刀刃与定刀刃呈1°～2°夹角，保证两刀刃工作时逐渐剪断，降低切断时的冲击力。两刀刃间留有微小间隙，避免在无薄膜时的碰撞，此间隙靠调节螺栓调整固定刀来满足要求。

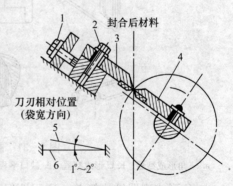

图5-32　滚刀切断装置
1. 调节螺栓　2. 固定螺栓　3. 定刀
4. 活动刀（滚刀）　5. 活动刀刃口线
6. 固定刀刃口线

（三）立式袋成型—充填—封口包装机

1. 工作原理　立式袋成型—充填—封口包装机适用的包装袋为三面封口式，主要用于颗粒状食品的包装，如图5-33所示。

工作时，整卷包装薄膜由象鼻式成型器对折成型。对折后薄膜两侧边叠在一起，纵封牵引辊将两边薄膜加热加压封合成卷筒形，横封辊压住底边加热封口。容杯式给料盘将计量好的颗粒状物料充入袋子中，横封辊转开，袋子被纵封牵引辊拉下，横封辊又转回加热加压封顶边，完成横向封口。最后由切断器切断成为单件产品，从出料槽送出包装机。如果薄膜发生伸长或缩小，使包装材料上的色标错位或发生断裂等，由透射式光电装置检测并发出电信号，经与标准电信号比较后放大，使控制系统驱动伺服电机，相应地加快或减慢薄膜输送速度，或者停机。

2. 传动系统 立式袋成型—充填—封口包装机传动系统如图5-34所示，为保证各机构同步工作，主电机经减速装置将动力传到中心轴I后，通过中心轴将动力分

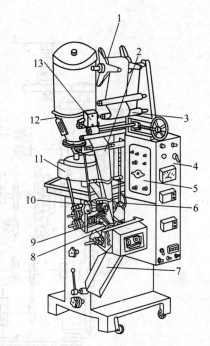

图5-33 立式袋成型—充填—封口包装机
1. 包装材料卷 2. 象鼻形成型器 3. 导辊
4、5. 光电控制箱 6. 纵封辊测温传感器 7. 出料槽
8. 横封辊测温传感器 9. 横封辊 10. 纵封牵引辊
11. 容杯式给料盘 12. 贮料罐 13. 光电装置

配成四路：第一路，驱动喂料盘旋转，用于物料计量与喂料；第二路，带动纵封拉膜辊回转，完成纵封及将包装薄膜拉下；第三路，带动横封辊转动，完成袋子底边和顶边的横封；第四路，带动旋转切刀转动，将封好的物料切成单件体。伺服电机及齿轮差动机构可改变纵封辊的转速，用于补偿包装薄膜的伸长和缩短。

为了保证一定的封合时间及在封合时间内横封器与包装袋的同步运动，本机采用偏心链轮机构来驱动横封器，使之作不等速回转。

3. 使用与维护

（1）包装机调整 工作前，应根据包装物料体积大小，更换相应的象鼻成型器，并对容杯式计量装置进行相应的调整。根据包装材料封结温度要求，调整纵封牵引辊和横封辊的封结温度。转动横封器，检查滚刀刃与定刀刃间是否留有微小间隙，以避免在无薄膜时滚刀刃与定刀刃碰撞，如无间隙，调整固定刀调节螺栓进行调整。

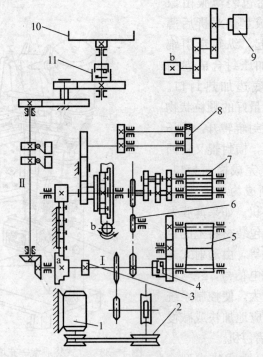

图 5 - 34　立式袋成型—充填—封口包装机传动系统

1. 主电机　2. 无级调速机构　3. 计数凸轮　4、11. 离合器　5. 旋转切刀
6. 偏心链轮机构　7. 横封辊　8. 纵封牵引辊　9. 伺服电机　10. 喂料盘

（2）包装机使用　工作中，应严密监视机器的运行情况，发现问题，应及时检查排除。

（3）包装机维护　对传动链的张紧程度要定期检查、调整和润滑。切断器刀刃应保持锋利，用钝后应及时更换或磨利。

（四）无菌复合纸盒包装机

瑞典利乐（利乐包）公司制造的砖形包装设备，适用于乳品、奶油、果汁等饮料的无菌包装。物料经超高温杀菌后，在无菌条件下，用已消毒的多层复合材料（聚乙烯、纸、铝箔等复合而成）包装成砖形，无需冷藏，可在常温下保存或流通。

1. 结构　其结构如图 5 - 35 所示，主要由包装材料输送辊筒、消毒系统、封口灌装装置等组成。光电管用来监视卷筒纸是否已用完，可及时发出讯号，更换新的卷筒纸。辊筒使包装材料产生折痕，以便为盒子成形提供方便。封条敷贴装置可在包装材料的一边利用热封贴上宽约 10~15 mm 的聚乙烯带，以便在成形时与另一边接合，加强中缝的强度。

包装材料的灭菌分为涂双氧水和加热杀菌两个过程。包装材料先在 25%

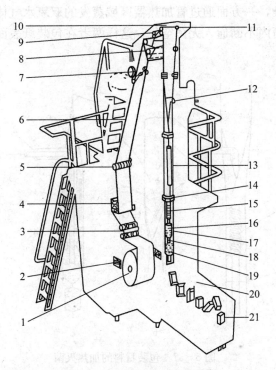

图 5-35　无菌复合纸盒包装机

1. 卷筒纸　2. 光电管　3、5、11. 辊筒　4. 打印装置　6. 记号贮存　7. 封条敷贴

8. H₂O₂浴槽　9. 挤压滚筒　10. 顶盖　12. 进料套管　13. 纵接缝热封器　14. 导轮

15. 电热蛇管　16. 液位　17. 浮球　18. 进料口　19. 横封器　20. 检验　21. 成品

双氧水的浴槽内涂上双氧水对包装材料浸润消毒，如图 5-36 所示。涂上双氧水膜的包装纸经挤压辊筒除去多余的双氧水，向下经导轮、进料套管等形成纸筒，一直到达管加热器和横封区域进行加热杀菌。

　　包装纸的加热杀菌是通过管加热器对双氧水加热实现的，如图 5-37 所示。管加热器是缠绕在产品灌注管外的电子元件，它一直延伸至纸筒的中部。根据包装容积的大小不同，管加热器的温度范围也不同，一般来说在 $450 \sim 650\,℃$ 范围内。管加热器通过传导和辐射加热将包装纸内表面温度加热至 $110 \sim 115\,℃$，双氧水被蒸发为气体，提高了灭菌效率。在生产过程中，为

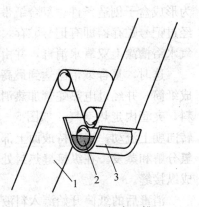

图 5-36　双氧水浴槽

1. 包装纸带　2. 涂抹辊　3. 双氧水槽

防止微生物污染，一方面通过管加热器区域蒸发的双氧水气体上升杀菌，另一方面通过向纸筒内不断通入无菌空气，这样两者在包装纸表面形成了一道无菌空气屏障。

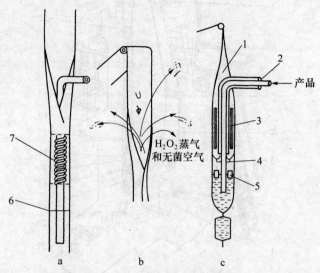

图 5-37　包装材料的加热灭菌

a. 管加热区域　b. 无菌空气屏障的形成　c. 基本结构

1. H_2O_2 蒸气和无菌空气混合体　2. 无菌空气　3. 管加热器
4. 无菌空气反射器　5. 液位控制器　6. 产品液位　7. 管加热区

2. 工作原理　如图 5-35 所示，工作时，复合纸带经过辊筒 3 产生折痕，为形成盒子创造条件。复合纸带经过打印装置时，在打印装置处打印号码后，经过记号贮存器即有记号贮存，并由封条敷贴装置贴上聚乙烯带，然后进入双氧水浴槽涂上双氧水消毒，并由挤压滚筒挤掉多余的双氧水。

这时，复合纸带已达到最高位置，随后向下移动，经纵封加热器和导轮形成纸筒，并经过电热蛇管加热消毒。已杀菌冷却的物料由套管进入，中心走物料，夹套内走热空气，如图 5-38 所示。气流通过圆筒内的电热蛇管底部后，转向朝上流动，以维持液面上部为无菌区域，并使包装材料三面粘附的过氧化氢分解和蒸发。在纵接缝热封处对纵接缝进行加热，通过环套被热压封口，形成纵接缝。

消毒后的纸筒开始灌入料液，由浮球控制进入料液的液面，并保持进料口始终在液面下。灌装完料液的纸盒由横封器横封。横封是通过两步来完成的，即粘合和切割。有效的粘合需要两大因素，即温度和压力。封合时的温度是电感加热产生的，即通过夹爪夹住圆柱形的纸筒，这样纸筒就变成了长方形。产

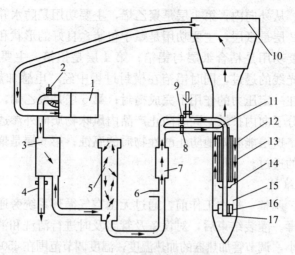

图 5-38 无菌气流循环系统

1. 水环式压缩机 2. 压缩机冷却水进口 3. 气水分离器 4. 排水管

5. 空气加热器 (约 350℃) 6. 往纵接缝接口处送空气 7. 冷却器 (冷却至 80℃)

8. 热空气管 (在纸筒内形成无菌区) 9. 旁通管 10. 空气收集罩 11. 进料管

12. 夹套管 (热空气自此导入) 13. 电热蛇管 14. 无菌空气折流向上

15. 液位控制装置 16. 浮球控制阀 17. 节流阀

品在封合区通过夹爪的压力挤出,夹爪内的 U 形金属圈通入高频电流,高频电流在包装纸的铝箔层形成反向电感电流,从而使铝箔受热并将热量传递至内层聚乙烯使其融化。在夹爪压力的作用下聚乙烯同时迅速冷却,使融化的聚乙烯固化,完成了封合。封合后夹爪内的切刀在封合区内将包装盒切割开,最后经过终端成型器将顶部和底部的边角分别弯曲、折叠而成型。不合格产品在检验时被剔除,正品由输送带送出。

3. 无菌包装材料 无菌包装所用的材料通常为内外覆以聚乙烯的纸板,这种包装材料能有效地阻挡液体的渗透,并能良好地进行内、外表面的封合。为了延长产品的保质期,包装材料中要增加一层氧气屏障,通常要复合一层很薄的铝箔。

利乐无菌包装材料的结构如图 5-39 所示。从图中可以看出,除印刷层外,包装纸共有 6 层,每层各具

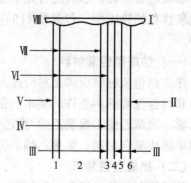

图 5-39 无菌包装材料结构

1、3、5、6. 聚乙烯 2. 纸层 4. 铝箔
Ⅰ. 包装盒内部 Ⅱ. 液体 Ⅲ. 风味物质 Ⅳ. 氧气
Ⅴ. 水分 Ⅵ. 光 Ⅶ. 微生物 Ⅷ. 包装盒外部

有不同的功能。从外向内，第1层是聚乙烯，主要功用是防水并阻止部分微生物的透过；第2层是纸层，主要功用是赋予包装盒良好的形状和强度；第3层是聚乙烯，主要功用是粘合纸层与铝箔；第4层是铝箔，主要功用是阻止氧气、风味物和光线的透过，同时铝箔在横封过程中经"电感加热"，融化内层高密聚乙烯，在一定压力的作用下完成横封；第5层是聚乙烯，主要功用是防止印刷层油墨分子向内扩散，同时防止产品内风味物质向外渗透，尤其在生产高酸性食品时，这层能有效地防止酸性物质的腐蚀；第6层是聚乙烯，主要功用是防止液体的透过。

4. 使用与维护

（1）消毒、调整　每次工作前，通过无菌空气循环系统旁通管对管路和设备进行杀菌消毒。灌装结束后，对设备及管路及时进行清洗和消毒。根据包装容器容积的大小，调节管加热器的加热温度，温度调节范围在450～650 ℃之间。

（2）使用　工作中，应严密监视机器的运行情况，如打印装置的打印情况、双氧水浴槽双氧水液位、无菌空气循环系统工作情况、封结温度及封结情况等，及时发现存在的问题，并检查调整、更换或排除。

（3）维护　对主要工作部件，要定期进行检查，及时更换易损件。对传动系统运转部位，定期进行润滑或更换润滑油。切断器刀刃用钝后应及时更换或磨利，并调整定、动刀刃间隙。

二、热成型—充填—封口机

热成型—充填—封口机是在加热条件下，对热塑性片状包装材料进行深冲，形成包装容器，然后进行充填和封口的机器。在热成型包装机上能分别完成包装容器的热成型、包装物料的（定量）充填、包装封口、裁切、修整等工序。

（一）热成型包装材料

热成型包装材料应满足对商品的保护性、成型性、透明性、真空包装的适应性和封合性等基本条件的要求。常用热成型及热封合的单片或复合材料有聚氯乙烯、聚苯乙烯、聚氯乙烯/聚乙烯复合材料等。面板（盖材）常选用卷筒塑料单膜或复合材料。如聚乙烯、铝箔/热封涂层、聚酯/聚乙烯等。

（二）热成型包装机

热成型包装机及工艺过程如图5-40所示。该机可无级调速，速度的高低取决于薄膜质量及吸塑的深度大小。

工作时，将成型膜送入热成型器内，成型膜被加热后，由模具将加热的成型膜冲成要求形状（如圆形、方形等）的容器，并对容器进行冷却。冷却后的

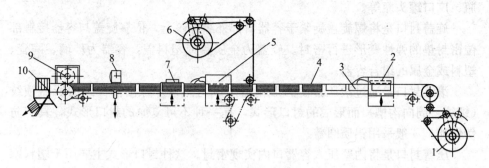

图 5-40 热成型包装工艺流程

1. 底膜卷 2. 热成型器 3. 冷却 4. 充填 5. 热封器 6. 盖膜卷
7. 封口冷却 8. 横向切割装置 9. 纵向切割装置 10. 底膜边料引出

容器由定量灌装装置向容器内灌入物料，然后在容器上方覆盖上盖膜，送入热封器封口。封口后的成品被送入横向切断装置切断，再由纵向切割装置切去多余的边料，完成热成型—充填—封口。

（三）热成型包装机使用与维护

1. 包装材料选择 热成型包装用塑料材料按厚度（δ）分为三类：薄片（$\delta < 0.25$ mm）、片材（$0.25 \leqslant \delta < 0.5$ mm）和板材（$\delta > 1.5$ mm）。食品的热成型包装一般选用塑料薄片和片材，材料厚度应均匀，厚度误差不大于 $0.04 \sim 0.08$ mm，材料的延伸率要大于 100%。

2. 加热温度选择 使用前，应根据使用的包装材料，选择合适的加热温度。容器成型时的加热温度对成型质量有很大影响，温度过高或过低时，会出现气孔、壁厚不均匀、成型不良、皱褶等缺陷。

3. 热成型包装机维护 使用前后，应对物料灌装系统进行清洗消毒。对横、纵向切断装置刀刃及时更换或磨利，并调整定、动刀刃间隙。对运动部件，定期进行润滑。

第四节 刚性容器封口机械

刚性容器的封口有卷边封口、压盖封口、旋盖封口、滚纹封口和压塞封口五种方式。

卷边封口是将罐身翻边与涂有密封填料的罐盖内侧周边互相钩合，卷曲并压紧，实现容器密封。这种封口方式主要用于马口铁罐、铝箔罐等金属容器。

压盖封口是将内侧涂有密封填料的外盖压紧并咬住瓶口或罐口的外侧凸缘，从而使容器密封。主要用于玻璃瓶与金属盖的组合容器，如啤酒瓶、汽水瓶、广口罐头瓶等。

旋盖封口是将螺旋盖旋紧于容器口部外缘螺纹上，依靠旋盖与容器接触部位密封垫的弹性变形进行密封。旋盖为金属盖或塑料盖，容器为玻璃、陶瓷、塑料或金属的组合容器。

滚纹封口是通过滚压，使圆形帽盖形成与瓶口外缘沟槽一致的所需锁纹（螺纹、周向沟槽）而形成的封口形式，是一种不可复原的封口形式，具有防伪性能。一般采用铝质圆盖。

压塞封口是将内塞压入容器口内实现密封。这种封口形式主要用于塑料塞或软木塞与玻璃瓶相组合的容器的密封，如瓶装酱油、酒等的封口。因为内塞要达到完全密封较难，通常还要加辅助密封方法，如塑封、蜡封、旋盖封等。

一、卷边封口机

马口铁罐全自动卷边封口机如图 5-41 所示，主要由封盘、六槽转盘、卷边滚轮等组成。工作时，输送链上的推头将实罐间歇送入六槽转盘的进罐工位Ⅰ。同时，罐盖由连续转动的分盖器逐个拨出，然后由往复运动的推盖板送至进罐工位处罐体的上方。罐体和罐盖一起被间歇转到卷封工位Ⅱ后，先由托罐盘将罐体托起，压盖杆下降压住罐盖，由上压头完成定位后，利用两道卷边滚轮依次进行卷封。完成封盖后，托罐盘和压盖杆恢复原位，已封好的罐头降下，由六槽转盘送至出罐工位Ⅲ，完成卷边封罐过程。

将罐体和罐盖之间进行卷合采用二重卷边过程。它是用两个沟槽形状不同的滚轮，顺次与罐体及罐盖结合边缘重复地做相对滚动，使两者的边缘因变形互相紧密地钩合在一起。二重卷边作业过程如图 5-42 所示，其中：1 是头道滚轮与底盖钩边接触时的情况；2、3、4 是头道滚轮逐渐向罐体中心移动时卷边的弯曲情况；5 为头道滚轮完成卷边作业；6 是二道滚轮与卷边接触时的情况；7、8、9 表示二道滚轮向罐体中心逐渐移动时卷边形成的情况；10 为二道滚轮完成卷边作业。

卷边封口机在工作前应根据罐型规格，更换相应的卷边滚轮、下托盘等工作部件。然后将罐盖装在上压头上，用卷边滚轮作标尺，转动上压头，检查其上下之间和滚轮间是否一致，直至调整水平为止。顺序调整头道和二道滚轮的高低，使滚轮槽上部平面和压头上部平面之间相距一张镀锡薄钢板厚度。调整完设备后，手动盘转手轮进行试封，并根据封结情况进行校核，直至符合标准，再投入使用。工作结束后，对溢洒出的汤汁进行清洗。对各运动部件在开机前进行润滑。

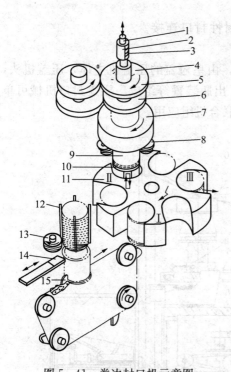

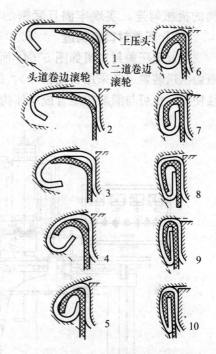

图 5-41　卷边封口机示意图

Ⅰ. 进罐工位　Ⅱ. 卷封工位　Ⅲ. 出罐工位

1. 压盖杆　2. 套筒　3. 弹簧

4. 上压头固定支座

5、6. 差动齿轮　7. 封盘

8. 卷边滚轮　9. 罐体　10. 托罐盘

11. 六槽转盘　12. 上盖　13. 分盖器

14. 推盖板　15. 输送链推头

图 5-42　二重圈边过程

1. 头道滚轮与底盖钩边接触

2、3、4. 头道滚轮向罐体中心移动

及卷边的弯曲情况

5. 头道滚轮完成卷边作业

6. 二道滚轮与卷边接触情况

7、8、9. 二道滚轮向罐体中心移动

及卷边形成的情况

10. 二道滚轮完成卷边作业

二、皇冠盖压盖封口机

（一）压盖封口原理

　　压盖封口原理如图 5-43 所示，是用配有高弹性密封垫片（通常用橡胶制造）的皇冠形瓶盖，加在待封口的瓶口上，由机械施以压力，促使位于盖与瓶口间的密封垫产生较大的弹性变形及瓶盖裙边被挤压变形，卡在瓶子封口凸缘的下缘，造成盖与瓶

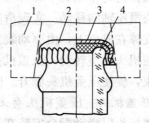

图 5-43　皇冠盖压盖封口原理

1. 压盖模　2. 皇冠盖　3. 密封垫片　4. 瓶口

间的机械勾连，实现牢固且紧密的密封性封口连接。

（二）压盖封口机构造

皇冠盖压盖封口机如图 5-44 所示，由皇冠盖的压盖机主体，压盖机头，瓶盖供送装置（常采用自动料斗），进、出瓶装置等组成。压盖封口机械可单独使用，也可与灌装机组合成一体构成联合机组应用。

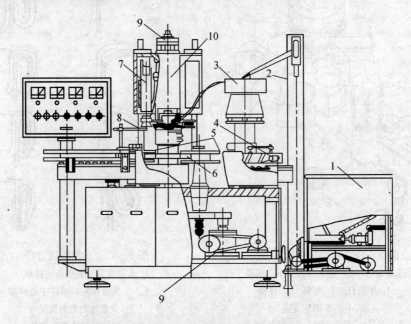

图 5-44 皇冠盖压盖封口机

1. 贮盖箱 2. 磁性带 3. 电磁振动给盖器 4. 供瓶装置 5. 拨轮 6. 传送转盘
7. 压盖机头 8. 实瓶安全装置 9. 无级变速器 10. 压盖机主体

1. **压盖机主体** 压盖机主体结构如图 5-45 所示，压盖凸轮为圆柱凸轮，固定安装在心轴上部，压盖机头的滚轮沿凸轮槽运动。为适应不同高度规格瓶子的压盖封口，在心轴上设置有螺旋升降调节机构。调节时，转动手轮轴，通过调高圆锥齿轮带动调节螺母转动，使心轴做轴向移动，从而带动压盖凸轮、压盖机头滑座轴向移动，实现滑座和传动转盘之间的相对位移。空心支撑轴通过轴承支撑在机座上，由驱动装置通过齿轮带动在空心支撑轴上的瓶子传送转盘及压盖机头滑座转动，压盖机头上的滚轮沿着压盖凸轮槽滚转，受压盖凸轮槽的约束，促使压盖机头做升、降运动，完成压盖封口作业。

2. **压盖机头** 压盖机头有多种结构型式，图 5-46 所示为其中的一种。整个压盖机头以滑动配合安装在压盖机主体的滑座上，用滑键进行周向定位，随空心支撑轴一起转动，进行压盖作业。

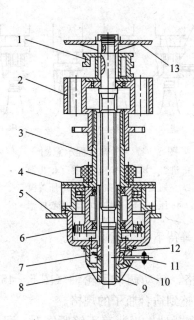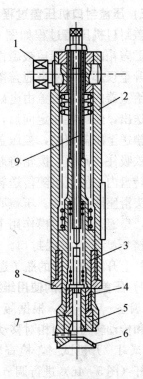

图 5-45 压盖机主体
1. 压盖凸轮 2. 压盖机头滑座 3. 空心支撑轴
4. 传送转盘 5. 机座箱体 6. 驱动齿轮
7、10. 调高圆锥齿轮 8. 心轴 9. 锁紧螺母
11. 手轮轴 12. 调节螺母 13. 上盖

图 5-46 压盖机头
1. 滚轮 2. 空心导柱 3. 导套
4. 压盖心杆 5. 压盖模
6. 对中罩 7. 内螺纹套筒
8. 外螺纹套筒 9. 调节杆

压盖心杆与调节杆之间有一间隙 δ，为压盖作业时压盖模相对于压盖心杆的轴向移动距离，它影响压盖封口的密封性，可通过调节杆进行调节。当瓶盖不够紧密时，需要将 δ 调大，使压盖时盖的卷褶直径变小；过于紧密，会压碎瓶子，需要将 δ 调小。

压盖机头工作时，瓶盖由供盖装置送入压盖机头导槽内，由压盖心杆上的磁铁吸住瓶盖定位，对中罩使瓶嘴与压盖机头对中，并将瓶盖加到瓶口上。压盖机头受压盖凸轮槽控制向下行进，使压盖心杆压住瓶盖，并向上压缩小弹簧，使压盖力增大，迫使盖与瓶嘴间密封垫产生挤压变形。与此同时压盖模对盖的裙边进行挤压，迫使裙边向瓶子封口凸缘下压紧，产生塑性变形，形成机械性勾连。最后压盖滚轮沿压盖凸轮轨道向上运动，在弹簧作用下，压盖模与盖分离，压盖机头升起，瓶子由出瓶拨轮排出，完成压盖作业。

（三）压盖封口机压盖过程

压盖封口机压盖过程如图 5 - 47 所示，贮盖箱内的皇冠盖被磁性带吸住，提升至顶部后，使皇冠盖落入电磁振动给盖器内。皇冠盖由电磁振动给盖器送出，经过料斗定向后，通过送盖滑槽送至压盖模处，被压盖心杆中的磁铁吸住，同时，拨轮将瓶子拨入传送转盘内，使瓶子随传送转盘和压盖机头滑座同步转动。压盖心杆随即下降，皇冠盖在压盖模作用下被压向瓶嘴挤压变形，实现封口。最后，

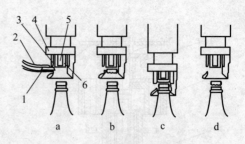

图 5 - 47　压盖过程示意图

a. 进盖　b. 对中　c. 压盖　d. 出瓶

1. 皇冠盖　2. 送盖滑槽　3. 压盖模
4. 压头　5. 磁铁　6. 压盖心杆

压盖心杆上升，被封口的瓶子退出，压盖机等待下一个瓶子进入。

（四）压盖封口机的使用维护

1. 调整　工作前，根据瓶子的高度规格，转动调节手轮轴（图 5 - 45），使滑座和传动转盘之间相对移动，将高度调整到适合瓶子的规格。

2. 试封　开机试封，检查压盖封口的密封性。当瓶盖不够紧密时，可通过调节杆（图 5 - 46）进行调节，使压盖心杆与调节杆之间间隙 δ 增大。反之，瓶盖过于紧密时，调节调节杆使间隙 δ 缩小。

3. 维护　对各运动部位要定期进行润滑。每次工作结束后，对设备进行清洗。

三、旋盖封口机

旋盖封口的瓶口外螺纹有单头和多头。单头螺纹常用于小口径的瓶罐，其螺纹螺距较小，瓶罐口上螺纹多为 2～3 圈，因螺旋的升角小，具有良好的自锁性能。为使封口密封，瓶盖内用橡胶作为密封衬垫。旋紧瓶盖时，密封衬垫发生弹性变形，从而达到气密性要求。

多头螺纹螺距较大，每道螺纹段长度约为整圈螺纹的 1/3 或 1/4，上盖与开启迅速、方便。与多头螺纹瓶罐口相配的盖子做成与外螺纹头数相等的凸爪，旋盖时，凸爪沿瓶罐上封口外螺纹线前进而旋紧。它广泛用于玻璃、塑料瓶罐食品的封口，这种封口具有启封方便和启封后可再盖封的优点。瓶罐多头螺纹连接结构如图 5 - 48 所示。

对于小口径旋盖，由于螺旋升角较小，达到同样密封程度所需的旋拧力矩也较小，通常采用结构简单的直接摩擦旋拧机构。而对于大口径旋盖，所需旋拧力矩较大，多采用拧手机构。

(一) 直线行进式旋盖机

直线行进式旋盖机如图5-49所示，实瓶由输送带送进，瓶盖由自动料斗送至送盖滑槽。在滑槽的端头有弹性定位夹持器夹持定位瓶盖，当料瓶送达时，瓶口碰到盖而自动套在瓶口上，实瓶继续行进至两条平行反向运行的皮带7中间，使瓶体在行进中自转。瓶盖上方的压板和压盖输送带阻止瓶盖随瓶体转动而使瓶盖做轴向送进，从而实现瓶与盖的旋拧作业。当旋拧达到封口密封要求时，瓶体在输送带间打滑，以保障旋拧安全可靠。

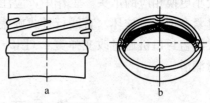

图5-48 瓶罐与盖的多头螺纹连接
a.瓶罐口多头外螺纹结构　b.螺旋盖结构

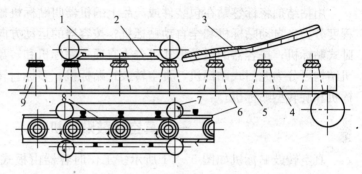

图5-49 直线行进式旋盖机
1.压盖输送带　2.压盖板　3.送盖滑槽　4.上侧板
5.托板　6、8.侧导板　7.旋瓶皮带　9.已旋盖瓶子

(二) 爪式旋盖封口机

爪式旋盖封口机的封口执行机构是三爪式旋盖机头，如图5-50所示。当瓶盖从料斗到达旋盖头下方时，首先压入由弹簧1和三个爪组成的爪头内。然后将灌有食品的瓶子送到旋盖下同一中心线位置并被夹紧，传动轴下降，通过弹簧4、球铰、摩擦片，使橡皮头紧压在瓶盖上。传动轴旋转并靠摩擦力将瓶盖旋紧在瓶口的螺纹上。达到一定的旋紧力后再旋转，则摩擦片打滑，从而防止因旋紧力过大而把瓶盖拧坏。转动调节螺钉可调节旋盖头位置的高低，以适应不同高度的瓶子。

(三) 旋盖封口机的使用维护

工作前，根据瓶子的高度调整旋盖机头（或压盖板）的高度，使之符合瓶高要求。根据瓶盖

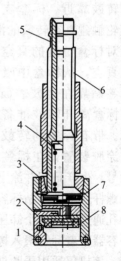

图5-50 三爪式旋盖机头
1、4.弹簧　2.爪头　3.球铰
5.调节螺钉　6.传动轴
7.摩擦片　8.橡皮头

大小更换相应的爪头。工作中，应注意旋盖的松紧度，过松会造成密封不严，过紧会把瓶盖拧坏。直线行进式旋盖机可通过改变压盖板的压力进行调节，爪式旋盖封口机通过改变弹簧4（图5-50）的弹力调节。对各运动部件要定期进行润滑。

第五节 贴标机械

用粘结剂将标签贴在包装件或产品上的机器叫贴标机械。贴标机按自动化程度分为半自动贴标机和全自动贴标机；按容器的运动方向分为立式贴标机和卧式贴标机；按容器的运动形式可分为直通式贴标机和转盘式贴标机；按贴标机结构可分为龙门式贴标机、真空转鼓式贴标机、多标盒转鼓贴标机、拨杆贴标机和旋转型贴标机。

一、真空转鼓贴标机

真空转鼓贴标机如图5-51所示。工作时容器由板式输送链进入送罐螺杆，使容器按一定间隔送到真空转鼓，同时触动"无瓶不取标"装置的触头，使标盒向转鼓靠近。标盒支架上的滚轮触碰真空转鼓的滑阀，使正对标盒位置的真空气眼接通真空，从标盒中吸出一张标签贴靠在转鼓表面。随后，标盒离开转鼓准备再次供标。带有标签的转鼓经印码、涂胶装置，在标签上打

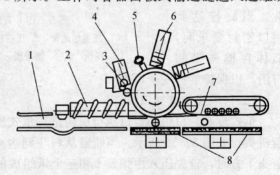

图5-51 真空转鼓贴标机

1. 板式输送链 2. 螺旋分罐器 3. 真空转鼓 4. 涂胶装置
5. 印码装置 6. 标盒 7. 搓辊输送带 8. 海绵橡胶衬垫

印批号、生产日期并涂上适量粘结剂。随着转鼓的继续旋转，已涂粘结剂的标签与螺杆送来的待贴标容器相遇，当标签前端与容器相切时，转鼓上的吸标真空小孔通过阀门逐个卸压，标签失去吸力，与真空转鼓脱离而粘附在容器表面上。容器带着标签滚入搓辊输送带和海绵橡胶衬垫构成的通道，标签被抚平、贴牢。该机仅适用于圆柱体容器上粘贴一个标签。

二、回转式真空转鼓贴标机

回转式真空转鼓贴标机如图5-52所，它适用于圆柱形容器的贴标。工作

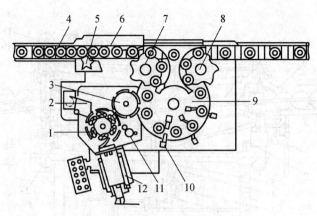

图 5 - 52　回转式真空转鼓贴标机

1. 取标转鼓　2. 涂胶装置　3. 真空转鼓　4. 板式输送链　5、7、8. 星形拨轮
6. 螺旋分罐器　9. 回转工作台　10. 理标毛刷　11. 打印装置　12. 标盒

时容器先由板式输送链送进，经螺旋分罐器将容器分隔成要求的间距，再由星形拨轮将容器拨送到回转工作台，同时压瓶装置压住容器顶部，并随回转工作台一起转动。取标转鼓上有若干个活动弧形取标板，取标转鼓回转时，先经过涂胶装置，给取标板涂上粘结剂，转到标盒所在位置时，取标板在凸轮碰块作用下，从标盒粘出一张标签进行传送。经过打印装置时，在标签上打印代码，再转动到与真空转鼓接触时，真空转鼓利用真空吸力吸过标签并作回转传送。当标签与回转工作台上的容器接触时，真空转鼓失去真空吸力，标签粘贴到容器表面。随后理标毛刷进行梳理，使标签舒展并贴牢，最后定位压瓶装置升起，容器由星形拨轮拨出送到板式输送链上输出。

三、圆罐自动贴标机

圆罐自动贴标机如图 5 - 53 所示。工作时需贴标签的圆罐沿进罐斜板滚到罐头间隔器，将罐头等距分开，以免罐头在贴标时发生碰撞和摩擦。罐头进入张紧的搓罐输送皮带下面后，借摩擦力的作用顺序向前滚动。当罐头途经胶盒时，盒内的两个旋转浸沾粘结剂的小牙轮便在罐身表面粘上两滴粘结剂。罐头再继续向前滚动至标签托架时，罐身表面的粘结剂粘起最上面一张标签，随着罐头的滚动，标签便紧紧地裹在罐身上。在罐身粘取标签前，标签的另一端由压在标签上的含胶压条涂上粘结剂，以便进行纵向粘贴、封口。含胶压条由贮胶桶利用液位差的作用，不断供给粘结剂。贴好标签的罐头沿出罐斜板滚出。

为保证罐头能自动从标签托架中取到标签，要求标签叠正常工作时高度高

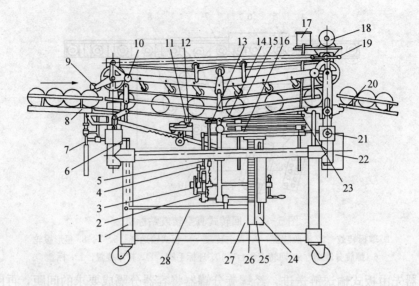

图 5-53 圆罐自动贴标机示意图

1. 机架 2. 棘轮 3. 棘爪 4. 摆杆 5. 曲柄连杆机构 6、13、28. 连杆 7. 挡罐杆
8. 进罐斜板 9. 间隔器 10. 手轮 11. 小牙轮 12. 胶盒 14. 控制块 15. 输送带
16. 标签托架 17. 贮胶桶 18. 电机 19. 手柄 20. 出罐斜板 21. 启动按钮
22. 电气箱 23. 含胶压条 24. 导杆 25. 齿条 26. 齿轮 27. 斜块

于控制块。当标签叠高度随着贴标而降低且低于控制块时，罐头运行到这一位
置就会压在控制块上，从而使连杆 13 上升，并拉紧弹簧，使与弹簧相连的棘
爪离开棘轮。这时，曲柄连杆机构通过摆杆将棘轮推过一齿。同时，与棘轮同
轴的齿轮 26 亦转动相同的角度，进而带动与齿轮相啮合的齿条向上运动，从
而使装在齿条上端的标签托架上升，直到标纸高度高于控制块为止。

当标签用完后，导杆上升，使装在下端的斜块碰到连杆 28 的右端。连杆
沿斜块的斜面往左运动，使与之相连的连杆 6 通过中间杠杆后向右移动。连杆
6 的左端插在挡罐杆中，当连杆右移时，挡罐杆在上部弹簧作用下，迅速弹
起，使挡罐杆位于罐头通道中间，挡住罐头，从而实现无标不进罐的目的。

摇动手柄 19 便可使机架上部和输送皮带进行上下调节，以适应不同规格
的圆罐贴标。转动手轮 10 可实现罐高的调节。

四、贴标机械的使用维护

1. 贴标机的调整 在贴标前，要根据罐形大小和高度调整贴标机，使之
适合罐形要求。更换标签盒及标签。

2. 使用维护 真空贴标机在工作中要保持恒定的真空度，真空吸力过小

时，造成漏取标签。标签用完后，及时放入新标签。随时检查标签的粘贴情况，标签粘贴不牢靠时，可通过调整出罐段搓滚输送带（或理标毛刷）的压力进行调节。

·复习思考题·

1. 回转型灌装机有哪些主要组成部分？由哪些装置组成？
2. 液体灌装机的气阀有什么作用？
3. 等压灌装基本程序有哪些？简述液体等压自动灌装机灌装过程。
4. 螺杆式充填机如何获得较为精确的计量值？
5. 叙述天平平衡盘式皮带电子秤的结构及工作原理。
6. 分析利乐包的材料和成型特点，叙述利乐包装设备的结构与工作原理。
7. 观察刚性容器封口形式，简述相对应的封口机的结构与工作原理。
8. 真空转鼓贴标机分配头如何控制真空的"通"与"断"？

实验实训一 旋转式等压灌装压盖机 构造观察与使用维护

一、目的要求

通过实习，使学生熟悉旋转式等压灌装压盖机的构造，掌握旋转式等压灌装压盖机的正确调整、使用和维护，在生产中能正确使用旋转式等压灌装压盖机。

二、设备与工具

1. 旋转式等压灌装压盖机1台（或旋转式等压灌装机1台，压盖机1台）。
2. 饮料瓶若干，瓶盖若干。
3. 配制好的饮料（根据实际情况决定用量）。
4. 电源。
5. 自来水源。

三、实训内容和方法步骤

1. 观察旋转式等压灌装压盖机的外部结构。
2. 检查蜗杆蜗轮减速器润滑油面，必要时补充润滑油。对各运动部件进行润滑。
3. 清洗灌装系统，并进行消毒。
4. 根据饮料瓶的高度，调节贮液箱与灌装工作台之间的相对高度，并相应调整压盖装置的高度。根据饮料瓶的容量，调节贮液箱内高、低液位控制浮球的控制液位。调节低液位控制浮球上的针阀，调节排气快慢。

5. 先向环形贮液箱送入无菌压缩空气，使环形贮液箱处于加压状态，并调节流入贮液箱料液的压力，使之与贮液箱压缩空气的压力相等。

6. 启动灌装机电动机，带动灌装机、压盖机及瓶罐输送机构运转。检查运转是否正常，有无异常声响等。

7. 向压盖机装入瓶盖，并将洗净的空瓶放入瓶罐输送机，开始灌装。

8. 注意观察机器的运转情况，并对灌装压盖的饮料进行检查。

9. 实习结束后，对设备进行清洗保养，整理实习现场。

实验实训二 袋成型—充填—封口包装机 构造观察与使用维护

一、目的要求

通过实习，使学生熟悉袋成型—充填—封口包装机的构造，掌握袋成型—充填—封口包装机的正确调整、使用和维护，在生产中能正确使用袋成型—充填—封口包装机。

二、设备与工具

1. 袋成型—充填—封口包装机1台。

2. 成型包装用塑料薄膜1～2卷。

3. 待包装物料适量。

4. 电源。

5. 自来水源。

三、实训内容和方法步骤

1. 观察袋成型—充填—封口包装机的外部结构。

2. 检查传动链的张紧程度。对各运动部件和传动部件进行润滑。

3. 根据包装物料体积大小，更换相应的象鼻形成型器。

4. 调整容杯式计量装置，使之符合包装要求的用量。

5. 根据包装材料封结温度要求，调节纵封牵引辊和横封辊的封结温度。

6. 启动主电动机，带动喂料盘、纵封辊、横封辊和旋转切刀运转。启动伺服电动机。检查运转是否正常，有无异常声响等。

7. 停止机器，安装好塑料薄膜卷，送入物料，再启动机器，开始封装。

8. 注意观察机器的运转情况，并对封装件进行检查。

9. 实习结束后，对设备进行清洗保养，整理实习现场。

第六章 制冷机械与设备

制冷机械在食品加工与贮藏方面的应用很广，可用于食品的冻结、冻藏和冻结运输，食品的冷却、冷藏、冷却运输和保鲜，还可用于食品的冷冻加工、生产车间的空气调节、升华干燥、生产用冰和食用冰产品的制备等。随着制冷技术的发展，食品冷冻的应用范围越来越广，该手段的应用，极大地缓解食品的腐败，延长食品的保存期限，减少食品损耗和最大限度地保存食品的营养成分。

第一节 制 冷 原 理

人工制冷是指人们利用制冷剂，从被制冷的物体中连续或间断地吸收热量，然后对周围环境放出热量。根据制冷剂的不同，有蒸汽压缩式制冷、蒸汽喷射式制冷和吸收式制冷等方式。食品加工中常用的是蒸汽压缩式制冷。

一、单级压缩制冷循环

蒸汽压缩式制冷循环是以制冷剂蒸汽为工质，通过对制冷剂压缩做功为补偿，利用汽化潜热来吸热的制冷循环过程。制冷循环包括蒸发、压缩、冷凝、节流四个基本过程。蒸汽压缩制冷系统由压缩机、冷凝器、膨胀阀和蒸发器四大部分组成，如图 6-1 所示。制冷剂经过蒸发器吸收周围环境的热量后，变成低温低压的制冷剂蒸汽，并被压缩机吸入，经压缩机压缩后变成高温高压的过热蒸汽（高于环境介质温度），进入到冷凝器中（通过水或空气）放出热量，经冷却冷凝成高压常温的制冷剂液体。该液体通过膨胀阀时，因节流降压成为低温低压的制冷剂液体，到蒸发器中蒸发吸热，

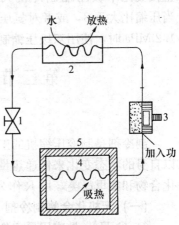

图 6-1 单级压缩制冷循环原理
1. 膨胀阀 2. 冷凝器 3. 压缩机
4. 蒸发器 5. 冷藏库

使周围空气及物料温度下降。从蒸发器出来的制冷剂蒸汽又被压缩机吸入，进行下一制冷循环。

单级压缩制冷循环的优点是设备结构简单。在中温下蒸发（－20～－40℃），要求压缩机的压缩比大。但压缩比过大会使冷却系数下降，压缩机的排气温度高，润滑油变稀，制冷量下降。一般来说，单级氨制冷压缩机的最大压缩比小于8，氟里昂制冷压缩机小于10。为了解决这一问题，人们采用双级压缩或多级压缩来达到所需要的温度。

二、双级压缩制冷循环

双级压缩制冷循环如图6-2所示，分为两个阶段进行，来自蒸发器的制冷剂蒸汽，先经过低压级压缩机压缩到中间压力，经过中间冷却器冷却后进入高压级压缩机，压缩到冷凝压力，最后排入冷凝器。两个阶段的压缩比都在10以内。

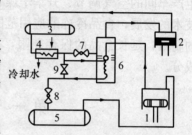

图6-2　双级压缩制冷循环原理
1. 低压级压缩机　2. 高压级压缩机
3. 冷凝器　4. 过冷器　5. 蒸发器
6. 中间冷却器　7、8. 节流阀
9. 旁通阀

双级压缩制冷系统可以由两台压缩机组成双机双级系统，也可以由一台压缩机组成的单机双级系统。

双级压缩制冷循环的优点是可以获得较低的蒸发温度（－40～－70℃），缺点是设备投资比单级压缩制冷机大，操作也复杂。

当压缩比大于8，或者对氨压缩机要求蒸发温度低于－25℃，冷凝压力大于1.2MPa时，使用双级压缩制冷比较经济。

第二节　制冷剂与载冷剂

一、制冷剂

制冷剂是制冷压缩机的工作介质，简称制冷工质。制冷剂在制冷系统中是以自身的状态变化来传递热量的工质。制冷剂的种类很多，比较常用的有无机化合物和氟里昂类，用R作为制冷剂的代号。

（一）无机化合物制冷剂

氨（NH_4）是应用最广的制冷剂，制冷剂代号为R_{717}。氨在大气压下的蒸发温度为－33.35℃，适用温度范围为－65～10℃之间，凝固温度－77.7℃。氨的单位容积制冷量最大，热导率高，节流损失小，价格低廉，易于获得，具有较理想的制冷性质。

纯氨对润滑油无不良影响，但有水分时，会降低润滑油的润滑性能。氨能以任意比例与水相溶解，在制冷系统中，一般限制氨中的含水量小于 0.2%。

氨的缺点是当氨中含有水分时，会对锌、铜和除磷青铜外的铜合金产生腐蚀。氨有特殊的臭味和刺激性，有一定的毒性，易燃易爆。氨泄露时，会对人体有一定的伤害性，当空气中氨浓度达到 16%～25% 时，遇明火会产生爆炸。

（二）氟里昂类制冷剂

这类制冷剂是以氟、氯、氢、碳等化学元素组成的化合物，在制冷领域有其优越性，常用的有 R_{12}、R_{22} 等。由于氟里昂的大量使用，会破坏大气层中的臭氧层，致使地球产生温室效应。因此，国际上限制部分氟里昂制品的使用。现在 R_{12} 已由 R_{134a} 所代替（主要用于冰箱和冰柜），R_{22} 对臭氧层的破坏能力只有 R_{12} 的 1/20，所以常用在空调器和小型制冷装置上。

氟里昂制冷剂的共性是无味、不易燃烧、毒性小，对金属的腐蚀性小，但对橡胶和塑料有腐蚀作用，其渗透性强，易泄漏且不易发现。氟里昂与油能充分溶解，但不能与水相溶，所以氟里昂制冷系统常设有干燥过滤器，用来去除少量的水分。R_{134a} 的蒸发温度为 $-29.8\ ℃$，R_{22} 的蒸发温度为 $-40.8\ ℃$。

二、载冷剂

先接受制冷剂的冷量，再去冷却其他物质的介质，称为载冷剂。它在间接式制冷系统中起着传递冷效应的作用。常用的载冷剂有 H_2O、$NaCl$ 溶液、$CaCl_2$ 溶液和 $MgCl_2$ 溶液等。

（一）水

水作为载冷剂的优点是来源充分、价格低廉、不燃烧、不爆炸、无毒无味、化学性能稳定、比热大、密度小等，是一种安全可靠的载冷剂。适用于 $0\ ℃$ 以上的温度。

（二）盐水

盐水的性质与盐水溶液中的含盐量有关，在一定的范围内，浓度增加，冰点降低。但当浓度超过一定值时，就会有结晶盐析出而使冰点升高。$NaCl$ 溶液浓度为 23.1% 时，共晶点温度为 $-21.2\ ℃$。$CaCl_2$ 盐水浓度为 29.9% 时，共晶点温度为 $-55\ ℃$，如图 6-3 所示。当载冷剂传递冷量时，凝固点必须低于工作温度。因此，一般情况下，要求盐水的凝固点比制冷的蒸发温度低 6～8 ℃。

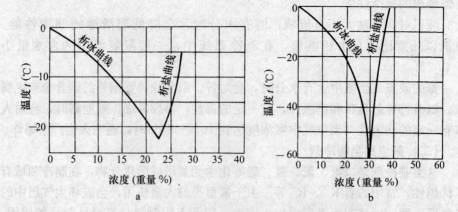

图 6-3 盐水共晶点温度和浓度曲线
a. 氯化钠 b. 氯化钙

盐水载冷剂的缺点是对金属有强烈的腐蚀性，为了降低盐水的腐蚀性，一般要在盐水中加入重铬酸钠和氢氧化钠等防腐剂或减少盐水与空气的接触。

（三）有机载冷剂

有机载冷剂主要有乙二醇、丙二醇的水溶液。它们都是无色无味，冰点都比较低，最低温度可达−48.9 ℃，化学稳定性好，对管道和容器等材料无腐蚀作用。

丙二醇无毒，可以与食品直接接触而不致污染。乙二醇略带毒性，但无危险性，价格和黏度较丙二醇低。

第三节　制冷机械与设备

制冷机械设备包括压缩机、冷凝器、膨胀阀（节流阀）和蒸发器四大主要工作部件以及附属设备。

一、制冷压缩机

制冷压缩机是制冷系统的核心设备，它的功用是抽吸蒸发器中的低压低温制冷蒸汽，并将其压缩成高温高压的过热蒸汽。常用的制冷压缩机有活塞式和螺杆式。

（一）活塞式制冷压缩机

活塞式制冷压缩机是一种往复式制冷压缩机，这种制冷压缩机的生产和使用时间较长，应用较广。

活塞式制冷压缩机的型号很多，根据制冷量的大小设计的汽缸数量有1、2、4、6、8个，汽缸分布的型式有卧式、立式、V型、W型和S型等多种。多缸压缩机的结构合理，布置紧凑，能达到良好的动平衡性。该类压缩机已经形成了标准化、系列化和通用化，有利于制造、使用和维修。

活塞式制冷压缩机的基本结构如图6-4所示，主要由汽缸、曲柄连杆机构、曲轴箱等组成。汽缸的缸盖上装有吸、排气管。低压蒸汽从吸气管经滤网过滤，再经进气阀进入汽缸进行压缩，压缩后的制冷剂蒸汽通过排气阀从排气管排出。吸气腔与排气总管之间设有安全阀，当排气压力因故障超过规定值时，安全阀被顶开，高压蒸汽返回吸气腔，保证制冷压缩机的安全运行。

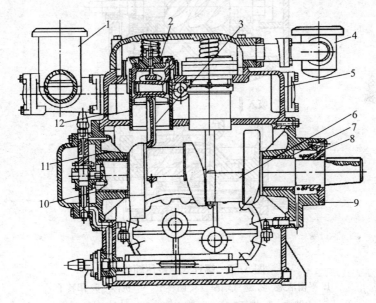

图6-4 活塞式压缩机
1. 吸气管 2. 汽缸盖 3. 连杆 4. 排气管
5. 汽缸体 6. 曲轴 7. 前轴承 8. 轴封 9. 前轴承盖
10. 后轴承 11. 后轴承盖 12. 活塞

活塞由铸铁或铝合金制成，活塞上部安装有活塞环。活塞环有两道气环、一道油环。气环用于活塞与汽缸壁之间的密封，防止制冷剂蒸汽从高压侧窜入低压侧，以保证所需的压缩性能。油环是将润滑油均匀地涂布到汽缸壁上，润滑活塞与汽缸，并将汽缸壁上多余的润滑油刮去。

（二）螺杆式制冷压缩机

螺杆式制冷压缩机是一种回转式压缩机，它利用一对设置于机壳内阴阳转子的啮合转动来改变齿槽的位置和容积，完成吸气、压缩和排气过程。随着螺杆式制冷压缩机螺杆齿形和其他结构的不断改进，性能得到了很大的提高，容量范围和使用范围不断扩大，机型和种类不断增多，其应用也越来越广。

螺杆式制冷压缩机的结构如图 6-5 所示，由阴转子、阳转子、机体、进排气端座、滑阀、平衡活塞等主要部件组成。机体内部呈"∞"字形，水平配置两反向旋转的螺杆转子。机体两端座上设有进、排气口。机体下部设有排气量调节机构——滑阀及向汽缸喷油的喷油孔。

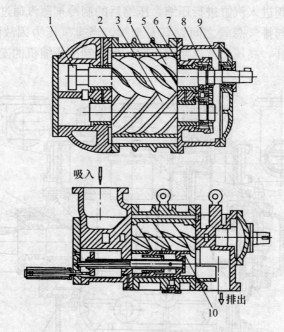

图 6-5　螺杆式制冷压缩机
1. 平衡活塞　2. 进气端座　3. 阴转子　4. 机体　5. 阳转子
6. 主轴承　7. 排气端座　8. 推力轴承　9. 轴封　10. 滑阀

螺杆式制冷压缩机的工作过程有吸气过程、压缩过程和排气过程。其工作过程如图 6-6 所示。

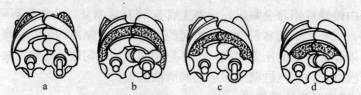

图 6-6　螺杆式制冷压缩机的工作过程
a. 吸气过程　b. 吸气过程结束、压缩过程开始
c. 压缩过程结束、排气过程开始　d. 排气过程

1. 吸气过程　当转子上部一对齿槽和吸气口相连通时，由于螺杆回转啮合空间容积不断扩大，蒸发的制冷剂蒸汽由吸气口进入齿槽，开始进入吸气阶段。随着螺杆的继续旋转，吸气端盖处因齿槽与齿的啮合而封闭，完成吸气过程，如图 6 - 6a 所示。

2. 压缩过程　随着螺杆的继续旋转，啮合空间的容积逐渐缩小，进入压缩过程。当啮合空间和端盖上的排气口相通时，压缩过程结束。如图 6 - 6b、c 所示。

3. 排气过程　随着螺杆的继续旋转，啮合空间内的容积减小，将压缩后的制冷剂蒸汽经排气口压至排气管道中，直至这一空间逐渐缩小为零，压缩气体全部排出，排气过程结束，如图 6 - 6d 所示。

随着螺杆的继续旋转，不断重复上述过程，制冷剂蒸汽就连续地从螺杆制冷压缩机的一端吸入，从另一端排出。

螺杆式制冷压缩机的特点是结构紧凑、容积效率高、使用安全可靠、排气温度低、单级压缩比大、对湿行程不敏感、能量可以无级调节等，其缺点是机组的体积较大，噪声较高。在大冷量领域中已经显示出其优越性，有取代活塞式制冷压缩机的趋势。

在速冻和制冷设备中多以活塞式制冷压缩机为主要机型，一般标准工况制冷量超过 58 kW 时，宜选择螺杆式制冷压缩机。

二、蒸　发　器

蒸发器的功用是将被冷却介质的热量传递给制冷剂。节流后的低温低压制冷剂液体在蒸发器的管道内蒸发吸热，达到使周围环境制冷降温的目的。

蒸发器按被冷却的介质分为冷却液体蒸发器和冷却空气蒸发器两类；按蒸发器内液态制冷剂的状态分为干式、满液式和强迫循环式三类。

（一）冷却液体蒸发器

1. 立管式蒸发器　立管式蒸发器如图 6 - 7 所示。蒸发器的两排或多排管组安装在一个长方形水箱内，每个蒸发器管组由上总管和下总管及介于其间的多组立管组成。上总管的一端连接有液体分离器，分离器下面有一根立管直接与下总管相通，可使制冷剂气体回流至制冷压缩机，使分离出来的制冷剂液体流至下总管。下总管的一端设有集油罐，集油罐上端的均压管与回气管相通，可使润滑油中的制冷蒸汽抽回到压缩机内。

节流后的低压制冷剂从上总管穿过中间一根直立粗管直接进入下总管，并均匀地分配到各根直立细管中去。立管内充满液体制冷剂，汽化后的制冷剂上

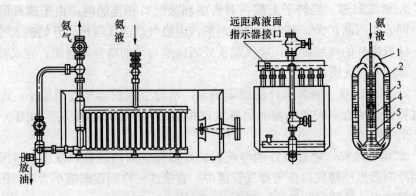

图 6-7　立管式蒸发器

（崔建云　食品加工机械与设备　2004）

1. 上总管　2. 制冷剂液面　3. 直立细管　4. 导液管　5. 直立粗管　6. 下总管

升到总管，经液体分离器，气体制冷剂被压缩机吸回。

　　被冷却的水从上部进入水箱，由下部流出。为保证水在水箱内以一定速度循环，管内装有纵向隔板和螺旋搅拌器，水流速度可达 0.5～0.7 m/s。立管式蒸发器是敞开式设备，优点是便于观察、运行和检修。缺点是用盐水作载冷剂时，与大气接触吸收空气中的水分，使盐水的浓度降低，而且设备易腐蚀。

　　2. **螺旋管式蒸发器**　为提高传热效果，目前在氨制冷设备中广泛采用了双头螺旋管式蒸发器如图 6-8 所示。

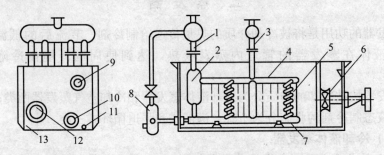

图 6-8　双头螺旋管式蒸发器

（崔建云　食品加工机械与设备　2004）

1. 氨气出口管　2. 气液分离器　3. 液氨进口　4. 上总管　5. 螺旋蒸发排管
6. 搅拌机叶轮　7. 下总管　8. 蒸发器油包　9. 溢流管　10. 冷冻水出口
11. 排污管　12. 搅拌机飞轮　13. 蒸发器箱体

　　双头螺旋管式蒸发器的液面由浮球阀控制，经过浮球阀节流降压后的液氨从进液管直接进入下总管，并送到各螺旋管。液氨在螺旋管内汽化吸热，通过管壁与管外水箱中循环的载冷剂进行热交换，达到降低水箱中冷冻水温度的目的。氨气通过上总管进入气液分离器,分离器分离出来的液滴重新流回下总管,再分配到螺旋管中进行汽化,而氨气从气液分离器顶部出气管被压缩机吸回。

这种蒸发器加工制作方便、节省材料,并具有载冷剂贮存量大的特点,但也属于敞开式结构,缺点与立管式蒸发器相同。

3. 卧式壳管蒸发器 卧式壳管蒸发器如图 6-9 所示。壳体用钢板焊制,两端各焊有管板。两管板之间焊接或胀接多根水平传热管,管板外面两端各焊有带分水槽的端盖。通过分水槽的端盖将水平管束分成几个管组,使冷冻水经端盖下部进入蒸发器,并沿着各管组做自下而上的反复流动,将热量传给传热管外的液体制冷剂。被冷却后的水从端盖上部出水管流出,冷却水在管内流动速度为 $1 \sim 2 \, \text{m/s}$。

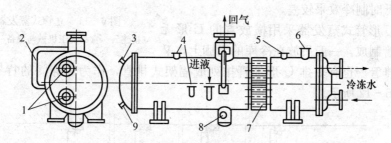

图 6-9 卧式壳管蒸发器

(崔建云 食品加工机械与设备 2004)

1. 冷冻水接口 2. 制冷机液位管 3. 放空气口 4. 浮球阀接口
5. 压力表接口 6. 安全阀接口 7. 传热管 8. 放油口 9. 泄水口

这种蒸发器的优点是结构紧凑,传热系数高,由于盐水在密闭系统内循环,可以减弱盐水对金属的腐蚀。缺点是当盐水浓度不够或盐水泵意外停止运转时,管内的盐水可能冻结而使管道冻裂。

(二) 冷却空气蒸发器

冷却空气蒸发器可分为空气自然对流式和强迫空气对流式两类。

1. 自然对流式蒸发器 自然对流式蒸发器有盘管式、立管式和 U 形管式。

盘管式蒸发器如图 6-10 所示,多采用无缝钢管制成。横卧蒸发盘管或翅片盘管通过 U 形管卡固定在竖立的角钢支架上,气流通过自然对流进行降温。这种蒸发器结构简单、制作

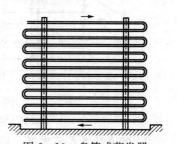

图 6-10 盘管式蒸发器

(崔建云 食品加工机械与设备 2004)

容易、充氨量小，但排管内的制冷剂气体需要经过冷却排管的全长才能排出，而且空气流量小、制冷效率低。

立管式蒸发器常用于氨制冷系统中，一般用无缝钢管制造，又称墙排管，如图6-11所示。氨液从下横管的中部进入，均匀地分布到每根蒸发立管中。各立管中液面高度相同，气化后的氨蒸气由上横管的中部排出。这种蒸发器中的制冷剂气化后，气体易于排出，保证了蒸发器的传热效果。但是当蒸发器较高时，因液柱的静压力作用，下部制冷剂压力较大，蒸发温度高，当蒸发温度较低时制冷效果较差。

U形管式蒸发器采用横放着的U形无缝钢管制成，一般吊放在冷库的天棚上，又

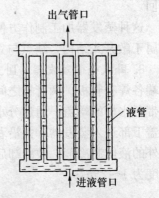

图6-11　立管式蒸发器
（崔建云　食品加工机械与设备　2004）

称顶排管。也有多排U形细管排列成橱架式排管，作为速冻间的货架使用，如图6-12所示。

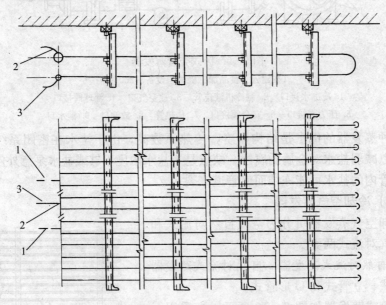

图6-12　U形管式蒸发器
1. 供液管（多根U形管时）　2. 回气管　3. 供液管

2. 强迫对流式蒸发器　强迫对流式蒸发器又称为冷风机。空气在风机的作用下流过蒸发器，与盘管内的制冷剂进行热交换。蒸发器由数排盘管组成，一

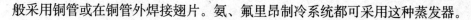

般采用铜管或在铜管外焊接翅片。氨、氟里昂制冷系统都可采用这种蒸发器。

三、冷 凝 器

冷凝器也是一种热交换器，它的功用是将制冷压缩机排出的高温高压制冷剂的热量传递给冷却介质（空气或水），并使其凝结成中温高压的制冷剂液体。

根据冷却介质的不同，冷凝器分为水冷式冷凝器和风冷式冷凝器。

水冷式冷凝器主要有立式、卧式和淋水式等。

（一）立式壳管式冷凝器

立式壳管式冷凝器如图 6-13 所示。其筒体为立式圆柱形壳体，其上下两端各焊接一块管板，两管板之间焊接有多根小口径无缝钢管组成的换热管。冷却水从冷凝器上部送入管内，吸热后从冷凝器下部排出。冷凝器顶部装有配水箱，可通过配水箱将冷却水均匀地分配到每根换热管中。

制冷剂蒸汽从上部的制冷剂蒸汽进口进入冷凝器的换热管束中，在换热管外表面凝结成液体，沿管壁流下，从底部的出液管流出。这种冷凝器的特点是占地面积小，可在室外安装，在不停机的情况下可以清除管道中的水垢，对水质要求不高，可以使用河水、井水或循环水，而且不易发生堵塞。缺点是耗水量大，水泵的功率消耗大。目前大中型氨制冷系统采用这种冷凝器。其传热系数为 $200\sim900$ W/（m^2·K），高度为 $4\sim5$ m，冷却水温升为 $2\sim4$ ℃，最高工作压力 2 MPa。

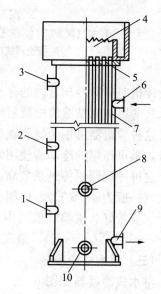

图 6-13 立式壳管式冷凝器

（崔建云 食品加工机械与设备 2004）
1. 放气管 2. 均压管 3. 安全阀接口
4. 配水箱 5. 管板 6. 制冷剂蒸汽进口
7. 换热管 8. 压力表接口
9.（制冷剂）出液管 10. 放油管

（二）卧式壳管冷凝器

这种冷凝器的结构和原理与立式冷凝器相似，不同点是壳体水平安装，它的两端管板的外面用端盖封闭，端盖上铸有分隔板，将管束分成几个水程，冷却水从一端端盖进入后，按顺序依次通过每个水程，进行多程转折进出，最后从同一端盖上部流出，如图 6-14 所示。这样使冷却水在管中的流速提高，使冷却水同制冷剂蒸汽进行的热交换更充分，提高了冷却水的利用率。

冷凝器端盖上还设有排气阀和排水阀，用以排除冷凝器冷却管中的空气，

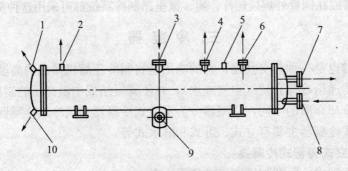

图 6-14 卧式壳管冷凝器

1. 排气阀接口 2. 排气口 3. 氨气进口 4. 均压管 5. 压力表接口
6. 安全阀接口 7. 冷却水出口 8. 冷却水进口
9. 液氨出口 10. 放水阀接口

以及停机时排除冷却管内的存水，减少冷却水的流动阻力，避免冷却管中的水因天气的影响冻结造成冷凝器冻裂等。

这种冷凝器可用于氨和氟里昂制冷系统中，氨用的冷却管使用光滑的无缝钢管，氟里昂用的冷却管使用紫铜管。

这种冷凝器的传热系数高，冷却水耗量少，反复流动的水路长，进出水温差大（一般为 4～6 ℃）。但制冷剂泄漏时不易发现，清洗水垢时必须停机。适用于水质较好、水温较低的中型和大型氟里昂制冷机组使用。其传热系数为 700～900 W/（m² · K），最高工作压力为 2 MPa。

（三）淋水式冷凝器

淋水式冷凝器如图 6-15 所示，主要由 26 组无缝钢管管排组合而成。冷却水自顶部进入配水箱中，经配水槽沿排管外表面成膜层流下。部分水在热交换中蒸发，其余流落到水池中，通过冷却再重复使用。氨制冷剂蒸汽从排管的底部进入，上升时遇冷而凝结，冷却后的液态制冷剂在中部被引出，流入到贮氨器中。其传热系数为 800～1 000 W/（m² · K），最高工作压力为 2 MPa。

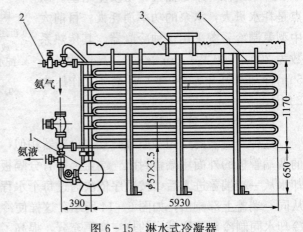

图 6-15 淋水式冷凝器
1. 贮氨器 2. 排气阀 3. 配水箱 4. 冷却排管

四、膨 胀 阀

膨胀阀又称节流阀，其功用是把来自冷凝器或贮液罐的高压制冷剂液体节流降压，并调节流量。在降压时，制冷剂液体因沸腾蒸发而吸热，使其本身的温度降低到所需的低温，然后把低温低压的制冷剂液体按需要的流量送入蒸发器中。

膨胀阀的型式很多，但其基本原理是使高压制冷剂液体通过一个适当流量的小孔而产生压力降，并使一部分液体汽化为蒸汽，其本身吸取汽化潜热而膨胀，膨胀后的汽化混合液变为低温低压状态。常用的膨胀阀有浮球阀、热力膨胀阀和毛细管。

（一）浮球阀

浮球式膨胀阀是靠浮球室浮子随液面的变化而升高或降低，控制阀门开度的大小进行节流控制，一般用于氨制冷系统中。

浮球节流阀按供入容器的液体是否通过浮球室，分为通过式和非通过式。非通过式浮球阀的结构原理如图 6-16 所示。均压管和容器相连通，供入容器的液体并不通过浮球室，所以浮球室内液面较稳定。

浮球室与需要供液的容器设备以均压管分别连接气相和液相，浮球室中的液

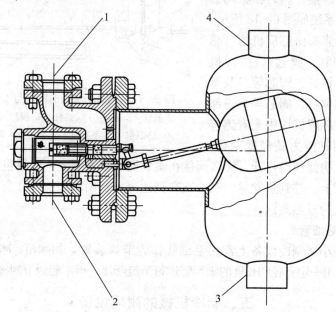

图 6-16　非通过式浮球阀

1. 出液口　2. 进液口　3. 浮球室液相平衡管　4. 浮球室汽相平衡管

位和容器中的液位保持一致。当容器中的液位降低时，浮球室的液位随之降低，处于低位的浮球使阀门打开，高压液体通过阀门时被节流，然后送入容器中。当容器中液位回升到规定高度时，阀门关闭。

图 6-17 所示为氨浮球阀与容器接管示意图，如果浮球阀失灵时可用手动节流阀代替。浮球阀的气相、液相平衡管应接在容器设备压力较稳定的位置，不要接在容器的进出气管或出液管上。浮球室液位的高度相当于容器内的液位控制高度。浮球阀的进液管应设置过滤器，避免机械杂质堵塞阀门。系统试压时应注意将浮球室与系统隔离，防止高压气体压扁浮球。

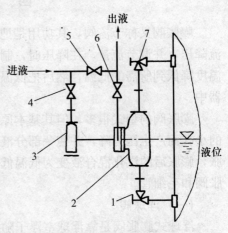

图 6-17　氨浮球阀与容器接管示意图
1. 角阀　2. 浮球阀　3. 过滤器
4、6. 截止阀　5. 节流阀　7. 角阀

（二）热力膨胀阀

热力膨胀阀在制冷系统中能自动调节制冷剂流量，同时节流高压液态制冷剂。热力膨胀阀的结构与工作系统如图 6-18 所示。

热力膨胀阀由感应机构（感应包、毛细管、膜盒）、执行机构（膜片、推杆、阀芯等）及调整机构（调整杆、阀芯等）三部分组成。在感应机构中充有感应工质，利用其压力随温度变化，

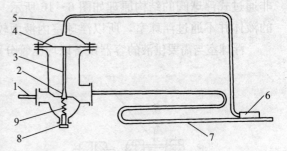

图 6-18　热力膨胀阀的结构与工作系统
1. 供液管　2. 阀芯　3. 推杆　4. 膜片　5. 毛细管
6. 感温包　7. 蒸发器　8. 调整杆　9. 弹簧

通过执行机构使阀门打开。膨胀阀接在蒸发器的供液管上，感温包敷设在蒸发器的回气管上。进到蒸发器的制冷剂在到达蒸发器出口之前，已全部汽化，并在出口处成为过热蒸汽。

（三）毛细管

在一些小型制冷设备上常用毛细管作为节流装置，如冰箱、冰柜等。根据制冷参数选用一定直径和长度的细铜管进行节流降压，但不能调节制冷剂的流量。

五、制冷机械的附属设备

制冷机械除压缩机、冷凝器、膨胀阀和蒸发器四大主要工作部件外，还需

要其他的辅助设备，才能保证正常的制冷循环，这些设备统称为附属设备。

（一）氨制冷系统的附属设备

氨制冷设备的附属设备主要有油分离器、中间冷却器、空气分离器等。

1. 油分离器　油分离器又称油氨分离器，它的功用是分离压缩后氨气中所带的润滑油。在氨制冷系统中，由于压缩机压缩氨气产生高温，使汽缸壁上润滑油汽化为油雾，并随制冷剂进入冷凝器中，在冷凝器表面形成油膜，从而使传热系数降低，冷凝温度升高，造成压缩机功耗增大。

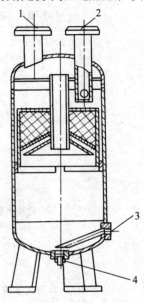

油分离器安装在压缩机的排气管与冷凝器的进气管之间。油分离器的分离原理是利用扩大过流面积、降低流速的办法使油滴自然沉降。还有采用过滤和改变运动方向等方法使油与氨气分离。

填料式油分离器的结构如图 6-19 所示。带油的氨气由进气管进入分离器内，使流速降低，并通过填料层向下运动，油雾被填料吸附。吸附的油滴沿伞形板流向四周，顺筒壁流下，氨气改变流向由中心管进入上部隔腔排出。填料层可用波纹状钢丝卷成，也可用陶瓷环或金属切屑充填。这种分离器的分离作用是依靠降低流速、填料的吸附作用和改变气流方向来实现的。

图 6-19　填料式油分离器
1. 出气管　2. 进气管
3. 放油口　4. 排污口

2. 中间冷却器　中间冷却器应用于双级（或多级）压缩制冷系统中，用来冷却低压压缩机排出的过热气体，以保证高压压缩机的正常工作。中间冷却器的结构如图 6-20 所示，它是利用液氨进行冷却。来自低压级的过热蒸汽进入中间冷却器内，并进入液氨液面以下，经液氨的洗涤而迅速冷却。氨气上升遇到伞形挡板，将其中夹带的润滑油分离出来以后进入高压压缩机。用于洗涤的液氨从容器顶部进入。高压贮液器的液氨，从容器下部进入蛇形管。由于蛇形管浸于低温液氨中，使蛇形管内的高压氨液过冷。

3. 空气分离器　虽然制冷循环系统是密闭的，但是由于运行和操作，不可避免地混入一些空气或不凝性气体。在压缩机排气温度过高时，润滑油和氨都会分解出不凝性气体。由于这些高压气体的存在，降低了冷凝器的传热系数，造成冷凝温度升高，压缩机的电耗增加。因此，在制冷系统中设置空气分离器，以排除系统中的不凝性气体，保证制冷系统的正常运行。

空气分离器的类型很多，常用的为四重套管式空气分离器，如图 6-21 所

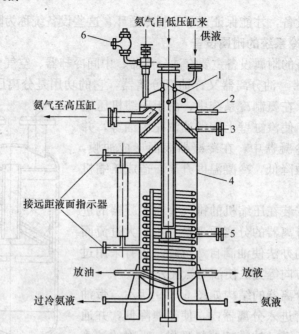

图 6-20　氨用中间冷却器

（张裕中　食品加工技术装备　2000）

1. 平衡孔　2. 压力表接口　3. 气体平衡管　4. 液面标志　5. 液面平衡管　6. 安全阀

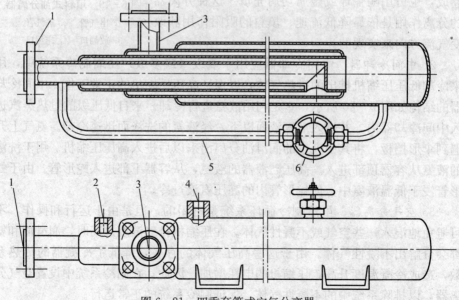

图 6-21　四重套管式空气分离器

1. 氨液进口　2. 放空气管　3. 回气管　4. 混合气体进口　5. 回液管　6. 膨胀阀

示，由 4 根同心套管焊接而成，内数第一层和第三层相通，第二层与第四层相通。工作时从贮氨器进入的液氨经节流阀降压后进入一、三管蒸发吸热汽化，氨气由第三层上的出口被压缩机吸出。来自冷凝器和高压贮液器的混合气体从第四层管进入到第二层管，氨气由于受冷凝结为液氨从第四层管下部经膨胀阀回到第一管蒸发，分离出来的不凝性气体从第二层管放至存水容器中，经水吸收部分氨液后排到大气中。

（二）氟里昂制冷系统的附属设备

由于氟里昂的性质与氨不同，所以其附属设备也有所不同。氟里昂制冷系统常用于中小型制冷设备中，附属设备较少。主要有干燥过滤器、中间冷却器等。

1. 干燥过滤器 在氟里昂制冷系统中，干燥过滤器设置在节流装置之前，起着吸附水分和过滤机械杂质的作用，干燥剂装在前后两层滤网之间。

氟里昂液体流经干燥过滤器时，先经过第一层过滤网除去机械杂质，干燥剂除去水分，第二层过滤网防止干燥剂和没滤除的机械杂质流走。干燥剂的材料可以是硅胶或分子筛，硅胶可吸附自身重量的 $7\%\sim8\%$ 的水分，吸水后的硅胶可以在 $130\ ℃$ 温度下烘干再生。分子筛可吸附自身重量的 25% 的水分，分子筛在 $320\ ℃$ 以上温度环境下烘干 $2\ h$ 即可。

干燥剂在制冷系统中吸附水分的过程可在 $12\sim15\ h$ 内完成，大中型氟里昂制冷系统常在干燥过滤器两端设有旁通管，当吸附水分过程结束时，打开旁通阀，减少制冷剂的流动阻力。

2. 中间冷却器 氟里昂用的中间冷却器也是用于双级压缩制冷，采用中间不完全冷却方式，结构如图 6-22 所示，由圆柱形壳体、过冷盘管、进出液管等组成。高压常温的氟里昂液体经干燥过滤后，一部分由供液管进入，蒸汽从上部的排气管排出，与低压级压缩机的排气混合后被高压压缩机吸出。另一部分从上部进液管进入蛇形过冷盘管，被冷却后从下部的出液管排出，送往蒸发器前的节流装置后进入蒸发器。

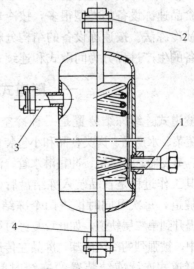

图 6-22 氟里昂用中间冷却器

1. 供液管 2. 蛇形过冷盘管进液管
3. 排气管 4. 蛇形过冷盘管出液管

第四节 食品速冻设备

食品速冻是使食品快速通过最大冰晶生成区，并使平均温度尽快降到−18℃而迅速冻结的方法。使食品快速通过最大冰晶生成区，可使大部分的可冻结水分很快成为冰晶体，而水分在食品内没有迁移，所形成的晶体小而均匀。另外，使平均温度尽快达到−18℃，可使食品在短时间内能整体冻结，如果有少量未冻结的水分存在，也不会在冻藏期间发生缓慢冻结现象。

许多食品在温度下降到−1℃时开始冻结，并在−1～−4℃之间大部分水成为冰晶。而快速冻结要求在此阶段的冻结时间尽可能缩短。快速冻结和缓慢冻结的曲线如图6−23所示。

速冻能有效地保持食品的优良品质，基本能保持食品原有的色、香、味，解冻时汁液流失少。速冻设备可用于冻结小包装或未包装的块、片、粒、球状等食品，制成肉品、水产、蔬菜、水饺、汤圆等速冻食品。

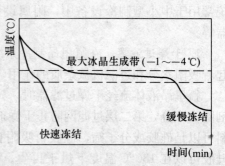

图6−23 快速冻结和缓慢冻结的冻结曲线
(张裕中 食品加工技术装备 2000)

食品速冻设备的类型很多，按冷却方式分为空气冷冻法、间接接触冷冻法和浸渍冷冻法。按速冻设备的结构分箱式、带式、流化床式和螺旋式等。按速冻设备的生产过程分为间歇式和连续式两类。

一、隧道式连续冻结装置

隧道式连续冻结装置是一种冷空气强制循环的冻结装置，适用于冻结水果、蔬菜、水产品、肉类食品和小包装食品等，其结构如图6−24所示，主要由隔热层、蒸发器、冷风机、冲霜淋水管、液压推进机构、冻结盘提升装置等组成。

其工作过程是食品装入冻结盘后，在隧道入口处由液压推进机构将冻结盘推入隧道，每次可同时推进两个冻结盘。冻结盘到达第一层轨道的末端被提升装置提升到第二层轨道，如此反复经过第三层轨道，冻结盘在平面移动和垂直提升过程中，被强烈的冷风冷却，冻品在传送过程中被冻结，最后从隧道口送出。

隧道式连续冻结装置的冻结时间可根据食品的类型进行调节，一般在40～60 min之间。传送速度由时间继电器控制液压系统的电磁阀进行调节。特点是构造简单、造价低、连续生产、冻结速度较快。缺点是占地面积较大。

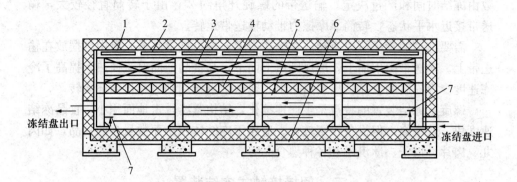

图 6 - 24　隧道式连续冻结装置

（刘晓杰　食品加工机械与设备　2004）

1. 隔热层　2. 冲霜淋水管　3. 翅片蒸发排管　4. 冷风机

5. 集水箱　6. 水泥空心板　7. 冻结盘提升装置

二、螺旋式冻结装置

螺旋式冻结装置由输送带、转筒、蒸发器、冷风机和附属装置组成，如图 6 - 25 所示。它的主体为一螺旋塔，具有挠性的输送带绕在转筒上，缠绕的圈

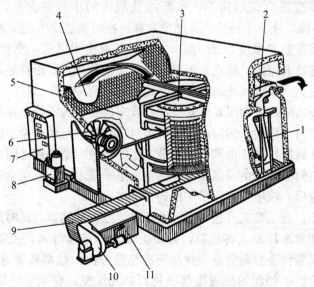

图 6 - 25　螺旋式冻结装置

（刘晓杰　食品加工机械与设备　2004）

1. 张紧装置　2. 出料口　3. 转筒　4. 翅片式蒸发器　5. 分隔气流通道的顶板

6. 风机　7. 控制箱　8. 液压装置　9. 进料口　10. 风机　11. 输送带清洗系统

数由冻结时间和产量决定。输送带的螺旋升角约 2°，由于转筒直径较大，输送带接近水平状态，转筒靠摩擦力带动输送带运转。

需要冻结的食品可以直接放在输送带上，也可把食品放入盘中再摆放在输送带上。输送带由下而上，冷风则由上而下，与食品逆向对流换热，提高了冷冻速度。冷冻后的食品从出料口送出，输送带重新回到进料口循环运转。

螺旋式冻结装置的特点是生产连续化，结构紧凑，占地面积小，食品冻结速度快，效率高，但设备投资较大。适用于冻结体积小而数量多的食品，如肉丸、肉片、饺子、冰淇淋和各种熟食品等。

三、间接接触式冻结装置

间接接触式冻结装置是利用蒸发器的外表面与被冻食品直接接触进行热量的传导。优点是热效率高，冻结时间短，结构紧凑，占地面积小，需要的金属材料少，安装方便等。缺点是耗冷量较大。

（一）平板式冻结装置

平板式冻结装置主要由一组空心平板组成的蒸发器、液压系统、制冷系统等组成。空心平板用柔性胶管与制冷剂管道接通，被冻食品通过液压系统压在两相邻的平板之间，由于食品与平板密切接触，所以传热系数高 $[93\sim120\ \text{W}/\ (\text{m}^2\cdot\text{K})]$。

该冻结装置适合冻结肉类、水产品及耐压的小包装食品，对厚度小于 50 mm 的食品冻结快、干耗少、冻结质量高。在相同温度下的蒸发温度可比冷风机式冻结装置蒸发温度高 $5\sim8$ ℃。由于不需使用风机，电耗减少 30%～50% 并可在常温下操作。缺点是不宜冻结大块食品和不耐压食品，使其应用范围受到一定限制。平板式冻结装置有卧式和立式两种。

卧式平板冻结装置如图 6-26 所示，被冻食品装入冻结盘并自动盖上盘盖后，随传送带向前移动，然后由压紧机构对冻结盘进行预压紧。压紧的冻结盘由提升机提升到推杆前，由推杆推入最上层的两块冻结平板之间。第一层空间装满后，最右侧冻结盘由降盘装置降到第二层平板之间，直至全部冻结平板之间装满冻结盘后，液压装置压紧平板进行冻结。

冻结完毕，液压装置升起平板，推杆继续推入冻结盘。这时最底层平板间的冻结盘被卸货推杆推上传送带，并使上盖与冻结盘分离，上盖返回起始位置。冻结盘经翻转装置翻转后，食品与冻结盘分离，经翻转装置再次翻转后，冻结盘由提升机送到起始位置重新装货，如此反复，直至全部冻结盘卸货完毕。除冻结盘装货外，所有操作都是按程序自动进行的。该装置主要用于冻结肉品、鱼片、虾和一些小包装食品的快速冻结。

平板式冻结装置在使用时应注意使食品或冻结盘与冻结平板接触良好，并

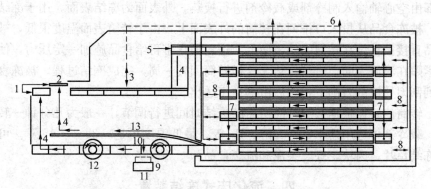

图6-26 卧式平板冻结装置

（刘晓杰 食品加工机械与设备 2004）

1. 冻结盘 2. 盘盖 3. 预压装置 4. 提升机 5. 推杆 6. 液压系统 7. 降盘装置
8. 液压推杆 9. 翻盘装置 10. 斜盘 11. 传送带 12. 翻转装置 13. 盘盖传送带

保持一定的接触压力。压力越大，平板与食品的接触越好，传热效果越好。如果接触不好，热阻加大，使冻结速度大大降低，如单面接触比双面接触所需时间多3~4倍。为了保持良好的接触，冻结平板表面一定要清理干净，冻结盘要平整，食品充填密实，最好没有空隙。对不同的食品应选择最佳的接触压力。

（二）回转式冻结装置

回转式冻结装置的结构如图6-27所示。其主要工作部件为一卧式滚筒，

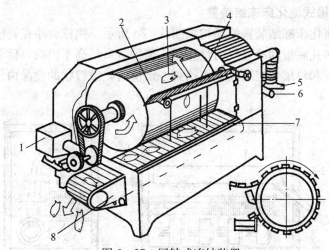

图6-27 回转式冻结装置

（刘晓杰 食品加工机械与设备 2004）

1. 电动机 2. 冻结转筒 3. 食品投入口 4、7. 刮刀
5. 盐水进口 6. 盐水出口 8. 输送带

内部由空心轴输入制冷剂或载冷剂进行换热，外表面为冻结表面，用于冻结食品。被冻食品从投入口排列在转筒的外表面上，由于转筒表面温度很低，被冻食品直接被粘结在转筒的外表面上。进料输送带再给食品施加一定压力，使食品紧贴在滚筒表面上进行传热，这样转筒回转一周，完成冻结过程。被冻食品转到刮刀处被刮刀刮下，然后由输送带送出。

转筒的转速根据被冻食品所需的冻结时间进行调节，一般为几分钟一转。

载冷剂可选用盐水、乙二醇、R_{11}等。最低温度可达 $-35 \sim -45\,^\circ\text{C}$。可用于冻结鱼片、肉块、虾、菜泥和流态食品。

四、流化床式冻结装置

流态化速冻是在一定流速冷空气的作用下，使食品在流态化操作条件下得到快速冻结的一种冻结方法。固体颗粒在气流的作用下，颗粒间彼此作相对运动，能够避免食品颗粒之间粘结。其有效传热面积较正常冻结状态大 $3.5 \sim 12$ 倍，换热强度得以提高，缩短了冻结时间。这种流化床式冻结装置具有冻结速度快、产品质量好、耗能低、容易实现机械化连续生产等优点，适合于冻结球状、圆柱状、片状和块状食品，近几年在食品冷冻加工中的应用比较广泛。

流化床式冻结装置主要类型有斜槽式、带式和振动式流态化冻结装置。

(一) 斜槽式流化床冻结装置

斜槽式流化床冻结装置的结构如图 6-28 所示。颗粒食品在斜槽多孔底板上，靠穿过多孔底板的冷空气力量移动。槽的进口稍高于出口，低温空气由下而上通过孔板和料层，当空气流速达到一定值时，散粒状的食品由于气流的推

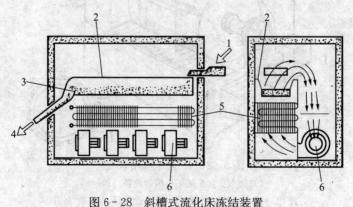

图 6-28 斜槽式流化床冻结装置

1. 进料口　2. 斜槽　3. 排出堰　4. 出料口　5. 蒸发器　6. 冷风机

动，物料逐渐变为悬浮状，使食品借助风力自动向前移动。冻结的食品由出料口的滑槽连续排出。

该装置的蒸发温度在－40 ℃以下，向上的风速为 6～8 m/s，被冻食品间风速为 1.5～5 m/s，冻结时间为 5～10 min。其特点是结构简单、冻结速度快、产品质量好。

（二）一段带式流化床冻结装置

该冻结装置的结构如图 6－29 所示，被冻食品首先在脱水振动器的振动下除去表面的水分，然后通过输送带送入冷冻机的流化松散区，在此区域的流化程度较高，被冻食品悬浮在高速的冷气流中，从而避免了食品之间的粘结现象。食品表面冻结后，经均料棒搅动食品，使食品进一步降温冻结，冻结后的食品从出料口排出。其特点是对冻结食品的种类适应范围广，食品在流化状态下冻结，食品之间的摩擦强度小，有利于易碎食品的干燥。但设备的占地面积大。

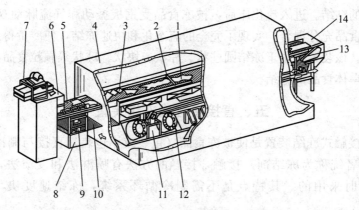

图 6－29　一段带式流化床冻结装置

（刘晓杰　食品加工机械与设备　2004）

1. 稠密流化区　2. 均料棒　3. 松散流化区　4. 隔热层　5. 变速输送带
6. 计量漏斗　7. 脱水振动器　8、9、10. 输送带清洗干燥装置　11. 离心风机
12. 轴流风机　13. 传送带变速驱动装置　14. 出料口

（三）振动式流化床冻结装置

国产 QLS 型往复振动式流化冻结装置如图 6－30 所示，采用带孔的不锈钢板为振动床，在连杆的带动下作水平往复振动。脉动旁通机构是一旋转风门，可按一定的角速度进行旋转，使通过流化床和蒸发器的气流量忽增忽减（10％～15％），使食品产生流化的效果。

该装置运行时，食品先进入预冷设备，使食品的表面水分吹干硬化，避免

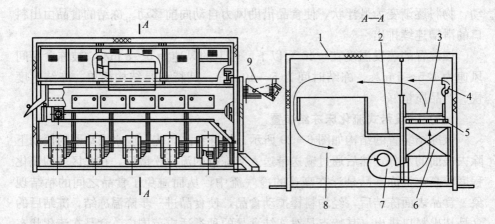

图 6-30　QLS 型往复振动式流化冻结装置
1.隔热箱体　2.操作检修通道　3.流化床　4.脉动旋转风门　5.融霜淋水管
6.蒸发器　7.离心风机　8.冻结隧道　9.振动布风器

食品之间的粘结。进入流化床后，被冻食品受钢板振动和气流脉动双重作用，冷气流与食品充分混合，实现了完全的流态化和快速冻结，使冷量得到充分有效的利用。该装置适用于冻结圆柱状、片状、块状、球状等颗粒食品，特别适于果蔬类单体食品的冻结。

五、直接接触式冻结装置

直接接触式冻结装置是使被冻食品（包装或不包装）直接与制冷剂或载冷剂（两者统称为冻结剂）接触，接触的方法有喷淋法和浸渍法，也有两种方法同时采用的。其特点是不需制冷循环系统，冻结速度快，产品质量好。

由于被冻食品直接与冻结剂接触，所以要求冻结剂无毒，不易燃烧、爆炸，不对食品造成污染，不改变食品原有的品质。

（一）载冷剂接触冻结装置

常用的载冷剂有盐水、丙二醇、丙三醇等水溶液。

盐水主要用氯化钠和氯化钙的水溶液。盐水的特点是黏度小，比热容大，价格低廉，但对金属的腐蚀性强，使用中要按一定比例填加防腐剂（重铬酸钠和氢氧化钠），而且要注意保持一定的浓度（参考盐水性质）和温度。盐水的温度越低，与食品的温差越大，冻结速度越快。盐水不适合冻结不应变咸的未包装食品。

丙二醇、丙三醇等水溶液无毒无腐蚀性，但其黏度大，成本高。丙二醇有辣味，丙三醇有甜味，使用中要根据食品的性质合理选用。

盐水浸渍冻结装置如图 6-31 所示，该冻结装置主要用来冻结鱼类，冷盐水既能使鱼冻结又能输送鱼，冻结速度快，干耗小。如盐水温度为 -19～-20℃时，25～40 条/kg 的沙丁鱼从 4℃降到 -13℃约需 15 min。与盐水接触的管道和设备可用玻璃钢、工程塑料和不锈钢等材料制成，以解决盐水的腐蚀问题。

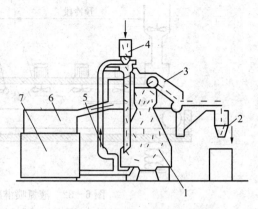

图 6-31 盐水浸渍冻结装置

（刘晓杰 食品加工机械与设备 2004）

1. 冻结器 2. 出料口 3. 滑道 4. 进料口
5. 盐水泵 6. 除鳞器 7. 盐水冷却器

工作时冷盐水用盐水泵送到进料口，与鱼混合后进入进料管，盐水和鱼混流旋转下降到达冻结器的底部。冻结后，鱼体密度减小浮出液面，由出料装置将鱼送至滑道，使鱼与盐水分开，鱼从出料口排出。上部温度较高的盐水溢出冻结室，进入除鳞器去除鳞片等杂质后返回盐水箱，经盐水冷却器降温后，回到冻结器内进入下一循环。

（二）超低温制冷剂冻结装置

超低温制冷剂冻结装置采用液态氮、液态二氧化碳或液态氟里昂等冻结剂。

液氮的沸点为 -195.8℃，无毒，不与食品发生化学反应，能更好地保持食品原有的品质。液氮冻结装置可以用浸渍法、喷淋法和冷气循环法冻结食品。

液氮喷淋冻结装置如图 6-32 所示，该装置由隔热隧道式箱体、喷淋装置、不锈钢丝网输送带、搅拌风机等组成。被冻食品放在输送带上，先后经过预冷区、冻结区和均温区冻结。风机将冻结区内温度较低的氮气送到预冷区使食品预冷。而后食品进入冻结区，喷淋装置将雾化液氮喷淋在食品表面迅速冻结。冻结温度可用调节液氮喷射量调节，冻结时间可通过调节输送带的运行速度调整，以满足不同种类食品的工艺要求。由于食品表面和中心温度差很大，在均温段停留一段时间使食品内外温度趋于一致。

对于 5 cm 厚的食品，经过 10～30 min 即可完成冻结，食品表面温度为 -30℃，中心温度 -20℃，冻结食品所用液氮的耗量为 0.7～1.1 kg/kg。

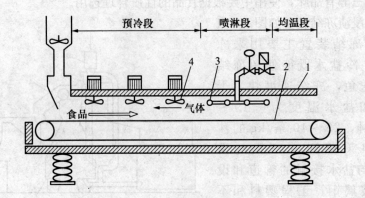

图 6-32　液氮喷淋冻结装置

（刘晓杰　食品加工机械与设备　2004）

1. 隔热箱体　2. 不锈钢丝网输送带　3. 喷嘴　4. 风机

· 复习思考题 ·

1. 蒸汽压缩式制冷系统由哪几部分组成？

2. 简述蒸汽压缩式制冷循环的基本工作过程。

3. 简述螺杆压缩式制冷循环的基本工作过程。

4. 什么是制冷剂、载冷剂的概念？

5. 根据盐水浓度与共晶点的曲线图，简述盐水浓度与结冰点的关系。

6. 热交换器的功用是什么？制冷系统中哪些设备是热交换器？

7. 冷凝器的种类有哪些？各有何特点？其用途是什么？

8. 蒸发器的种类有哪些？各有何特点？其用途是什么？

9. 膨胀阀的种类有哪些？各有何特点？用于什么设备上？

10. 简述食品速冻的概念和特点？

11. 食品速冻设备的种类有哪些？各自的特点是什么？

实验实训　制冷机械设备结构观察与使用

一、目的要求

通过对制冷机械设备的观察与使用，进一步了解制冷机械设备的类型、特点、构造和应用范围，能结合不同的食品加工工艺的要求，选择和使用制冷机械设备。

二、实验仪器设备

氟里昂制冷压缩机、冷凝器、膨胀阀、蒸发器、压力表、温度计等。可观察电冰箱、冰柜、空调器和小型冷库的整体结构。

三、实训内容与方法步骤

1. 讲解制冷系统的组成和制冷循环原理。

2. 观察氟里昂制冷机械设备的构造，掌握制冷机械设备的类型、特点、用途及使用方法。

四、能力培养目标

掌握制冷机械设备的类型、特点、用途及使用方法并能根据具体的食品加工工艺流程，选择相应的制冷机械设备。

第七章　水处理设备

在食品加工中，有些食品需要加入大量的水，如饮料中水的含量达85％～90％，果蔬罐头中也需要加入一定量的水。另外，在食品生产中，许多工艺过程也要消耗大量的水，如热交换器、容器的洗涤、设备的清洗等。

水的质量直接影响食品的质量，而食品厂使用的自来水一般达不到饮料生产用水的要求。只有通过水处理，除去水中的固形物、微生物、异味及降低水的硬度，才能满足食品加工的工艺用水。

水的处理设备包括水的净化处理设备、软化处理设备和消毒（杀菌）设备。水的消毒设备可看第二章杀菌机械与设备。

第一节　水净化处理设备

水净化处理设备的功用是除去水中的不溶性杂质。常用的净化设备有混凝设备和过滤设备。

一、混凝设备

混凝是指向原料水中加入混凝剂，破坏水中胶体颗粒的稳定性，通过胶粒间以及胶粒和其他颗粒之间的相互碰撞与聚集，形成易于从水中分离的絮状物的过程。混凝时使用的设备称为混凝设备。

水中的胶体物质长期处于稳定状态，用一般的沉淀方法很难除去。这是由于胶体颗粒一般都带负电荷，彼此之间存在着静电斥力，使颗粒不能互相结合成大团粒。而加入的混凝剂一般是能离解出阳离子的无机物（如明矾、硫酸铝、碱式氯化铝、硫酸亚铁、硫酸铁、三氯化铁等），能使胶体颗粒彼此聚集，形成易于分离的絮状物。

（一）混凝设备的构造

图 7－1 为一快速混凝沉淀装置，它主要由第一反应室、第二反应室和分离室三大部分构成。在设备上部有混凝剂投入口、驱动电机以及净化水出口，

中部有原料水进口和搅拌叶轮，下部有排泥系统及采样阀等。

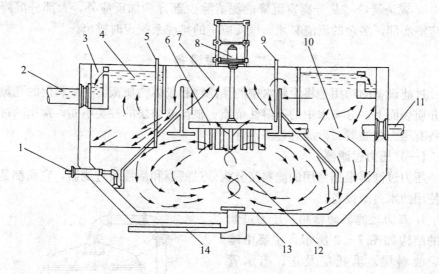

图 7-1　混凝沉淀装置

1. 采样口　2. 净水出口　3. 净水室　4. 分离室　5、9. 加药口　6. 搅拌叶轮　7. 第二反应室　8. 驱动电机　10. 配水槽　11. 原料水入口　12. 第一反应室　13. 沉降泥渣　14. 排泥口

混凝沉淀装置的主要运动部件是搅拌叶轮，其功用是搅拌原料水，使混凝药剂均匀地扩散到整个水系。叶轮的叶片分为上、下两部分，下部叶片为垂直叶片，功用是对进入第一反应室的水进行搅拌；上部叶片为曲叶片，功用是将第一反应室的水提升到第二反应室。搅拌叶轮由驱动电机通过变速器带动，叶轮的转速可通过变速器调整，以适应水质和水量的变化。

（二）混凝设备的工作原理

原料水由入水口进入三角形配水槽后，从配水槽下部流入第一反应室，与以前反应室留存的活性泥渣以及从加药口加入的药剂搅拌混合絮凝，形成的较大泥渣颗粒沉降在反应室底部，小的絮状物与水被叶轮提升到第二反应室。在第二反应室药剂与水继续反应絮凝，凝结成较大的絮粒，并随水流进入分离室。在分离室内，由于分离室容积较大，水流速度骤然降低，泥渣迅速沉降并流回第一反应室，清水从分离室上部出水管流出。

（三）混凝设备的使用维护

1. 混凝剂的选用　使用混凝剂的类型与水的 pH 有关。pH 在 5.5～8.0 时，宜选用铝盐作混凝剂。pH 在 8.0～10.0 时，选用铁盐效果较好。

2. 混凝剂投入量的确定　混凝剂的投入量应该与原料水中胶体颗粒的含量相适应，应根据实验确定添加量。混凝剂加入量过大，反而会使胶体再回到稳定状态。

3. 泥渣清除　从分离室沉降的泥渣除少部分参加反应外，大部分沉降在反应室底部，多余的泥渣必须通过反应室的排泥系统定时排出。

二、过滤设备

过滤设备的功用是将原料水中的悬浮物和胶体物质截留在滤料层的孔隙中或介质表面上，分离水中的不溶性杂质。根据滤料层的种类不同，常用的过滤设备有压力过滤器、砂滤芯过滤器等。

（一）压力过滤器

压力过滤器根据使用的滤料又分为砂过滤器和活性炭过滤器，它们都是广泛使用的水过滤设备。

1. 压力过滤器的结构　压力过滤器的结构如图 7-2 所示，主要由罐体、滤料层、承托层及进、出水管构成。

罐体由圆柱形罐身、球形罐底及罐盖构成，均用不锈钢板制造。在罐盖上有进水口，罐底有出水口。罐身中部为滤料层，下部为承托层。

滤料层是过滤器的关键工作部件。滤料层由不同的滤料组成，是过滤的基本介质。对滤料的要求是：滤料要有足够的机械强度和化学稳定性，不溶解，不产生有毒、有害物质；有适当的孔隙度，形状均匀。常用的滤料有石英砂、活性炭、磁铁矿、砾石等。

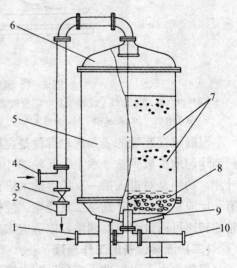

图 7-2　压力过滤器
1. 冲洗水入口　2. 冲洗水出口　3. 阀门
4. 原料水入口　5. 罐体　6. 罐盖　7. 滤料层
8. 承托层　9. 罐底　10. 过滤水出口

砂过滤器滤料层的结构由上而下为：细砂、中砂、粗砂、小砾石、大砾石，也有与上述顺序相反排列的。滤料层还可以采用多种滤料，如在上面两层为活性炭和石英砂，在其下再加一层比石英砂更细，但比重更大的滤料，如石榴石、磁铁矿等。这样，可以允许悬浮物颗粒在滤层中穿透得更深一些，进一步发挥整个滤层的作用。

承托层的功用是支撑滤料层，并使冲洗水均匀分布在滤料层。承托层一般采用砾石，也可以用不锈钢板制成冲孔筛。

2. 过滤器的工作原理　当原料水从上而下通过滤料层时，悬浮物颗粒大于滤料空隙时，悬浮物被阻挡在滤料层的空隙间，并逐渐在滤层表面形成一层由截留的颗粒组成的薄膜，起到机械过滤作用。

当水继续通过滤层时，滤料颗粒提供了大量的沉降面积，在适宜的流速下，水中的悬浮物就会沉淀在这些滤料表面。

滤料层有巨大的表面积（尤其是活性炭），因此，吸附凝聚作用在过滤过程中起着重要作用。滤料一般带有负电荷，而铁、铝等胶体微粒带有正电荷，这些微粒被吸附在滤料表面，形成带正电荷的薄膜，又将带负电荷的胶体及其他有机物凝聚在滤料上。

3. 压力过滤器的使用维护　压力过滤器的主要维护是要定时清洗，以剥离滤料表面吸附的悬浮物，恢复滤料的净化能力和交换能力。

清洗方法一般采用逆流水力冲洗，即关闭原料水入口和过滤水出口，打开冲洗水入口和冲洗水出口阀门，由底部冲洗水入口（见图 7-2）通入冲洗水，把滤料冲成悬浮状。由于水流的剪切力作用，将悬浮物剥离，并从冲洗水出口流出。

为提高冲洗效果，节约冲洗用水，可以采用压缩空气反冲与水力反冲相结合，并增加超声波扰动等措施冲洗。即先用压缩空气使滤料悬浮并搅动，然后通入反冲水，将悬浮物冲走。

（二）砂滤芯过滤器

砂滤芯过滤器用于过滤机械杂质含量较少的原料水，如深井水等。其结构如图 7-3 所示，主要由砂滤芯、圆柱形壳体及进、出水管等组成。

砂滤芯又称为砂芯或砂棒，是过滤器的主要工作部件，其结构为中空的圆柱体。砂芯是用水生植物硅藻的化石，经过煅烧、粉碎等加工过程，除去氧化铁、有机物和其他杂质而形成的硅藻土制造的。它的主要成分是 SiO_2，占 $85\%\sim90\%$，约 90% 为可透性空隙，形成的孔隙为 $0.000\,16\sim0.000\,41\,mm$。

过滤时，原料水由进水口进入过滤器内，在砂滤芯周围由砂芯上的毛细孔进入砂滤芯内。各砂滤芯管内的净水在过滤器下部汇集，由出水管流出，水中的机械杂质及细

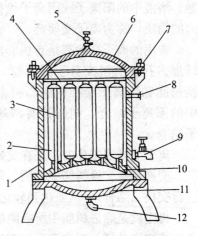

图 7-3　砂滤芯过滤器
1. 壳体　2. 砂滤芯　3. 固定螺杆
4. 上隔板　5. 排气阀　6. 上盖
7. 螺栓　8. 进水口　9. 排污口
10. 下隔板　11. 底座　12. 净水出口

菌被阻挡在砂滤芯外表面。

砂滤芯过滤器的使用压力不能过大或过小，一般使用压力控制在 0.1～0.2 MPa。压力过大，使出水水质达不到标准要求；压力过小，出水量减少，不能满足生产要求。

砂滤芯过滤器使用一段时间后，砂滤芯外壁逐渐结垢，堵塞毛细管，使表压上升，出水量减少。这时应把砂滤芯拆卸取出，用水砂纸在水中擦拭，清洗掉表面污垢层，再安装使用。当砂芯变薄到一定程度时，出水水质可能不符合标准，应及时更换新滤芯。

第二节　水软化处理设备

自然界的水一般都是硬水，含有大量的 Ca^{2+}、Mg^{2+}。在食品生产中，有些工艺要求除去水中的 Ca^{2+} 和 Mg^{2+}，称为水的软化。水的软化设备有石灰软化处理设备、离子交换器、电渗析器、反渗透器、超滤器等。离子交换器是使用比较广泛的水软化设备。

一、离子交换原理

离子交换是溶液同带有可交换离子（阳离子或阴离子）的不溶性固体物接触，溶液中的阳离子或阴离子代替固体物中相反离子的过程。具有交换离子能力的物质均称为离子交换剂。

常用的离子交换剂是有机合成物，称为离子交换树脂。离子交换树脂是球形多孔状有机高分子聚合物，不溶于酸、碱和水。交换树脂有阳离子交换树脂和阴离子交换树脂。树脂上带酸根的叫阳离子交换树脂，它能与水中的阳离子结合。树脂带有碱基的叫阴离子交换树脂，它能与水中的阴离子结合。

离子交换器工作时，是在交换、再生和冲洗几个过程中循环进行。

交换是指交换树脂中的阴、阳离子分别同水中存在的各种阳离子和阴离子进行交换（结合），从而达到软化水的目的。

再生就是除去树脂中所吸附的阳离子或阴离子，它是水软化的逆反应。离子交换树脂处理一定水量后，交换能力下降，当下降到一定程度时，就失去软化水的能力。由于离子交换树脂价格比较昂贵，故一般对树脂进行再生。再生时常用的再生剂有 NaCl、NaOH、HCl 等，其浓度为 5%～10%。

再生前应对树脂进行反洗，至其松动无结块为止，这一过程称为松床。其目的是除去滤出的杂物、污物，以利树脂再生。

冲洗是指对再生后的树脂进行水洗，以除去过量的再生剂和再生置换物。

二、离子交换器构造

离子交换器的主要工作部件是离子交换柱（或离子交换床），图7-4为一离子交换柱外形图。离子交换柱常用有机玻璃或内衬橡胶的钢制圆筒制成，交换量较大时，材质多为钢衬胶或复合玻璃钢的有机玻璃。布水板的功用是使水均匀的分布在交换柱内。交换柱内部填充交换树脂，交换树脂的填充量一般为柱高的2/3。

离子交换器按离子交换树脂的处理方式分为固定床和连续床。

固定床是将离子交换树脂装填于管柱式容器中，形成固定的树脂层。这种装置设备少、操作简单、出水水质稳定。缺点是树脂用量大，利用率低，树脂层清洗时用水量大。固定床使用的方式有单级离子交换器（单床）、多级离子交换器（多床）、复合离子交换器（复床）、混合离子交换器（混合床）、双层离子交换器（双层床）和双流离子交换器（双流床）。

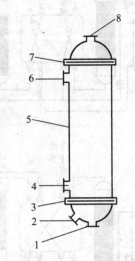

图7-4 离子交换柱

1. 出水口　2. 排污口　3. 下布水板
4. 树脂排出口　5. 交换柱外壳
6. 树脂装入口　7. 上布水板
8. 进水口

连续床是指离子交换树脂不是固定在一个交换柱内，而是在多个容器内流动完成交换、再生、冲洗几个过程。它的特点是克服了固定床利用率低、运行不连续的缺点。连续床又分为移动床和流动床。

三、离子交换器的工作过程

图7-5为一连续交换的双柱固定床离子交换器工作流程图。交换器由左、右两个离子交换柱组成，由微机控制平面多功能集成阀换位，自动实现左右两个交换柱的交换、再生和冲洗工艺的切换。设备运行时的六种状态如图7-5所示。

图7-5a为左交换柱交换（出水），右交换柱再生。原料水通过集成阀从左交换柱下部送入交换柱内，水中的Ca^{2+}、Mg^{2+}与树脂中的阴离子结合，处理后的软水从交换柱上部流出。这时，右交换柱处于再生状态，由盐泵将盐水（NaCl溶液）送入右交换柱内，由Na^+将树脂中的Ca^{2+}、Mg^{2+}置换出来，使树脂恢复交换能力。置换出的Ca^{2+}、Mg^{2+}由排污管排出。

图7-5b为左交换柱交换，右交换柱冲洗。左交换柱继续交换软化水，右

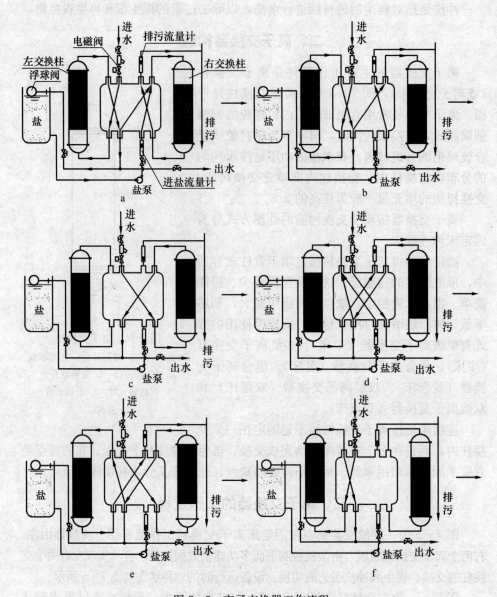

图 7-5 离子交换器工作流程

a. 左交换（出水），右再生　b. 左交换，右冲洗　c. 左松床，右交换

d. 左再生，右交换　e. 左冲洗，右交换　f. 左交换，右松床

交换柱由微机控制停止供盐水，用净水对再生的树脂进行冲洗，将过量的再生剂和再生置换物冲洗干净。

图 7-5c 为左交换柱松床，右交换柱交换。左交换柱停止供水，树脂在重

力作用下下沉，使树脂层变松，以利于树脂再生。右交换柱这时处于交换状态，其工作过程与图7-5a左交换柱工作过程相同。

图7-5d为左交换柱再生，右交换柱交换。左、右交换柱的工作原理与图7-5a右、左交换柱工作原理相同，重复其工作过程。

图7-5e为左交换柱冲洗，右交换柱交换。其工作过程重复图7-5b的右冲洗，左出水的工作过程。

图7-5f为左交换柱交换，右交换柱松床。其工作过程重复图7-5c的右出水，左松床的工作过程。

上述过程结束后，再自动进入图7-5a的左交换柱交换，右交换柱再生的循环过程，周而复始重复图7-5a～f的工作过程。这一设备的特点是设备全自动工作，操作运行方便，软化水的出水是连续出水。

四、离子交换器的使用维护

1. 确定各工况运行时间　使用前应根据原料水的硬度、再生剂浓度和再生剂流量确定交换、再生、松床和冲洗的时间，并进行设置。

2. 调节进水量　进水压力应符合设备要求，调节进水阀，使出水量达到设备公称产水量。

3. 检验水质　每个交换柱从产水开始到结束，每隔半小时化验一次水质。产水结束前半小时，每隔5 min化验一次水质。设备连续运行三个循环后，化验水质合格，即可投入使用。

4. 维护　工作中应定期加入再生剂，保证再生剂浓度。及时对再生剂系统进行清洗，确保再生剂系统管道畅通。

· 复习思考题 ·

1. 水的过滤设备有哪几种？过滤原理有什么不同？
2. 砂滤芯过滤器应怎样维护保养？
3. 水软化处理的目的是什么？离子交换器软化水的原理是什么？
4. 离子交换器工作时有哪几个过程？

实验实训　砂滤芯过滤器的使用维护

一、目的要求

通过实习，熟悉砂滤芯过滤器的构造和工作过程，掌握砂滤芯过滤器的维护保养，在生产中能正确使用砂滤芯过滤器。

二、设备与工具

1. 砂滤芯过滤器 4 台。

2. 连接管道若干，拆装工具 4 套。

3. 实验用离心分离机 1 台。

4. 水源 4 处。

三、实训内容和方法步骤

1. 观察砂滤芯过滤器的整体结构。

2. 用管道将砂滤芯过滤器与水源连接起来，并检查各连接处是否有泄漏。

3. 打开水源开关进行过滤。

4. 从过滤的水中取样，用离心分离机分离杂质，检查过滤后的水质是否符合要求，并与用离心分离机分离未过滤的水样进行对比分析。

5. 按照先外后里的方法，逐步拆卸砂滤芯过滤器，并对拆下的零部件及拆卸顺序进行记录。拆卸密封圈时，应细心认真，防止损坏密封圈。

6. 观察砂滤芯过滤器的内部结构。

7. 对砂滤芯进行清洗保养。

8. 按照先拆后装、后拆先装的原则装配砂滤芯过滤器。

第八章　面食制品加工机械

第一节　方便面加工机械

方便面亦称快熟面、快餐面，它是在现代食品加工技术基础上，为适应人们的主食社会化需要而生产的一种方便食品。近年来在我国得到较快的发展。

方便面具有加工专业化、生产效率高、食用方便、便于携带、安全卫生、花样多等显著特点，其生产工艺流程及设备如图8-1所示。

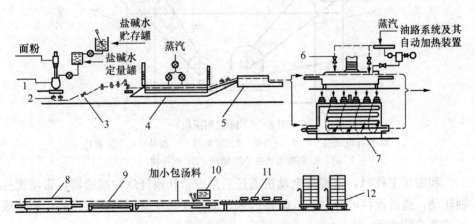

图8-1　方便面生产工艺流程及设备

1. 和面机　2. 熟化机、复合轧片机　3. 连续轧片成型机　4. 蒸面机　5. 定量切断机
6. 油炸机　7. 烘干机　8. 冷却机　9. 检查输送机　10. 包装机　11. 成品输送机械　12. 成品入库

方便面的加工设备主要有和面机、熟化机、轧延机、切条折花成型机、蒸面机、定量切断机和干燥设备等。其生产过程是将预处理后的原辅料通过和面机调制成面团，在熟化机中静置一段时间，使面团得以改良，然后通过复合轧延、切条折花工序，制成方便面块，再经过蒸面机将面块熟化，然后在烘干机或油炸机中进行干燥定型，最后通过冷却、检测与包装即成合格的产品。

一、和 面 机

和面机的功用是将水、面粉及其他原辅料在搅拌桨叶的搅动下，调制出表面光滑，具有一定弹性、韧性及延伸性的理想面团。和面机分为立式和卧式两大类。

卧式和面机的搅拌容器轴线与搅拌器回转轴线均处于水平位置，结构简单，造价低，卸料、清洗、维修方便，但占地面积较大，其构造如图8-2所示，主要由搅拌器、缸体、传动装置等组成。

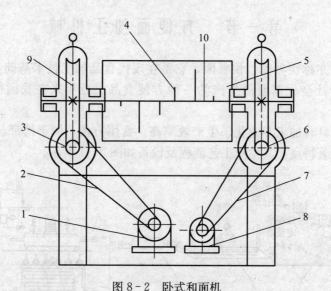

图8-2 卧式和面机

1.搅拌电动机 2、7.三角带 3、6.蜗杆 4.搅拌叶片 5.缸体
8.翻转电动机 9.蜗轮 10.搅拌轴

和面机工作时，由搅拌电动机通过三角皮带和蜗杆蜗轮减速器，带动搅拌轴转动，通过搅拌叶片对装入缸体的水、面粉及其他原辅料进行搅拌，调制成工艺要求的面团。

搅拌器由搅拌轴和搅拌叶片组成，是和面机的重要工作部件，常用的有单轴式和双轴式两种。单轴式和面机结构简单、紧凑、操作维修方便，使用普遍，适于揉制酥性面团，不宜揉制韧性面团。

双轴式和面机有两组相对的反向旋转的搅拌器，且两个搅拌器相互独立，转速也可不同，相当于两台单轴式和面机共同工作。运转时，两叶片时而互相靠近，时而又加大距离，可加速均匀搅拌。双轴和面机对面团的压捏程度比较彻底，拉伸作用强，适合揉制韧性面团。缺点是造价高，卸料较困难，需附加相应的装置。

搅拌器搅拌叶片的形状有桨叶式、∑形和Z形等。

桨叶式适用于调制酥性面团，如图8-3所示。在和面的过程中，桨叶搅拌对物料的剪切作用很强，拉伸作用弱，对面筋的形成具有一定的破坏作用。搅拌轴装在容器中心，近轴处物料运动速度低，若投粉量少或操作不当，易造成抱轴或搅拌不均匀的现象。

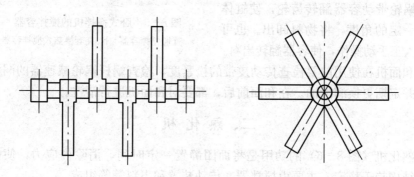

图8-3 桨叶式搅拌器

∑形和Z形搅拌器的桨叶母线与其轴线呈一定角度，如图8-4所示。目的是增加物料的轴向和径向流动，促进混合，适宜高黏度物料调制。其结构多是整体铸造或锻制成型，其中∑形应用广泛，有很好的调制作用，卸料和清洗都很方便。Z形搅拌器调和能力比∑形稍低，但能产生更高的压缩剪力，多用于细颗粒与黏滞物料的搅拌。

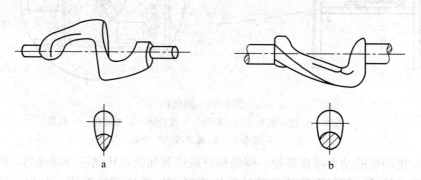

图8-4 ∑形和Z形搅拌器
a.∑形搅拌器　b.Z形搅拌器

搅拌容器也称搅拌槽或缸体，用不锈钢焊接而成，如图8-5所示。搅拌容器的容量有25、50、85、100、200和400 kg等系列。

和面操作时，面团形成质量的好坏与温度有着很大的关系，而不同性质的面团又对温度有不同的要求。高功效和面机常采用带夹套的换热式搅拌容器，在夹套中通入冷水来控制温度，如图8-5b所示。

卧式搅拌机的搅拌容器一般设有翻转机构（图8-2）。和面操作结束后，启动翻转电动机，经三角皮带和蜗杆蜗轮带动容器翻转齿轮，使缸体翻转一定的角度，将物料卸出。也可采用人工手动操作，使容器翻转出料。

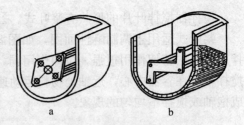

图8-5 卧式搅拌机的搅拌容器
a. 普通搅拌容器 b. 夹套换热式搅拌容器

和面机在使用前要检查传动皮带的松紧度，检查蜗杆蜗轮减速器的润滑油面，并定期更换润滑油。在和面前后，都要对和面机进行清洗。

二、熟 化 机

熟化机（图8-6）的功用是将面团静置一定时间，消除内应力，使面团内部结构趋于稳定。主要由搅拌器、传动装置和出料管等组成。

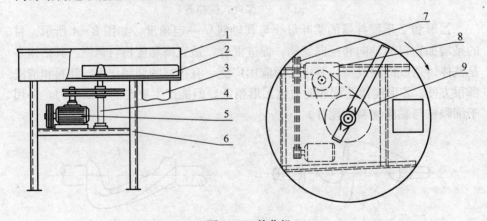

图8-6 熟化机
1. 壳体 2. 搅拌桨叶 3. 下料管 4. 搅拌轴 5. 电动机 6. 机架
7. 皮带轮 8. 减速器 9. 链轮

电动机的动力经皮带轮、蜗轮蜗杆减速器和链条传动三级减速后，驱动搅拌桨叶转动。面料在搅拌桨叶的作用下形成松散的颗粒面团，并向下料管送料。为能达到良好的熟化效果，面料在熟化机的停留时间为15～45min。

该机属连续工作的机械设备，需要经常检查调整皮带的张紧程度，并使链条传动装置处于水平状态。链条长时间工作后链节磨损，链条增长，易造成掉链现象，应及时调整、维修。

若面团的黏性较强时，易形成较大面团，面团不易从下料口下落，需人工将其捣碎。

三、轧延机械

轧延机械亦称辊轧机械，其功用是将面团轧制成厚薄均匀、表面光滑、质地细腻、内聚性和塑性适中的面带。

常用的轧延机有卧式轧延机、立式轧延机和多层轧延机。

（一）卧式轧延机

卧式轧延机如图 8-7 所示，主要由上、下轧辊，轧辊调整装置及传动装置等组成。

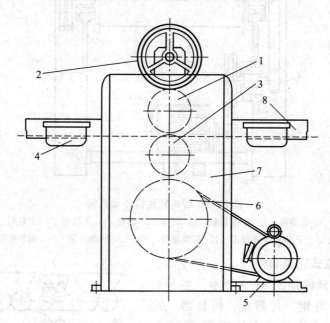

图 8-7 卧式轧延机

1. 上轧辊 2. 调节轮 3. 下轧辊 4. 面粉槽 5. 电动机 6. 皮带轮 7. 机架 8. 工作台

上、下轧辊安装在机架上，上轧辊的一侧设有刮刀，以清除粘在轧辊上面的少量面屑。

卧式轧延机的传动系统如图 8-8 所示。动力由电动机通过皮带轮传递给减速齿轮，再传至下轧辊，并经齿轮 7、8 带动上轧辊旋转，从而实现上、下轧辊的转动。

为保证轧制不同厚度面片的工艺需要，可通过手轮调节轧辊之间的间隙。调节时，转动调节手轮，经圆锥齿轮传动，使升降螺杆回转，带动上轧辊轴承座作升降直线运动，使上、下轧辊之间间隙得以调节。一般调整范围为 0～20 mm。

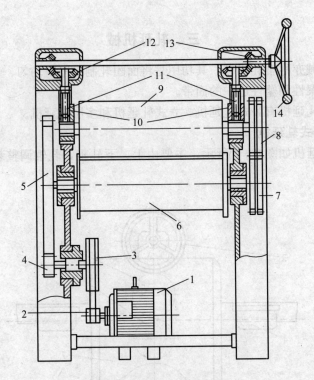

图 8-8　卧式轧延机传动系统

1. 电动机　2、3. 皮带轮　4、5、7、8. 齿轮　6. 下轧辊　9. 上轧辊
10. 上轧辊轴承座螺母　11. 升降螺杆　12、13. 圆锥齿轮　14. 调节手轮

(二) 立式轧延机

立式轧延机如图 8-9 所示, 主
要由料斗、轧辊、计量辊、折叠器
等组成。立式轧延机占地面积小,
轧制面带的层次分明, 厚度均匀,
工艺范围宽, 但结构较复杂。

立式轧延机工作时, 面带依靠
自身重力垂直供料, 因此可以免去
中间输送带, 简化机器结构, 而且
辊轧的面带层次分明。计量辊的功
用是使轧延成型后的面带厚度均匀
一致, 一般由 2～3 对轧辊组成, 辊
的间距可随面带厚度自动调节。

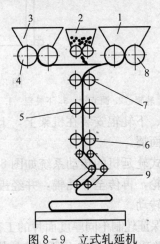

图 8-9　立式轧延机

1、3. 料 (面) 斗　2. 油酥料斗
4、8. 喂料辊　5、6、7. 计量辊　9. 折叠器

(三) 多层轧延机

多层轧延机是一种新型的高效能轧延设备，它轧制的面层可达 120 层以上，且层次分明、外观质量与口感较佳，因而能生产手工所不及的面点。但其结构复杂，设备成本高，操作维修技术要求也较高。

多层轧延机的结构如图 8-10 所示，主要由环形轧辊组及速度不同的三条输送带组成。输送带速度沿面片流向逐渐加快（$v_1 < v_2 < v_3$）。上轧辊组中各辊既有沿面带流向的公转，又有逆于此向的自转，其公切线上的绝对速度接近输送带的速度。

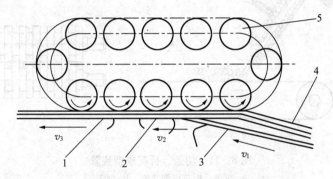

图 8-10　多层轧延机结构示意图

1、2、3. 输送带　4. 多层面片　5. 环形轧辊组

工作时，倾斜进料输送带将多层面片导入由环形轧辊组与三条带所构成的狭长楔形通道内。随着面片逐渐变薄，输送带速度递增。在整个轧延过程中，面片表面与接触件间的相对摩擦很小，面片几乎是在纯拉伸作用下变形。因此面片内部的结构层次未受影响，从而保持了物料原有品质。

四、切条、折花自动成型装置

经过连续轧延的面带，需将其切成细面条，并按方便面生产工艺要求，由切条、折花成型机折叠成波浪状花纹。

切条、折花成型装置如图 8-11 所示。在面刀下方安装一个精密设计制作的波浪成型导向盒。切条后的面条进入导向盒后，与导向盒内壁摩擦形成运动阻力。由于面条的运动速度大于输送带的运动速度，因而在导向盒中自然地形成滞流，在盒的导向作用下有规律地折成细小的波浪型花纹。

面条波纹的疏密程度和压力门上的压力、面条线速度与输送带线速度之比有关。压力门重量小，摩擦力小，产生的波纹疏松，反之摩擦力增大，波纹紧密。因此，通过调节螺栓调节压力门的重量，改变压力门对面条的压力，可以

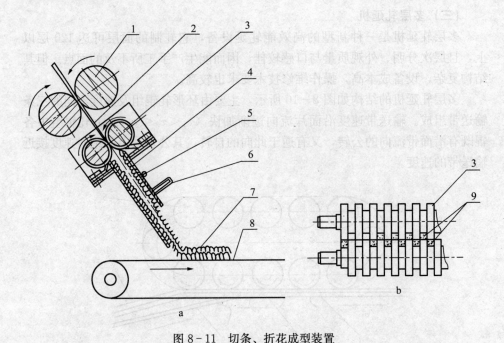

图 8 - 11　切条、折花成型装置

a. 切条、折花成型装置　b. 面刀

1. 轧辊　2. 面带　3. 面刀　4. 折花成型导向盒　5. 铰链　6. 压力门重量调整螺栓
7. 折花面块　8. 输送带　9. 面条

调节波纹的疏密程度。面条线速度与输送带线速度之比小，波纹疏松，反之波纹紧密。通常二者速度比值为 7∶1～10∶1。

五、蒸 面 机

蒸面机是将折花后的面条通过蒸汽室，使面条中淀粉 α-化，并使蛋白质变性熟化。连续蒸面机如图 8-12 所示，主要由输送网带、蒸汽管、排气管和机架组成。输送网带用不锈钢丝编织成网孔状，有利于蒸汽通过，使面条容易蒸熟。

倾斜式连续蒸面机有 1∶30 的斜度，出口处高，进口处低。当通道内通入蒸汽时，蒸汽沿斜面由低向高在蒸面机中分布，这样入口端的蒸汽量较小，面条进入时温度低，易使蒸汽冷凝聚集在面条上，促进面条吸收蒸汽水分，含水增加，利于面条的 α-化。出口端蒸汽较多，温度亦高，面条的水分被加热蒸发出来，含水量降低。这样连续蒸面机中的温度由低到高，而面条中水分由高到低，符合淀粉 α-化的机理，面条容易蒸熟，蒸汽利用率高。

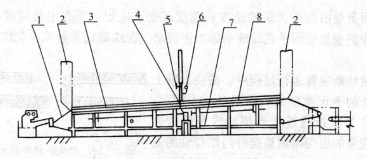

图 8-12　连续蒸面机

1.输送网带　2.排气管　3.上盖　4.蒸汽流量计　5.阀门　6.压力表　7.机架　8.蒸汽管

蒸面机的蒸汽压力为 0.147~0.196 MPa，通道内温度控制在 96~98 ℃。同时为保证面条的韧性和食用口感，面条在蒸面机中的时间以 60~90 s 为宜。

六、定量切断及自动分路装置

蒸熟的面条在进行油炸机或干燥之前，趁其具有一定的柔韧性进行定量切断，切成一定质量的叠成双层的面块，再经分路装置把面块分成六路，最后送入油炸机或干燥机。完成此操作要采用定量切断折块装置和滑槽式自动分路输送装置。

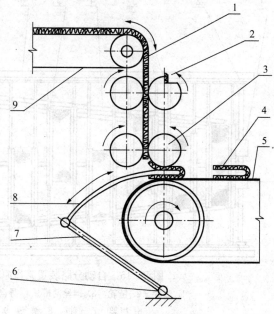

（一）定量切断装置

定量切断装置如图 8-13 所示。蒸熟的面条被送到一对装有切断刀的滚轮间，滚轮每转动一周，面条被切断一次。切断的面条被滚轮下方的引导定位滚轮夹持继续向下。下降到一半时，往复折叠导板向右运动，将面条推向分路传送带，在引导定位滚轮和传送带间的间隔里折叠成双层面块。

图 8-13　定量切断装置

1.熟面条　2.回转式切断刀　3.引导定位滚轮
4.成型的面块　5.分路传送带　6.摆杆轴　7.摆杆
8.往复式折叠板　9.蒸面机输送带

方便面重量由面条切断的长度和花纹疏密来决定。若在定长切断的前提下，每块面的重量受面条花纹疏密影响而波动。花纹疏松重量轻，花纹紧密则重量大。

在定量切断装置运行过程中，往往出现上下层不等长的不正常现象，如图8-14所示，这是由于往复式折叠板运动超前或滞后造成的。上述现象的出现需调整摆杆与摆杆轴的安装角。如出现图8-14a的情况时，摆杆向左调；出现图8-14b的情况时，摆杆向右调。

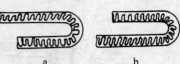

图8-14　面块折叠偏差示意图
a. 上长下短　b. 上短下长

（二）自动分路装置

自动分路装置如图8-15所示。同时被切断折叠的3个面块落到一片钢丝网带上，由链条带动钢丝网带向前运动。网带在运动时，也可在两根钢棍上横向移动。在输送链带的下方装有一个"八"字形导向滑槽，每片钢丝网的边缘装有销轴，销轴在右滑道时，该片钢丝网载着3个面块向右运动，在左时向左运动，如此完成分路动作。

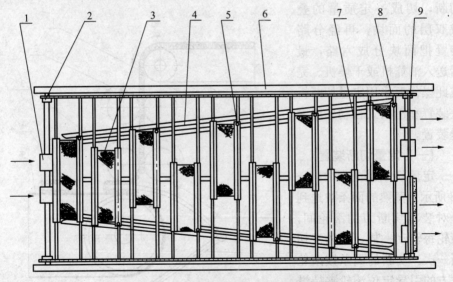

图8-15　自动分路装置工作原理示意图
1. 滚轮　2. 链轮　3. 钢丝网带　4. 导向滑道　5. 销轴
6. 机架　7. 钢棍　8. 链条　9. 链轮

七、方便面干燥设备

干燥的目的是除去水分，固定α-化的形态组织和面块的几何形状。对于方便面的干燥，要求有较快的干燥速度，来防止回生。方便面的干燥设备有油炸干燥机和热风烘干机。油炸干燥的方便面蓬松、微孔多、食用口感好、容易复水。热风干燥的方便面没有蓬松现象和微孔，复水时间长。

（一）连续油炸干燥机

方便面连续油炸干燥设备如图 8-16 所示，主要由机体、成型料坯输送带和潜油网带等。

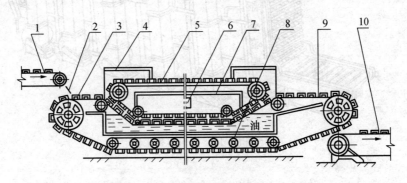

图 8-16　连续式油炸干燥机
1. 分路机输送带　2. 滑板　3. 面盒　4. 护罩　5. 面盒盖　6. 排烟道　7. 排烟罩
8. 燃烧口　9. 输送链　10. 冷却器输送带

机体上装有油槽和加热装置。待炸方便面坯由入口处进入油炸机后，落在输送链的面盒内。由于生坯在炸制过程中，水分大量蒸发，体积膨松，比重减少，因此易漂浮在油面上，造成其上下表面色泽差异较大，成熟度不一。因此油槽上设有六路面盒盖输送链，在入槽前，面盒盖传动链同步驱动面盒盖盖在每一个面盒上，出槽后自动分开，它强迫炸坯潜入油内。

油槽中油的加热方式有两种，一种利用高压蒸汽在热交换器中将油加热，另一种是直燃式，靠燃烧重油或天然气对食油加热。此外也可用远红外加热元件对油进行加热，用此法油温更加均匀，也更易控制，热效率高，耗能少。

油炸食品的质量与油温、油质有关，直接加热式油炸设备存在油温不均匀，油炸碎屑未及时清除而过热焦化，使油变质的缺点，间接式加热可避免这些缺点。方便面一般要求入槽温度为 100 ℃，出槽端温度为 155 ℃，油炸时间为 70 s 左右。较高的油炸温度可使面条的膨化程度高些，但在油炸时间不变的情况下，油温不可过高，否则面块会被炸焦。

（二）热风烘干机

为防止方便面长期贮藏时油的酸败和降低方便面成本，α-化组织结构的固定方法也可采用热风干燥，使其迅速脱水。但该法的干燥温度较油炸温度低，干燥时间较油炸长，干燥后面条没有膨化现象，没有微孔，开水浸泡的复水性较差，且浸泡时间较长。烘干机设备的外形图和内部结构如图 8-17 和图 8-18 所示。

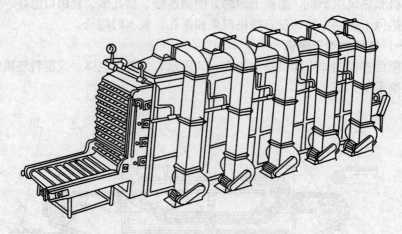

图 8-17　烘干机外形图

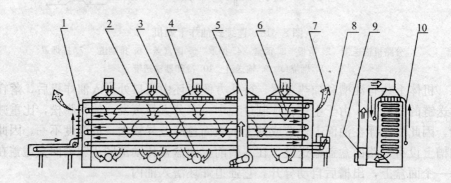

图 8-18　链条式连续烘干机

1. 输送带　2. 蒸汽加热器　3. 回风口　4. 风罩　5. 风道　6. 热风　7. 排蒸汽口
8. 传动装置　9. 风机　10. 蒸汽管道

定量切断后的面块放入烘干机的输送链条上，在烘干机内自上而下地往复循环。用蒸汽为热源通过翅片式空气加热器对空气加热，由鼓风机将热空气分段循环送入烘干机内。气流与物料移动方向成垂直相交，干燥均匀，湿空气在烘干机的两端自然排出。在风机的入口处可以补充新鲜空气，以保持机内较低的相对湿度。

连续式烘干机传送装置有两种：一种是不锈钢网状输送带，面块运动到一端后靠重力落到下一层输送带上，如此往复，这种输送方式的烘干机结构简单，但面块容易破碎；另一种是输送链上装有不锈钢板制作的面盒，面块入盒后随输送链运动，这种面盒的重心始终在下部，当链条转弯折入下一层时，不会把盒中的面块倾倒出来，由于始终静止在盒中，也不会产生碎面。

八、检测器

面块在进入包装机前，先对有无金属杂质和面块重量进行检查。在金属检测器中如发现面块中有金属杂质，金属检测器就会感应到电信号，并把信号放大后控制一个横向推杆或是一个压缩空气喷嘴的阀门，把该面块推（吹）出输送带。

面块的重量检查是使面块经过一个电子皮带秤对重量进行分选，如图8-19所示。面块压在电子皮带下方的重量感应器上，当面块重量超出或低于标准重量时，感应器发出信号，并放大后到执行机构，驱动推杆运动或空气喷嘴，将出现重量偏差的面块推出或吹出。

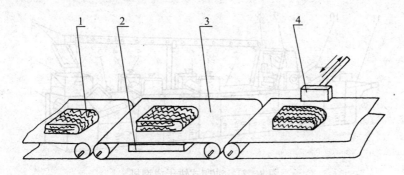

图8-19　重量分选装置示意图
1. 方便面块　2. 重量感应元件　3. 电子皮带秤　4. 推杆

第二节　饼干加工设备

饼干加工设备主要有和面机、轧片机、成型机、烤炉及成品包装机等，其生产工艺流程和设备如图8-20所示。和面机和轧片机与方便面设备基本相同。

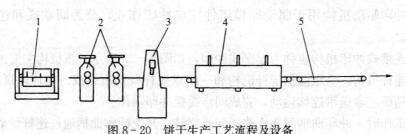

图8-20　饼干生产工艺流程及设备
1. 和面机　2. 轧片机　3. 饼干成型机　4. 烘烤机　5. 冷却机

一、饼干成型机

在焙烤制品的生产中，需将面带加工成一定的形状，以适应不同产品对形状的不同要求，完成此道工序的设备叫成型机。常用的成型机有冲印成型机、辊印成型机、辊切成型机和挤压成型机等。

（一）冲印式饼干成型机

冲印成型是目前食品厂使用最广泛的一种成型方法，它是利用带有各种形状印模冲头，上下往复运动，将面带冲压成所需形状的饼坯。适合于生产粗饼干、韧性饼干、酥性饼干及苏打饼干等。

1. 冲印式饼干成型机的构造　冲印式饼干成型机如图 8-21 所示，主要由轧片机构、冲印机构、分拣机构和输送机构等组成。

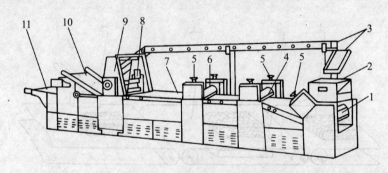

图 8-21　冲印式饼干成型机

1. 头道轧辊　2. 料斗　3. 回头机　4. 二道轧辊　5. 轧辊间隙调整手轮　6. 三道轧辊
7. 面带输送带　8. 冲印成型机构　9. 机架　10. 分拣输送带　11. 饼干生坯输送带

轧片机构一般由三组轧辊组成，它将轧好的面带轧延成产品所需厚度的面片。轧辊从前向后称为头道轧辊、二道轧辊、三道轧辊。轧辊的直径依次减小，辊间间隙也依次减小，而各辊转速依次增大。

冲印机构是饼干成型的关键机构，其功用是将压制好的面带冲制成饼坯。它包括冲印驱动机构和印模组件两部分。

冲印驱动机构用于驱动印模组件完成冲印作业，分为间歇式和连续式两种。

连续式冲印机构也称为摇摆式冲印，如图 8-22 所示。该机构主要由一组曲柄连杆机构、一组曲柄摇杆机构和一组双摇杆机构所组成。在冲印饼干时，印模随面坯输送带连续运动，完成同步摇摆冲印动作。

工作时，冲印曲柄和摇杆曲柄同步旋转，其中冲印曲柄通过连杆带动冲头滑块在滑槽内做往复直线运动；摇杆曲柄通过连杆和摇杆使印模摆杆 7 摆动。

这样使得冲头在随冲头滑块做上下运动的同时，还沿着输送带的运动方向前后摆动，于是保证了在冲印的瞬间，使冲头与面坯同步移动。冲印动作完成后，冲头抬起，并立即向后摆到未加工的面坯上。采用该种机构冲印频率可达120 r/min，运行平稳，生产能力高，生坯的成型质量好，便于与烤炉配套组成自动流水线。

印模组件如图 8-23 所示。冲印时，印模组件在冲印驱动机构带动下做往复运动。印模芯向下冲印面带，将图案印在饼坯表面上。印模组件继续往下运动，印模芯不动，将弹簧压缩，使切刀下移把面带切断。印模组件带动切刀上升时，推板将面头推出。同时，印模芯中的弹簧将饼坯推出，完成一个冲印周期。

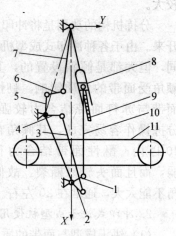

图 8-22　连续式饼干冲印机构
1. 冲印曲柄　2. 摇杆曲柄
3、6、10. 连杆　4、5、7. 摆杆
8. 冲头滑块　9. 冲头　11. 输送带

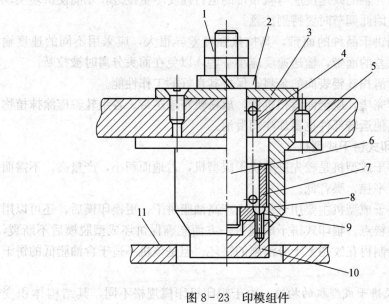

图 8-23　印模组件
1. 螺母　2. 弹簧垫圈　3. 平垫圈　4. 弹簧　5. 印模底座　6. 冲头拉杆
7. 限位套筒　8. 切刀　9. 连接板　10. 印模芯　11. 面头推板

由于饼干品种不同，印模有轻型和重型之分。前者图案凸起较低，印制花纹较浅，冲印阻力也较小；后者图案下凹较深，印制花纹清晰，但冲印阻力

较大。

分拣机构的功用是将冲印成型后的饼干生坯与面头在面坯输送带尾端分离开来。由于各种冲印式成型机结构型式的差异,其面料输送带的位置也各不相同,但大都是倾斜设置的,其倾角受面带的性质影响。韧性面带与苏打面带结合力较强,分拣操作容易完成,其倾角在40°以内;酥性面带结合力很弱,而且面头较易断裂,故倾角不能太大,通常在20°左右。分拣机构如图8-24所示。

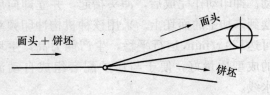

图8-24　面头分拣机构示意图

2.冲印式饼干成型机使用与维护

(1)饼干成型与面带的质量有很大关系,应根据不同配方的面团,选择合适的轧延比。

(2)各组轧辊的间隙应从头道辊依次减小,并与其速度相匹配,防止面带拉长或堆积,影响面带质量。

(3)各组轧辊的线速度应与帆布带的运行速度尽量接近,才能使饼坯实现连续化生产,因此调节时要特别注意。

(4)不同饼干品种的面带,其抗拉强度差异很大,应采用不同的速度输送。对抗拉性差的面带,输送速度应小一些,以免在面头分离时被拉断。

(5)及时清扫轧辊表面的余料,保持其良好的工作性能。

(6)工作完毕,应全面清扫机器,放松帆布输送带。各组轧辊应涂抹植物油后存放,其他运转部件也要加注润滑油。

(二)辊印式饼干成型机

辊印式饼干成型机是较先进的饼干成型机,占地面积小,产量高,不需面头分离,运行平稳,噪音低。

辊印式饼干成型机主要用于加工生产高油脂饼干,更换印模后,还可以用于加工桃酥类糕点。辊印式饼干成型机一方面能确保饼坯成型脱模后不断裂,另一方面也能制得花纹图案十分清晰的饼坯。但是该机不适于含油脂低的饼干品种成型。

1.辊印式饼干成型机的构造　由于辊印机印模规格不同,其结构体积变化较大,但主要构件及工作原理基本相同。辊印式饼干成型机如图8-25所示,主要由成型脱模机构、生坯输送带、面头接盘、传送系统及机架等组成。

成形脱模机构是辊印饼干机的关键部件,它由喂料辊、印模辊、分离刮

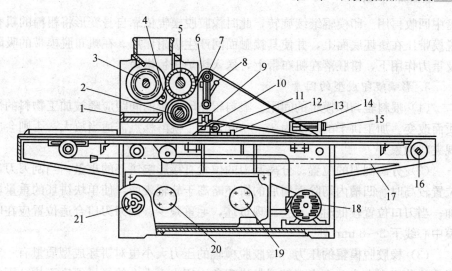

图 8 - 25　辊印式饼干成型机

1. 接料盘　2. 橡胶脱模辊　3. 喂料辊　4. 分离刮刀　5. 印模辊　6. 间隙调节手轮　7. 张紧轮
8. 手柄　9. 手轮　10. 机架　11. 刮刀　12. 面头接盘　13. 帆布脱模带　14. 尾座　15. 调节手柄
16. 输送带支撑轴　17. 生坯输送带　18. 电动机　19. 减速器　20. 无级变速器　21. 调节手轮

刀、帆布脱模带及橡胶脱模辊等组成。喂料辊与印模辊分别由齿轮传动，橡胶
脱模辊则借助于紧夹在两辊之间的帆布脱模带所产生的摩擦力，由印模辊带动
与之同步回转。

2. 辊印式饼干成型机的工作原理　辊印式饼干成型机工作原理如图8－26
所示。料斗内的面团在喂料辊与印模辊相对转动中，被压入印模的凹槽里，形
成饼坯。位于两辊下面的刮刀铲去多余的面屑，面屑沿模辊切线方向落在残料

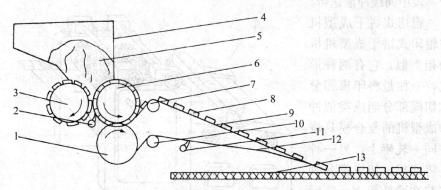

图 8 - 26　辊印式饼干成型机工作原理

1. 橡胶脱模辊　2. 刮刀　3. 喂料辊　4. 料斗　5. 面团　6. 印模辊　7. 张紧轮
8. 饼干生坯　9、12. 帆布脱模带　10. 辊筒　11. 刮刀　13. 帆布输送带或烤盘

盘中回收再用。印模辊继续旋转，此时橡胶脱模辊依靠自身变形将粗糙的帆布脱模带压在饼坯底面上，并使其接触面间产生吸附作用。在帆布脱模带的吸附及重力作用下，饼胚落在帆布带上，送入烤炉进行烘烤。

3. 影响辊印成型的因素

(1) 喂料辊与印模辊的间距。喂料辊与印模辊的间距应随被加工物料的性质而改变。加工饼干的间隙为 3~4 mm，加工桃酥糕点需适当放大，否则会出现夹料现象。

(2) 分离刮刀的位置。分离刮刀的位置直接影响饼坯的重量，当刮刀刀口位置较高时，凹槽内切除面屑后的饼坯略高于轧辊表面，使单块饼坯的重量增加；当刀口位置较低时，又会出现负坯，毛重减少。刮刀刃口合适位置应在印模中心线下 3~8 mm 处。

(3) 橡胶脱模辊的压力。橡胶脱模辊的压力大小也对饼坯成型质量有一定影响。若压力太小，会出现坯料粘模现象；压力太大会使饼坯厚度不均。因此应调节橡胶脱模辊，使其在顺利脱模的前提下，尽量减少压力。

(三) 辊切式饼干成型机

辊切式饼干成型机（简称辊切饼干机）兼有冲印式和辊印式饼干成型机的生产效率高、成型速度快、设备噪音低、振动小等优点，能明显地降低劳动强度，改善劳动条件，是一种较有前途的高效能饼干生产机型。广泛应用于苏打饼干、韧性饼干、酥性饼干及桃酥的生产。

1. 辊切式饼干成型机的构造　辊切式饼干成型机主要由轧片机构、辊切成型机构、余料返回机构（拣分机构）、传动系统及机架等组成。其中轧片机构、面头返回机构与冲印成型机基本相同，只是在轧片末道辊与成型机构间缺少一段中间缓冲输送带。

辊切式饼干成型机与辊印式饼干成型机机构相类似。它有两种形式，一种是将印模部分和切模部分制成类似冲印成型机的复合模具嵌在同一轧辊上，另一种是将印模、切块模分别安装在两轧辊上。实际生产中以后一种为主，其结构如图 8-27 所示。

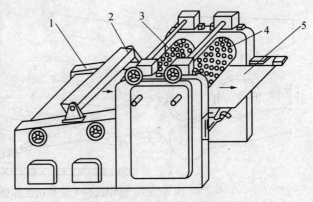

图 8-27　辊切式饼干成型机
1. 机架　2. 撒粉器　3. 印模辊　4. 切块辊　5. 帆布脱模带

2. 辊切式饼干成型机成型原理　辊切式饼干成型机成型原理如图8-28所示。面片经轧片机构轧延后，形成光滑、平整、连续、均匀的面带。为了消除面带内的残余压力，避免成型后的饼干生坯收缩变形，通常在成型机构设置一缓冲带，适度放慢的输送带可使此处的面带形成一些均匀的波纹，这样可使面带在恢复变形的过程中张力得到吸收。

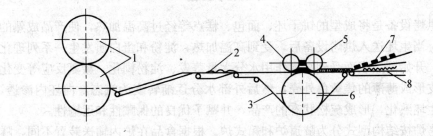

图8-28　辊切式饼干成型机成型原理图

1. 定量辊　2. 花纹状面带　3. 帆布脱模带　4. 印模辊　5. 切块辊　6. 脱模辊　7. 面头　8. 饼坯

辊切成型与辊印成型的最大区别在于面头的产生。辊切成型机印花与切断是分两步完成的。即面带经印模辊轧印出花纹，然后再经同步运转的切块辊，切出带有饼干花纹的饼干坯。位于印模辊和切块辊之下的大直径橡胶脱模辊，借助于帆布脱模带，在印花和切块过程中，起到弹性垫板和脱模的作用。当面带通过辊切成型机后，饼坯由水平输送带送往烤炉，面头则经过倾斜帆布输送带送至余料返回机构，再送回辊轧机构。这种辊切成型技术的关键在于应保证印模辊和切块辊转动的相位相同，速度同步。否则，切出的饼干图案不完整，会严重影响产品的重量。

3. 辊切式饼干成型机的使用与维护

（1）面带质量的好坏将影响饼坯的成型。对不同配方的面团，轧延比也不相同，应根据不同成品的要求，对不同配方的面团来选择合适的轧延比，必要时可以通过试验来确定。

（2）仔细调节印模辊和切块辊的相对位置，使印模辊碾轧出来的花纹处于切块辊的中心，才能保证饼坯的质量。

（3）橡胶辊是花纹辊和刀口辊的垫模，故必须调整到合适的压力，否则难以成型和使饼坯分离。

（4）为保证饼坯的连续化生产，尽量调节印模辊、切块辊、橡胶辊的线速度与帆布输送带的运行速度相同。

（5）不同饼干品种的面带，其抗拉强度差异较大，故面带的输送速度也不同，一般抗拉性强的面带，输送速度也较大。

（6）要及时清扫印模辊、切块辊型模内的面头，保持良好的工作状态，型模有损伤，应及时更换或修复。

（7）工作完毕，应全面清扫机器，在运动部件加注润滑油，并放松输送带。轧辊、印模辊、切块辊等部件涂植物油后存放。

二、烘烤设备

烘烤设备是将成型的饼干坯、面包、糕点等经过高温加热，使产品成熟的设备。当生坯送入烘烤设备后，受到高温加热，淀粉和蛋白质发生一系列理化变化。开始制品表面受到高温作用水分大量蒸发、淀粉糊化、羰氨反应等变化使表皮形成薄薄的焦黄色外壳，然后外部水分逐渐转变为汽态，向坯内渗透，加速生坯熟化，形成疏松状态的产品，并赋予优良的保藏性和运输性。

烤炉按结构型式分为隧道炉和箱式炉。根据食品在炉内输送装置不同，隧道炉又分为钢带式、链条式、网带式及手推烤盘隧道炉；根据食品在炉内的运动形式不同，箱式炉分为烤盘固定箱式炉、水平放置旋转炉和风车炉。

烤炉按使用热源的不同分为煤炉、天然气炉、燃油炉及电烤炉。目前采用最多的为电烤炉。电烤炉又有普通电烤炉、远红外电烤炉及微波炉。

（一）电烤炉

电烤炉是以电能为热源的烤炉的总称，按结构型式和传动方式分为链条炉和橱式炉。橱式炉又分为底盘固定式和底盘旋转式两种。

电烤炉结构简单，不会产生有毒气体，产品干净卫生，温度容易调节，操作方便，劳动强度低，适应性强，生产能力大。缺点是耗电量大，生产成本高。

底盘固定式的电烤炉内部一般设有2～7层烤架，每层可放数只烤盘。底盘旋转的电烤炉为单层，可同时放数只烤盘，如图8-29，它由加热装置、烘烤盘及传动装置等组成。炉壁外层为钢板，中间为保温材料，内壁为抛光铝板或不锈钢板，顶部装有抛光弧形铝板，可增加反射能力，并有排气孔，以排除炉内产生的水汽和其他挥发性气体。炉内还装有控温元件。

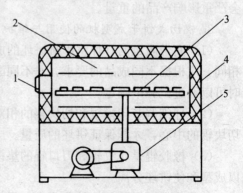

图8-29　水平旋转电烤炉结构
1. 炉门　2. 加热元件　3. 旋转烤盘
4. 保温层　5. 传动装置

（二）链条炉

链条炉是指载体（一般以烘盘为

载体）被链条带动的烤炉，其使用的热源以电或天然气为主。链条炉结构简单，造价低，占用空间小，炉体保温性能好，生产能力大，产品质量好，同时能适应多种产品的生产，是食品厂生产烘烤制品的常用设备。同时链条炉升温快，20 min 内即可达到烘烤温度，可与成型机械配套使用，组成连续化生产线。

链条炉结构如图 8-30，主要由炉体、加热系统和传动系统等组成。炉体为钢架结构，内部装有电热管、保温材料和传动装置。为提高热效率，炉顶一般设计为拱形，并在炉体内装有抛光铝板制成的反射罩。排湿管装在炉体顶部。传动系统包括调速电动机、减速器和链轮等。

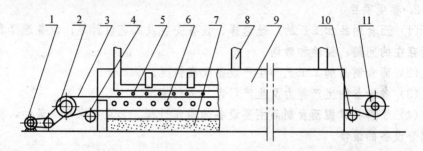

图 8-30　链条炉结构图

1. 电动机　2. 主动链轮　3. 链条　4. 托轮　5. 上加热管　6. 下加热管
7. 保温层　8. 排气管　9. 炉体　10. 张紧装置　11. 被动链轮

链条炉工作时，先关闭排气管上的活门，以防止热量散失。接通电源或燃烧天然气，使炉体升温，并使电动机带动链条运转，以免部分链条过热。通电 10 min 左右，检查炉内温度，待其达到正常温度时，即可进行烘烤。此时可把装有生坯的烘盘放到链条中间的圆钢上，烘盘随链条的运动进入炉内，及时开启排气管上的活门，以排出水蒸气。生坯在随着烘盘运行的过程中，经历了快排水、恒速蒸发和表面着色三个阶段，生坯就由生变熟。烘盘在出炉后，产品要及时冷却才能包装。若生坯不停地输入，产品便会不断地生产出来。

━━•复习思考题•━━

1. 和面机的工作原理是什么？常用的搅拌器有哪些？

2. 方便面的脱水方式有哪几种？所用机械的工作原理和特点是什么？

3. 饼干辊印成型与冲印成型的原理有什么不同？各有什么特点？

4. 饼干辊印成型机与饼干辊切成型机使用时注意哪些事项？

5. 常见的烘烤设备有哪些？各自的优缺点是什么？

实验实训　　参观面食制品厂

一、实习目的

通过参观当地的面食制品厂或跟班劳动，了解面食加工的生产工艺流程和所需设备。

二、方法与步骤

1. 请厂家有关技术人员介绍建厂情况、生产规模、生产任务、生产设备等，对所参观的面食制品厂有一个初步的认知。

2. 参观项目

(1) 面食制品加工厂的厂址选择、设备安装及工艺设计等；设备选择和安装所存在的问题、经验和教训。

(2) 面食制品加工工艺和生产设备配套情况。

(3) 各设备的生产能力及生产厂家、运行情况。

(4) 了解并掌握面食制品主要设备的操作过程。如在厂家参加劳动，应学会部分设备的维修。

三、实验目标

1. 参观面食制品厂，在规定的时间内绘制出面食制品厂的生产工艺设备流程图。

2. 写出参观收获与感想，发现并找出问题并提出改进建议。

第九章　肉制品加工机械与设备

肉制品包含生肉制品和熟肉制品两大类。生肉制品如冷冻肉、肉排、肉串和肉丸等；熟肉制品有传统的熏鸡、酱牛肉、扒鸡等以及灌制品如腊肠、火腿肠、哈尔滨红肠等。肉制品的品种不同，加工所用的机械设备也有所不同。肉制品加工机械设备按操作单元可分为原料前处理设备、腌制设备、填充与成形设备、蒸煮与烟熏设备。另外还有杀菌设备、速冻设备和包装机械设备等（已在其他章节作了介绍）。

第一节　原料前处理设备

原料的前处理主要是对原料肉进行初步的加工，使其满足后续工艺的加工要求。原料前处理设备主要包括绞肉机、斩拌机和搅拌机等。

一、绞 肉 机

绞肉机的功用是将大块的原料肉切割、破碎成细小的肉粒（一般为2～10mm），便于后续工艺的加工（如斩拌、混合、乳化等）。绞肉机是加工各种香肠和乳化型火腿肠的必备设备。

绞肉机按处理的原料分为普通绞肉机和冻肉绞肉机两类。普通绞肉机用于鲜肉（冷却至3～5℃）；冻肉绞肉机可以直接绞制－25～2℃的整块冻肉，也可绞制鲜肉。按绞肉机的孔板数量分为一段式（1个孔板1组刀）和三段式（3个孔板2组刀）。先进的绞肉机带有搅拌或剔骨功能。

（一）绞肉机的构造与工作过程

绞肉机由进料斗、变径变螺距螺旋供料器、绞刀、孔板等构成，如图9-1所示。绞刀固定在螺旋供料器上随螺旋一起转动。孔板用紧固螺母固定在机壳上。

工作时，将经过修整（去皮、去骨、去筋膜）并切成适当大小的肉块，从进料斗加入。随着螺旋供料器的旋转，将肉从螺旋小直径端往螺旋大直径端推送。通过螺旋的推送作用使肉从孔板的孔中挤出，然后经过绞刀和孔板之间的

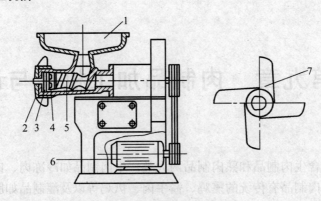

图 9-1　绞肉机结构图

1. 进料斗　2. 紧固螺母　3. 孔板　4. 绞刀　5. 螺旋供料器　6. 电动机　7. 绞刀

剪切作用，将肉切断，被切断的肉粒被挤出孔板。

绞肉机的孔板可以自由拆换，使用不同孔径的孔板，可以加工出不同直径的肉粒。孔板孔径与肉粒直径的关系如表 9-1 所示。绞肉机的孔板孔径通常有粗孔（9～10 mm）、中孔（5～6 mm）和细孔（2～3 mm）三种。

表 9-1　孔板孔径与肉粒直径的关系

肉粒直径（mm）	孔板的种类	
	5 mm 孔径	2 mm 孔径
5.0×3.65 以上	58.6%	0
2.5×2.85～5.0×3.65	23.0%	32.0%
1.5×1.68～2.5×2.85	17.9%	42.1%
0.7×0.67～1.5×1.68	5%	25.9%
0.7×0.67 以下	0	0
合　计	100.0%	100.0%

（夏文水　肉制品加工原理与技术）

用细孔孔板绞制较大的肉块时，工作阻力较大，而且可能将肉中的肉汁或脂肪挤出，严重影响肉馅的质量，电动机还容易过载。如果先用粗孔孔板绞一次，然后用中孔或细孔孔板继续绞碎，既费时又费力。而用三段式绞肉机，只需一次投料，就能依次通过粗、中、细孔孔板绞出细肉馅。

（二）绞肉机的使用维护及注意事项

1. 绞肉机的使用维护　在绞肉前，要检查孔板和刀刃是否吻合。方法是将刀刃放在孔板上，横向观察有无缝隙。如有缝隙，在绞肉过程中，肌肉膜和结缔组织就会缠绕在刀刃上，妨碍肉的切断，破坏肉的组织细胞，削弱了添加脂肪的包含力，导致结着不良。使用时要把绞刀和孔板编成组，避免混用。由于经常使用造成磨损，使刀刃和孔板的吻合度变差，需要对绞刀和孔板进行研磨。

装配绞肉机时，先将螺杆装入螺旋筒中，然后装上绞刀和孔板，最后用紧固螺母拧紧。拧的过紧，阻力大；拧的过松，绞刀和孔板之间就会产生缝隙，影响绞肉。装配时要根据原料肉的种类和肉制品的工艺要求，选择不同孔径的孔板。

三段式绞肉机的三块孔板之间有两副刀，组成一个绞刀组如图 9-2a 所示。如果方向装反，就不能起到绞肉的作用。从绞肉机的前方看，绞刀的旋转方向一般都是逆时针方向，如图 9-2b 所示。紧固螺母的松紧程度，以用手指轻轻紧固为好，如图 9-2c 所示。

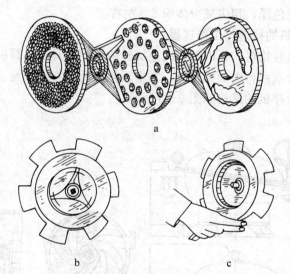

图 9-2 三段式绞肉机的组装方法
a. 筛板和刀的组合 b. 从前方看到的旋转方向 c. 最后紧固刀部的力量
（夏文水 肉制品加工原理与技术 2003）

作业结束后，要清洗绞肉机。按组装的相反顺序拆下孔板、绞刀和螺杆，清理表面的肉末，然后用热碱水或洗涤剂清洗上述部件及进料斗和机筒等。清洗干净后，擦去表面水分，正确地将刀具分组保管。

2. 使用注意事项 每次使用前，应用热水对绞肉机进行清洗消毒。绞肉前要对肉块适当切割，而且要剔除骨、筋、脂肪和肉皮，这样才能使绞肉速度快，质量好。脂肪要单独绞切，喂入量不能过大。投料后用填料棒喂料，严禁用手喂料，以免发生事故。肉的温度应控制在10℃以下，一般在3～5℃才能保证肉馅的质量。

二、斩拌机

斩拌机的功用是对经过绞制的肉馅进行斩切，使肉馅产生黏着力，并将肉馅与各种辅料（冰屑、香辛料、调味剂等）进行搅拌混合，形成均匀的乳化物。通过乳化处理，使灌肠类产品的细密度与弹性大大增强。因此，斩拌机是加工乳化型产品或肉糜—肉块结合型产品的关键设备之一。

斩拌机分为普通型和真空型两类。真空斩拌机的优点是：避免空气打入肉糜中，防止脂肪氧化，保证产品风味；可释放出更多的盐溶性蛋白，得到最佳的乳化效果；可减少产品中的细菌数，延长产品贮藏期，稳定肌红蛋白颜色，保护产品的最佳色泽，相应减少体积8%左右。

（一）斩拌机的构造与工作过程

斩拌机由盛装物料的斩肉盘、高速旋转的切割刀具和出料机构组成。这三部分分别用一台或两台电动机带动。真空斩拌机还配有真空泵、真空盖和密闭系统等。真空斩拌机的结构如图9-3所示。

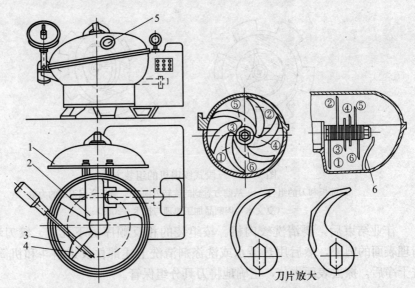

图9-3 真空斩拌机

1.机盖 2.刀具 3.斩肉盘 4.出料转盘 5.视孔 6.刮板
①、②、③、④、⑤、⑥为刀片编号

斩肉盘用不锈钢制造。电动机的动力通过三角皮带和蜗轮蜗杆减速后，由棘轮机构带动斩肉盘轴，驱动斩肉盘单向旋转，转速为 6～10 r/min。斩肉盘逆时针方向转动。

切割刀具由 3～6 把刀片组成，安装在刀轴上。刀具上方有保护和防止肉料飞溅的刀盖。刀轴由一台电动机通过三角皮带带动高速旋转，转速可以调节（2～3 挡）。打开刀盖时，刀具自动停止转动，以保证安全。

出料机构由一台电动机通过齿轮减速机带动转轴和出料圆盘转动，整个机构可自由活动。斩拌时将出料盘向上抬起，圆盘不转。出料时，将出料机构放入斩肉盘内，接通电源，出料圆盘转动进行出料。

斩拌机工作时，先加入一部分瘦肉馅，开动刀具为斩拌转速。然后开动转盘低速转动，按斩肉盘的容量逐渐加入其他肉馅、冰屑、调味料等。一般 2～5 min 就可以把肉馅斩成肉糜。斩拌后整机转入搅拌速度状态，由出料机构将肉糜从斩肉盘内排出。

（二）斩拌机的使用维护

1. 使用前的准备　使用前应对斩拌机进行清洗、消毒。安装刀具前要对刀具进行检查，如果刀刃磨损应及时磨利，并对每把切刀称重，重量差小于 1 g。切刀与转盘的间隙应小于 0.5 mm。

2. 斩拌机的使用　先将一部分瘦肉馅装入斩肉盘内，均匀铺开。开动斩拌机，逐渐加入水或冰屑、调味料、香辛料，然后加入脂肪。斩拌均匀后立即取出，准备灌制。斩拌结束后，将刀盖打开，清除刀盖内侧和刀刃部位的肉糜，最后清洗斩拌机。

3. 注意事项　斩拌时投入的原料量和辅料量不可过多或过少，否则对肉糜的温度和保水力有影响。

刀具的转速和斩拌时间，应根据肉糜的种类、工艺要求、环境温度、加入的水量和脂肪量来确定，以保证斩拌质量。

斩拌时应先启动刀轴电动机，待转速正常后，再启动斩肉盘电动机。工作中途停机时，应先使斩肉盘停止转动，再使刀轴停止转动。

第二节　腌制设备

生产火腿肠和传统的中式酱卤制品，腌制是必不可少的加工工艺。腌制的基本原理是将腌制液中所含的腌制材料，如食盐、硝酸盐、糖类、维生素 C 等充分渗透到肌肉组织中，与肌球蛋白等成分发生一系列的化学和生化反应，达到腌制的目的。

传统的腌制工艺是浸泡法和干腌法，周期长，难以满足现代食品加工的要求。而使用盐水注射机、嫩化机和滚揉机等腌制设备，能将腌制液迅速均匀地分散到肌肉组织中，并对肌肉组织进行一定强度的破坏，使肌球蛋白、肌浆蛋白等可溶性物质渗透溶解到盐水溶液中，加快腌制反应的进行。

一、盐水注射机

盐水注射机的功用是将腌制液迅速均匀地注射到肌肉组织中，这样可以加快腌制速度，使盐水均匀扩散、渗透，可缩短 2/3 的腌制时间，提高肉制品的质量，改善肉制品的保水性和出品率。盐水注射机有常压式和真空式两类。真空式盐水注射机的贮肉槽处于真空状态，可加速盐水在肉中的渗透和扩散。国产的盐水注射机多为常压式。

盐水注射机的构造如图 9-4 所示，由电动机、曲柄滑块机构、针板、注射针、输送链板、盐水泵等组成。

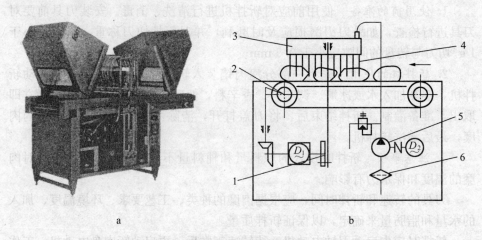

a   b

图 9-4　盐水注射机

（刘晓杰　食品加工机械与设备　2004）

a. 外形图　b. 工作原理图

1. 曲柄滑块机构　2. 棘轮机构　3. 针板　4. 注射针　5. 盐水泵　6. 过滤网

盐水注射针由管径为 3～4 mm 的不锈钢无缝管制造，长度 180～200 mm。针端堵死，并磨出锋利的针尖，在离针尖 5～10 mm 的管壁上，开有 1～1.5 mm 的小孔 3～4 个，最多可达 20 个。

注射针的安装方法有两种：一种是固定安装，即将针座上的螺纹拧进针板的螺孔内。这样所有注射针随针板上下同步运动，主要适用于去骨肉的注射，如图9-5所示。另一种安装方法是弹性安装，即针头通过弹簧座安装在针板上，注射时所有的注射针除随针板一起上下运动外，每支针还可以相对针板独立运动。这样，当一个或几个针头遇到硬物而不能下降时，不会影响整个针板的继续下降，也不会损坏注射针，因而可以用于带骨肉和鸡等原料的注射，如图9-6所示。

图9-5 去骨肉注射盐水

图9-6 带骨肉注射盐水

盐水注射针（几十个）固定在针板上，由曲柄滑块机构带动针板上下、往复运动。腌制液由盐水泵送入针板，由针板分配到各个注射针上，将腌制液迅速均匀地注射到肌肉组织中去。棘轮机构带动输送链板间歇向前运动，放到输送链板上的肉块，由输送链板将肉块逐步向前输送。注射盐水后的肉块从输送链板上滑入肉车中。

工作时先启动盐水泵，调整盐水压力。开动驱动电动机，调整棘轮机构，保证输送链板间歇输送量。将肉块均匀地从输入端放到输送链上，当针板上升时，输送链板前进一定距离后停止。针板下降，注射针插入肉块并进行注射。针板上升，停止注射，输送链板再间歇前进一定距离。

注射后，未进入肉块的盐水应回收。为防止可能混入的碎肉和脂肪堵塞针孔，必须进行过滤。过滤网的孔眼一般为3、1、0.85 mm。当回收的盐水量很大，碎肉又较多时，可用振动筛或旋转筒形滤网等过滤装置处理，盐水通过网眼流出，滤渣则被滤筒内侧壁上的刮削导板刮除。

二、滚 揉 机

滚揉机的功用是将已经注射和嫩化的肉块进行慢速柔和地翻滚，使肉块得到均匀的挤压、按摩，加速肉块中盐溶蛋白的释放及盐水的渗透，增加黏着力和保水性能，改善产品的切片性，提高出品率。滚揉机是生产大块肉制品和西式火腿肠的理想设备。

滚揉机按肉块的滚揉方式可分为滚筒式和搅拌式（按摩式）。按压力情况分为常压式和真空式。按滚筒的配置分为立式和卧式。

（一）卧式真空滚筒滚揉机

卧式真空滚筒滚揉机如图 9-7 所示。外形为一卧置的滚筒，滚筒内壁有螺旋叶片。将需要滚揉的肉料装入滚筒内，随着滚筒的转动（2～15 r/min），肉在滚筒内上下翻动。先是被不锈钢滚筒内壁的螺旋形叶片带动上升，而后靠自重下落拍打滚筒低处的腌制液。由于肉块在上升和下落的同时也互相碰撞，因此也达到揉搓的效果。每次加工量可占滚筒容积的 60%～70%，经 11～16 h 滚揉结束。

螺旋片的翼缘使用不锈钢管，可维护肉制品的完整性

整体式螺旋片在运动中可形成肉块互相按摩动作，提高出品率

设备采用流体静压无级变速装置传动

重型蝶形不锈钢门在开闭中自动校准

重型加固不锈钢排料槽可及时卸料

重型不锈钢接头提供连续真空

液压缸控制门的自动开启和关闭

整体式螺旋片在滚筒中沿斜线轴转动，螺旋片的运动使肉块贴紧滚筒后部，向前推移，轴线的倾斜使肉块重心向下，互相压住并搓揉

真空装料装置

整体式装料装置，可与标准型卸料车配合

图 9-7　真空滚揉机

（夏文水　肉制品加工原理与技术　2004）

（二）肉车分离型滚揉机

肉车分离型滚揉机是指肉车和机体可以分开，如图 9-8 所示。肉车的容

量有 200、300、400、500、600、800、1 000 kg 等，肉车可在盐水注射机和火腿充填机之间来回移动物料，而不用其他搬运容器和设备。

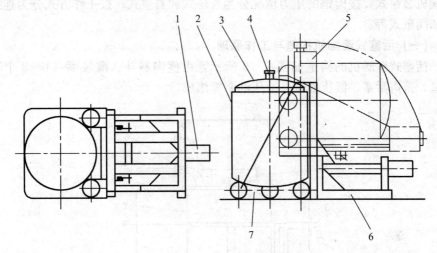

图 9-8 肉车分离型滚揉机

（刘晓杰 食品加工机械与设备 2004）

1. 翻转电动机 2. 肉车 3. 顶盖 4. 真空接口 5. 滚动电动机 6. 机架 7. 倾翻机架

操作时，将注射完盐水的原料肉用专用肉车推到滚揉机上，将肉车装入滚揉机，盖上顶盖，压紧螺旋，接通真空管道。开通真空泵，使肉车筒内达到一定真空度，顶盖被大气压紧紧压在肉车口上。开动倾翻装置将肉车倾倒 85°，肉车被两对滚轮所支承。开动滚轮驱动装置，肉车就在滚轮摩擦力带动下慢速滚动，对肉进行滚揉。滚揉工序和时间间隔由时间继电器控制。

第三节 灌制与熏制设备

经过绞肉、斩拌、搅拌、滚揉等加工处理后的肉馅，要根据灌制品的工艺要求，选择所需的肠衣，制成各种大小不同、形状不同的肠制品。因此需要用灌肠机进行灌制与成形。

根据肉制品的加工工艺和风味的需要，许多经过蒸煮后的肉制品还需进行熏制（有的肉制品先熏后蒸煮），以提高肉制品的色、香、味，同时进行二次脱水，以确保产品质量。

一、灌肠机

灌肠机又称充填机，是将斩拌机、搅拌机和滚揉机混合好的肉馅，在动力作用下填充到人造肠衣或天然肠衣中，形成各种肠类制品的机器。灌肠机的类型较多，按使用的动力分为气压式、液压式、机械式等；按机械结构分为活塞式和机械泵式；按肉馅的压力情况分为常压式和真空式；按工作方式分为连续式和间歇式等。

（一）活塞式灌肠机构造与工作原理

活塞式灌肠机的构造如图 9-9 所示，由盛肉料斗、灌装嘴（1～2 个）、肉缸、挤肉活塞、液压油缸、液压油泵等组成。

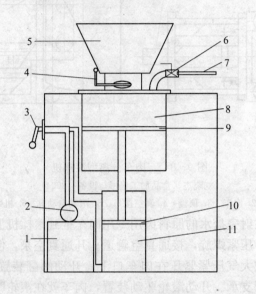

图 9-9　活塞式灌肠机
1. 液压油箱　2. 液压油泵　3. 控制阀　4. 进料阀门
5. 盛肉料斗　6. 灌装阀门　7. 灌装嘴　8. 肉缸　9. 挤肉活塞
10. 液压活塞　11. 液压油缸

工作时，先将肉馅放入盛肉料斗内，启动液压油泵，用控制阀使液压油进入液压油缸上腔，液压活塞带动挤肉活塞向下运动，将肉馅吸入肉缸。灌肠时，关闭进料阀门，操作控制阀，使液压油进入液压油缸下腔，由液压活塞带动挤肉活塞上行。将准备好的肠衣套在灌装嘴上，逐渐开启灌装阀门，使肉馅均匀地充入肠衣。肉缸内肉馅装完后，使活塞下行，打开进料阀门，在重力和肉缸的负压作用下，肉馅又进入肉缸，进行下一批次的灌装。

该机的特点是结构简单、操作方便，灌装量可以根据需要调节，可换装不同口径的灌装嘴，适用于不同材质的肠衣，在大中小型肉制品厂普遍使用。

（二）灌肠机的使用维护

（1）使用各类灌肠机前先要检查各连接部位的情况，并清洗机器，做好准备工作。

（2）按工艺要求选择合适的灌装嘴，冲洗干净后安装到出料口上。

（3）检查无误后，将肠衣套在灌装嘴上，开始灌装。灌装过程中要注意观察肠制品情况和料斗的肉馅情况，必要时补充肉馅和调整灌装量。

（4）生产结束后，要将机器内外清洗干净，有些部位（如挤肉活塞、泵内叶片等）要加注食用润滑油。

二、熏制设备

熏制的目的是增加制品的风味和美观，使制品产生能引起食欲的烟熏气味，形成独特风味，提高制品的保存性。大部分西式肉制品如灌肠、火腿等需要烟熏，许多中国的传统肉制品如湘式腊肉、川式腊肉、沟帮子熏鸡等产品，也要经过烟熏加工。

熏制设备有直火式烟熏设备和间接式烟熏设备两类。

（一）直火式烟熏设备

这种设备是在烟熏室内燃着烟熏材料，使其产生烟雾，利用空气对流的方法，把烟分散到室内各处。常见的有单层烟熏炉、塔式烟熏室等。将肉制品吊在适当位置后，进行烟熏处理。这种设备由于依靠空气自然对流的方式，使烟在烟熏室内流动和分散、存在温度差、烟流不均匀、原料利用率低、操作方法复杂等缺陷，目前只在一些小型肉制品企业使用。

（二）间接式烟熏设备

这种设备不在烟熏室内发烟，而是将烟雾发生器产生的烟，通过风机和管道强制送入烟熏室内，对肉制品进行烟熏，故又称为强制循环式烟熏设备。这种设备提高了烟熏制品的质量，缩短了烟熏时间，适用于大规模生产。

发烟的方法较多，常用的有燃烧法、摩擦发烟法、湿热分解法和液熏法。

燃烧法即将木屑放在电热燃烧器上燃烧，靠风机将所产生的烟雾与空气一起送入烟熏室内。烟熏室的温度取决于烟的温度和混入空气的温度，烟的温度可通过木屑的湿度进行调节。发烟机与烟熏室应保持一定距离，以防焦油成分附着太多。

摩擦发烟法是应用摩擦燃烧的发烟原理，如图9-10所示。在硬木上压重石块，使硬木棒与带有锐利摩擦刀刃的高速转轮接触，通过摩擦发热使被削下的木片热分解产生烟，烟的温度由燃渣容器内水的多少来调节。

湿热分解法是将水蒸气和空气适当混合，加热到 300～400 ℃，使高温热气通过木屑产生热分解。因烟和蒸汽是同时流动的，故变成潮湿烟。由于温度过高，需经过冷却器冷却后进入烟熏室，此时烟的温度约为80 ℃。冷却可使烟凝缩，附着在制品上，又称为凝缩法，其结构如图 9-11所示。

液熏法是将制造木炭干馏木材过程中的烟收集起来，制成浓缩的熏液。加热熏液使其蒸发吸附在制品上，或用熏液对制品进行浸渍，或将熏液作为风味添加剂加入到制品中，然后进行蒸煮干燥。

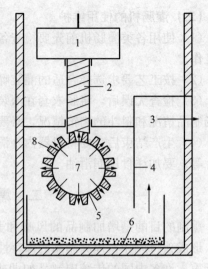

图 9-10　摩擦发烟装置

1. 重石　2. 棒　3. 烟　4. 遮蔽板
5. 摩擦车　6. 燃渣容器　7. 气流　8. 刃

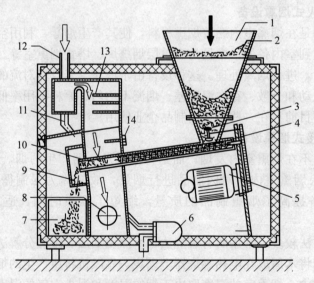

图 9-11　湿热分解发烟装置

（南庆贤　肉类工业手册　2003）

1. 木屑　2. 筛子　3. 搅拌器　4. 螺旋传送带　5. 电机　6. 排水　7. 残渣容器　8. 出烟口
9. 木屑挡板　10. 气化室　11. 凝缩管　12. 蒸汽口　13. 过热器　14. 温度计

（三）全自动熏蒸炉

现代的烟熏设备具有多种功能，除烟熏外，还可用于蒸煮、冷却、干燥和喷淋等，故称为全自动熏蒸炉。

　　全自动熏蒸炉的结构如图9-12所示，主要由熏蒸室、熏烟发生器、蒸汽喷射装置、冷却水喷管、熏制车和控制器等组成。

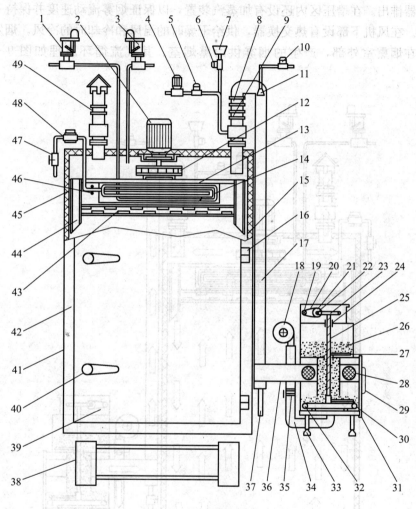

图9-12　全自动熏蒸炉

1. 高压蒸汽电磁阀　2. 循环风机　3. 低压蒸汽电磁阀　4. 管道泵　5. 冲洗电磁阀　6. 清洗剂电磁阀
7. 清洗剂桶　8. 进烟蝶阀　9. 加空气蝶阀　10. 喷淋电磁阀　11. 喷头　12. 风机叶轮　13. 上隔板
14. 盘管散热器　15. 内壁包板　16. 门铰链　17. 输烟管道　18. 鼓风机　19. 送屑电机　20. 三角皮带
　21. 大皮带轮　22. 蜗杆　23. 蜗轮　24. 轴承座　25. 主轴　26. 木屑　27. 小拨叉　28. 滤网
　29. 玻璃透窗　30. 大拨叉　31. 发烟室门　32. 电热管　33. 支架　34. 进风管道　35. 可调风门
　36. 方形烟道　37. 排水管　38. 坡度板　39. 熏室门　40. 门把手　41. 外壁包板　42. 炉体
　43. 隔流板　44. 风管　45. 保温隔层　46. 法兰盘　47. 疏水阀门　48. 疏水器　49. 排气阀

熏蒸室用型钢焊接制成，内外用不锈钢板包裹，中间有良好的绝热层。风机设在室内顶部位置，当风机启动后在顶部形成增压区。烟发生器生成的烟由下而上吸入风机，经增压后再从两侧的喷嘴喷出，部分烟雾则从顶部防污染的过滤器排出。在增压区内还设有加蒸汽装置，以保证烟雾流动速度并保持一定湿度。在风机下部设有热交换器，供给干燥时的温风和冷却时的冷风。烟发生器设在烟熏室外部，产生的烟雾供给熏烟室。其气流循环原理如图 9 - 13 所示。

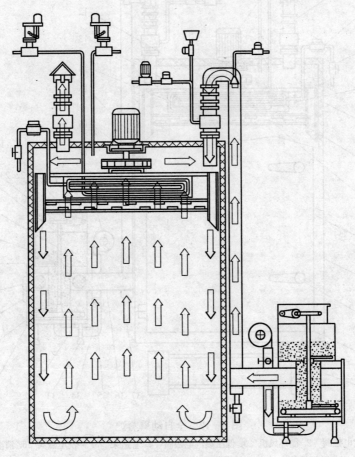

图 9 - 13　熏蒸炉气流循环原理

熏制车一般由型钢焊接而成，底部有 4～6 个小轮，便于进出烟熏室，如图 9 - 14 所示。制品用吊杆吊挂在熏制车上。

控制器设在外部，用来控制烟雾浓度、烟熏时间、相对湿度、烟熏室温度、物料中心温度和操作时间等，一般都设有程序控制系统（可编程序控制器

PLC）控制。该控制系统能够存储完整的操作程序，对于不同的产品，只要适当调整一些技术参数就能按所需的要求进行自动工作。

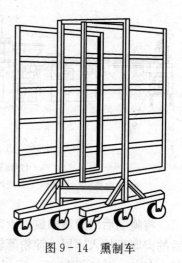

全自动熏蒸炉容易操作，自动化程度高，只要正确设定好操作程序和参数，就可自动运行，加工出理想的肉制品。能快速、均匀地达到工艺所要求的温度、湿度和烟雾浓度，确保加工制品质量稳定，具有优良的熏烟效果。由于热风的温度能够控制在最佳状态，而且熏烟的质量也非常优越（无焦油污染），所以熏制出来的产品芳香可口，风味极佳。运行费用较低，由于以蒸汽为热源，另外使用烟发生器，

图 9-14　熏制车

木材消耗大大减少，所以能够节省费用。由于该设备能够进行高精度的湿度控制，产品的成品率较高。

全自动熏蒸炉使用要求：

（1）烟熏前要将制品的外表清理干净，并要进行适当的干燥处理。

（2）根据肉制品的种类和工艺要求，经过试验确定合理的程序和工艺参数（如温度、湿度、时间、烟雾浓度等）。

（3）每批次装入肉制品的量要符合烟熏室的要求。超过容量要求，烟量和烟的循环会变差，易出现烟熏斑驳现象。

（4）烟熏结束后，必须立即从烟熏室取出制品。如继续放在烟熏室内冷却，就会引起制品收缩，影响外观。需要蒸煮的制品，在烟熏后立即进入蒸煮工艺。

第四节　肉制品生产线简介

当肉制品的生产量较大时，把生产设备按照生产工艺流程，组成生产线。由于加工的产品不同，所用的生产设备也不完全相同，组成的生产线也不同。这里主要介绍午餐肉罐头生产线和香肠生产线。

一、午餐肉罐头生产线

午餐肉罐头生产线如图 9-15 所示。经过去皮去骨的猪肉分别加工为净瘦肉和肥瘦肉，并将净瘦肉、肥瘦肉分别切成小块加盐腌制 2～3 d。

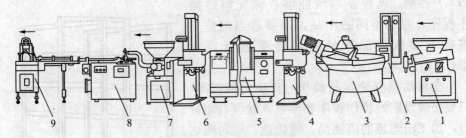

图 9-15　午餐肉罐头生产工艺流程图

(胡继强　食品机械与设备　1999)

1. 绞肉机　2. 控制柜　3. 斩拌机　4、6. 提升机　5. 真空搅拌机　7. 肉糜输送机
8. 肉糜装罐机　9. 肉糜刮平机

　　将腌制后的净瘦肉放入绞肉机、斩拌机等设备中制备肉糜。将绞肉机细绞后的肉糜再加入冰屑、淀粉等斩拌约 3 min，然后将粗绞的肥瘦肉加入，斩拌20 s 左右，再加盖在 35～45 kPa 真空度下，斩拌 1 min。斩拌后的物料由提升机送入搅拌机内进行充分搅拌，再送入肉糜装罐机准备灌装。

　　午餐肉装罐有两种方式：传统的方法是用肉糜输送泵将肉糜压送至肉糜装罐机装罐，并经刮平机刮平定量或称量定量；另一种较先进的方法是采用定量装罐机，一次性完成肉糜的定量装罐。

　　午餐肉罐头均采用真空封罐机封罐，罐内保持真空度为 55 kPa 左右。杀菌时一般采用高压杀菌设备，杀菌温度为 120 ℃左右。杀菌后的罐头经水冷却、干燥后，贴标签并打印生产日期、装箱出厂。

二、香肠生产线

　　共挤出香肠加工生产线可以生产消毒罐头或无菌袋包装的香肠，该生产线基本是全自动操作与控制，生产能力约 1000 kg/h。共挤出香肠加工工艺流程如图 9-16 所示。

　　先将肉块腌制，经绞肉机和斩拌机制成所需的肉糜，然后再进行灌制。共挤出香肠系统有两个充填泵，一个用于充填香肠肉，另一个用于充填纤维糊。胶质纤维糊作为外层，香肠肉作为夹心，两者同时从共挤出喷嘴挤出，这样就在直径一致的香肠肉上包裹一层均匀的胶质纤维糊。

　　离开共挤出喷嘴的香肠条由输送机牵引通过盐水浴，并且预留足够的空间进行下一步工序的操作。从盐水浴开始，香肠便进入一系列的切割成型器中。切割成型器逐渐合上，将香肠条切成所需长度的香肠，并使香肠两端部成型，这种成型方法能够保证每根香肠尾部都覆盖有胶质，并且表面光滑。

　　成型后的产品运送到连续干燥器中，以提高胶质纤维间的相互连接，并有

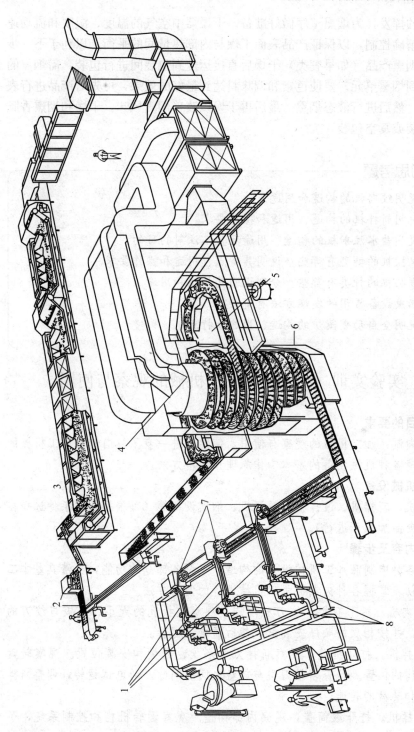

图9-16 共挤出香肠加工工艺流程图
(张裕中 食品加工技术装备 2000)

1.盐水浸泡池 2.包装 3.巴氏杀菌 4.后干燥 5.烟熏 6.预干燥 7.封口机 8.香肠肉糜和胶原纤维馅的共挤出

助于水分的挥发，为烟熏工序做好准备。干燥器中空气的温度、湿度和流动速度都需要精确控制，以保证产品表面干燥与内部热量间的平衡，以利于下一步加工。非烟熏产品（如早餐类）干燥后直接运送到包装间进行包装，需烟熏的产品运送到烟熏单元。要使色素和调味料达到最好的效果，可先对产品进行表面预干燥，然后进行液态烟熏，最后再干燥以改善烟熏风味。干燥和烟熏香肠均可以罐装或真空包装。

·复习思考题·

1. 说明绞肉机的构造和用途。
2. 说明斩拌机的构造、用途和操作要求。
3. 说明盐水注射机的构造、用途及盐水注射的目的。
4. 滚揉机的类型有哪些？说明其特点、用途和操作要求。
5. 灌肠机的种类有哪些？分别说明其构造和用途。
6. 烟熏设备常用的发烟方法有哪些？
7. 说明全自动熏蒸炉的构造、用途和特点。

实验实训　肉制品加工机械的观察与使用

一、目的要求

通过肉制品加工机械的观察与使用，使学生进一步了解肉制品加工机械的构造，弄清各种机械设备的基本工作原理和使用方法。

二、机械设备

绞肉机、斩拌机、滚揉机、灌肠机、烟熏设备等（可根据具体条件选择在实验室或食品加工厂进行）。

三、内容及步骤

观察各种肉制品加工机械设备的构造，了解各部分的功能，弄清其基本工作原理，初步掌握各种肉制品加工机械设备的使用方法。

1. 绞肉机。拆下孔板、绞刀和螺旋，观察孔板孔的大小、孔板与绞刀的组合情况，并按相反的顺序安装好，然后通电试运转。

2. 斩拌机。打开机盖，观察斩拌刀的形状、数量和安装位置。观察转盘和出料机构的位置。检查斩拌刀尖与转盘之间的间隙。通电试运转，调整斩拌刀的转速和转盘的转速。

3. 滚揉机。打开滚筒盖，观察内部构造。观察运转机构和控制系统，了解其工作程序。

4. 灌肠机。打开机盖，观察活塞、肉缸及出料灌嘴结构，运转观察活塞和进料阀门的情况。

5. 烟熏设备。打开熏室门，观察全自动熏蒸炉的风机、进风喷嘴、加热器、排风管等，观察发烟器和控制系统的位置及控制功能。

四、能力培养目标

掌握肉品加工机械设备的类型、特点、用途及使用方法，并能根据具体的肉品加工工艺流程合理选用相应的机械设备。

第十章 乳制品加工机械与设备

第一节 概 述

在人们日常生活中，乳制品的消费量越来越多。由于鲜乳不便于贮藏运输，使乳的流通和消费受到了很大的限制。通过对乳的加工处理（如杀菌、浓缩、干燥等），减少了成品的体积和重量，防止微生物在乳品中繁殖，便于贮存和长途运输。而且通过对鲜乳加工，既能长期贮存，保持鲜乳的营养成分，又可满足人们对不同乳制品的需要。

传统的乳品加工方法采用手工操作，生产率低，劳动强度大，而且卫生条件差，产品的质量很难保证。而采用机械化连续作业，既减轻了劳动强度，提高了生产率，也使乳制品的质量有了很大的提高；既保持了乳制品的色、香、味，又不破坏乳制品的营养成分；既保证了卫生条件，又使原料得到充分利用。

乳品加工机械与设备按加工的产品可分为消毒乳、发酵乳、炼乳、乳粉和奶油生产机械与设备；按加工的设备分为净乳机械、分离机械、杀菌设备、发酵设备、浓缩设备、均质机械、干燥设备、奶油制造机以及输送设备等。

消毒乳又称杀菌乳，是鲜乳经过净化、均质、杀菌、无菌包装后直接供消费者饮用的商品乳。它可在常温下保存较长时间。消毒乳的加工设备有净化机械、均质机械、杀菌设备及无菌包装机械等。

发酵乳前期生产机械与设备与消毒乳相同，它是把杀菌后的乳品冷却、接种，然后在发酵罐内发酵（也可以装入包装容器以后再发酵），最后用包装机械包装制成发酵乳制品。

乳粉生产设备包括净化机械、杀菌设备、均质机械、浓缩设备、干燥设备、乳粉包装机械及速溶乳粉生产设备等。

炼乳可以看做乳粉生产的中间产品，其生产设备与乳粉生产设备基本相同，它是在把乳品浓缩到要求的浓度后，直接进行包装即为炼乳制品。

奶油制造设备包括奶油分离机械、稀奶油杀菌设备、中和设备、搅拌机械、压练设备、奶油包装设备及奶油连续制造机等。

在乳品加工生产过程中，为了使产品符合食品卫生要求，对加工设备需要经常清洗消毒。因此，乳品加工设备要求构造简单、拆卸方便、便于清洗消毒、使用维护容易。凡与乳或乳制品直接接触的部件，都应采用不锈钢或铜、铝制造。在乳品加工中应尽可能采用机械化连续生产方式，尽量减少乳及乳制品与空气的接触次数，以减少污染的概率，保证卫生条件，提高乳制品的质量，保持鲜乳的风味。

乳制品加工中所用的输送机械、杀菌设备、浓缩设备、干燥设备以及包装机械等，可参看第一至五章有关内容，本章介绍乳制品加工中所用的其他机械与设备。

第二节 奶油制造机械与设备

奶油的制造方法有间歇法和连续法两种，其生产流程与设备如图10-1和图10-2所示。间歇法适宜于小规模生产，大型乳品厂采用连续法生产更为经济合理。两者生产过程基本相同，只是采用的设备有所区别。常用的设备有分离机、中和设备、杀菌设备、搅拌机械和奶油制造机械等。

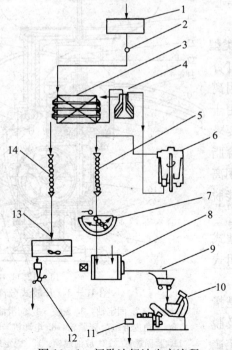

图10-1 间歇法奶油生产流程

1.乳槽 2.奶泵 3.热交换器 4.离心分离机 5.稀奶油冷却器 6.稀奶油杀菌器 7.成熟槽
8.搅拌机 9.奶油车 10.奶油包装机 11.成品包装箱 12.奶泵 13.脱脂乳贮槽 14.脱脂乳冷却器

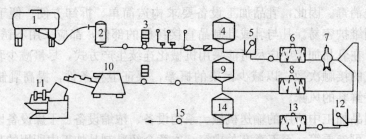

图 10 - 2　连续法奶油生产流程

1. 乳槽车　2. 空气消减器　3. 计量器　4. 鲜乳贮槽　5. 平衡槽　6. 热交换器　7. 分离机
8. 稀奶油热交换器　9. 稀奶油贮存槽　10. 连续奶油制造机　11. 自动包装机
12. 脱脂乳平衡槽　13. 热交换器　14. 脱脂乳贮存槽　15. 奶泵

一、奶油分离机

把鲜乳分成稀奶油和脱脂乳的过程称为乳的分离，分离所用的机械称为奶油分离机。由于奶油分离机均采用离心法分离奶油，故也称为离心分离机。

（一）分离机的类型

分离机按用途可分为普通分离机和多用离心机。普通分离机用于分离乳中的脂肪球，要求分离后的脱脂乳中含脂率不高于 0.02%；多用离心机是一机多用，既能脱脂，又能净化和标准化。

分离机按结构型式分为开放式、半封闭式和封闭式三种。

开放式分离机是指乳的进入和稀奶油及脱脂乳的出口都是在无遮盖的情况下进行工作的，如图 10 - 3 所示。

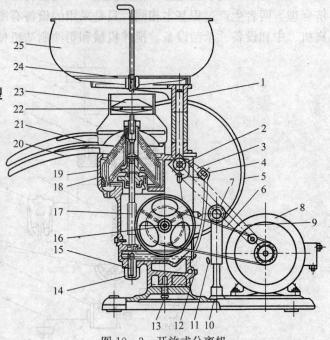

图 10 - 3　开放式分离机

1. 支架　2. 固定轴　3. 盖板　4. 润滑油注入口　5. 保护罩
6. 三角皮带　7. 张紧轮　8. 电动机　9. 连杆　10. 底座
11. 紧固螺钉　12. 放油螺栓　13. 固定螺栓　14. 止动螺母
15. 调整螺杆　16. 蜗轮轴　17. 蜗杆　18. 分离钵　19. 机座
20. 脱脂乳输出管　21. 稀奶油输出管　22. 浮子室　23. 浮子
24. 开关　25. 受乳器

开放式分离机在分离时有空气进入，特别是在温度稍高时会产生许多泡沫。一般采用手摇或电动机传动。手摇分离机的生产能力为 60～100 L/h，电动机传动的分离机生产率为 1 000～5 000 L/h。

半封闭式分离机如图 10-4 所示，鲜乳进口是开放式，鲜乳依靠重力进料。脱脂乳在离心机产生的压力下封闭出料。稀奶油出口有开放式，也有封闭式。半封闭式分离机在脱脂乳排出口之前安装有固定不转的压力盘。乳在分离钵内形成高速旋转运动，并通过压力盘把旋转动能转换为压力能，使脱脂乳能在压力作用下从分离钵中排出，并且几乎没有泡沫。其生产能力为 1 000～5 000 L/h。

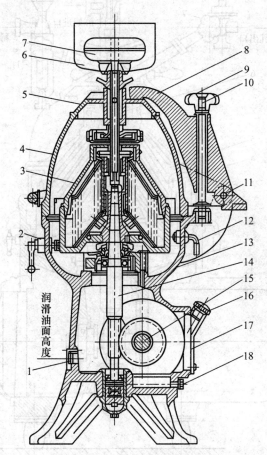

图 10-4　半封闭式分离机

1. 检查窗　2、12. 制动器　3. 分离钵　4. 罩壳　5. 稀奶油出口管　6. 浮子室
7. 浮子　8. 压紧装置　9. 手柄　10. 螺杆　11. 轴　13. 机座　14. 分离机轴
15. 蜗轮轴　16. 润滑油注入口　17. 机座　18. 放油螺栓

　　封闭式分离机如图10-5所示，乳的进口、脱脂乳和稀奶油的出口都是封闭的，没有空气进入到脱脂乳和稀奶油中去，具有无泡沫的特点。乳进入时应具有 49～147 kPa 的压力，故乳需通过奶泵输入。其生产能力为3 500～10 000 L/h。

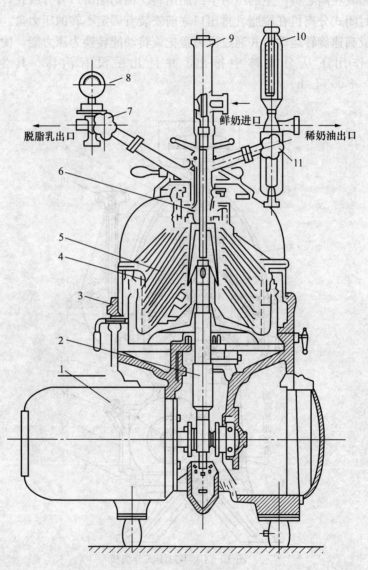

图10-5　封闭式分离机

1.电动机　2.分离机轴　3.机座　4.分离钵　5.分离碟片　6.压力盘
7、11.针阀　8.压力表　9.流量控制器　10.奶油流量计

（二）分离机的构造

分离机的类型虽然不同，但其分离原理和构造基本是相同的，一般都是由传动装置、分离钵、容器和机架等组成。

1. 传动装置　传动装置的功用是将电动机的动力传递给分离钵。分离机的传动装置由两级增速装置组成。第一级为皮带增速传动，它将电动机的动力传递给蜗轮。第二级为蜗轮蜗杆增速传动，通过蜗轮蜗杆把动力传递给分离钵，使分离钵以 6 000～7 000 r/min 的转速作高速旋转。

2. 分离钵　分离钵的功用是使乳分离成稀奶油和脱脂乳。它是分离机的主要工作部件，其构造如图 10 - 6 所示。

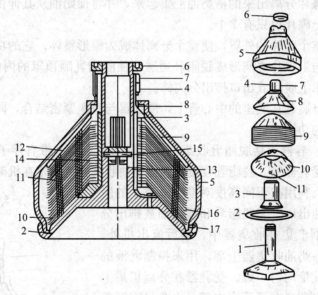

图 10 - 6　分离钵

1. 带底座中心管　2. 橡胶垫圈　3. 碟片支柱　4. 板条　5. 分离钵顶罩　6. 锁紧螺母
7. 稀奶油调节栓　8. 上碟片　9. 中碟片　10. 下碟片　11、16. 凸台　12. 脱脂乳通道
13. 底座　14. 销轴　15. 底板销　17. 顶罩销

分离钵底座是整个分离钵的支持部分，中心管是乳的进入通道。当乳进入分离钵时，即由此中心管向下流入分离碟片中。

橡胶垫圈安装在底座上面的沟槽内，当旋紧分离钵锁紧螺母时，在顶罩与底座之间起密封作用。

碟片支柱的功用是支持和固定分离碟片。其外圆柱面带有数条沟槽，套在中心管的外面。有些分离机的支柱与底座中心管连在一起，不能取下。

碟片的功用是带动乳液高速旋转，并将乳液分离成稀奶油和脱脂乳。碟片有上碟片、中碟片和下碟片之分。

中碟片上表面有 3 个小凸台，使碟片和碟片之间形成 0.3～0.45 mm 的间距，不致紧贴。每个碟片上都有 3 个孔，使稀奶油通过。不同的分离机，中碟片的数目不同。中碟片的数目越多，分离效果越好，分离能力也越大，但需要的功率也越大。

下碟片只有 1 个，外形与中碟片完全一样，惟一的区别是在碟片内表面也有 3 个凸台，使下碟片与底座之间也有一定的间距，而中碟片只在上表面有 3 个凸台。安装时应注意，不能装错。

上碟片的外形和功用与其他碟片不同，在它上面没有稀奶油通过孔。它的功用是将从碟片分离出来的稀奶油汇集起来，并将稀奶油从其伸长部的出口排出分离钵。上碟片也只有 1 个。

顶罩是整个碟片的外罩，使整个分离钵成为锥形整体。它的功用是密封分离碟片，并与上碟片之间形成脱脂乳通道，使脱脂乳顺顶罩的内侧向上流动，最后通过顶罩上脱脂乳出口排出分离钵。

锁紧螺母旋装在底座的中心管上，使顶罩与底座紧密结合，同时也有稳固整个分离钵的功用。

3. 容器　容器包括脱脂乳收集器、稀奶油收集器、带有浮子的浮子室和装有开关的受乳器等。脱脂乳收集器和稀奶油收集器都固定在机架上，罩住了整个分离钵，利用其不同高度对准分离钵上的脱脂乳和稀奶油出口。当脱脂乳和稀奶油被排出分离机后，分别汇集在收集器中，最后流出机外。浮子室装在稀奶油收集器上部，用来控制乳液的液面，使进乳量均匀一致。受乳器在分离机最上部，其底部出乳口在浮子室中部。出乳口有调节开关，可以调节乳的流量。

4. 机架　机架是整个分离机的支持部分，所有机件及受乳器都安装在它的上面。机架有卧式和立式两种。立式的可安装在平地上使用，而卧式必须用螺栓固定在平台或桌面上使用。大型分离机基本都是立式机架。

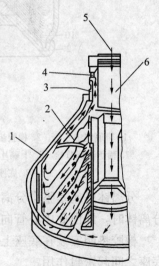

图 10-7　分离机的工作原理
1. 分离钵顶罩　2. 分离碟片
3. 脱脂乳出口　4. 稀奶油出口
5. 乳液进口　6. 中心管

（三）分离机的工作原理

分离机的工作原理如图 10-7 所示。工作时，电动机通过传动机构带动分离钵高速旋转，原料乳从分离钵上部进入分离钵，并向下流动，而后经碟片上的通孔从下而上上升充满各碟片之间。当分离钵高速旋转时，带动碟片间的乳液旋转，使进入碟片中的乳液在碟片之间形成一层薄膜。在离心力作用下，碟片间密度小的脂肪球流向旋转轴，密度大的脱脂乳沿碟片向四周流动，机械杂质则沉淀在分离钵周围的壁上。分离后的脱脂乳沿上碟片外面流动，而稀奶油则沿上碟片的内面流动。由于鲜乳不断流入分离钵中，将分离的稀奶油和脱脂乳压出分离钵，通过收集器收集，分别流出分离机。

（四）分离机的使用维护与调整

1. **分离机的安装**　因分离机运转速度高，必须有坚实的基础，基础螺栓应深入地面以下 10～30 cm。分离机主轴应垂直于水平面，各部件应精确安装。必要时，在地脚处配置橡皮圈，起缓冲作用。

试车时先以清水代替乳液，不能开空车，避免机内零件受到影响。试车前先检查高速运转时是否产生震动和有无异常声音，其次检查是否有漏水现象。如发现上述不正常现象，应立即进行校正。

用水试车合乎要求后，再用乳液试车，并抽样检查脱脂乳的含脂率，合格后方可投入使用。

2. **分离机的使用操作**　使用前按说明书的要求加足润滑油，蜗轮室内的润滑油每三个月更换一次。

开机前必须检查传动机构及紧固件是否松动，转动方向是否正确，不允许反转，以防损坏机件。分离机启动后，当转速达到正常转速时，方可打开进乳口进行分离。

为了获得较好的分离效果，在分离前，一般都要对鲜乳进行预热。

封闭式分离机在启动和停车时，要用水代替鲜乳。在分离 2～3 min 后，取样鉴定分离性能，必要时应调整。每工作 2～4 h，应清洗一次分离机中的乳泥和杂质。

操作结束后，对直接与乳液接触的部件，应立即拆卸并用 0.5% 的碱水清洗，然后用 90 ℃ 以上的热水清洗消毒，最后擦干，以备下次使用。

3. **分离钵清洗后的安装**　分离钵的拆装工作应谨慎细心。拆洗后必须把分离钵的机件由底部向上按顺序逐一安装，切勿装错。分离钵体中有安装碟片的碟片支柱，在支柱上最多可套装 100 多片碟片。碟片上有编号，要按编号顺序安装。然后把离心钵顶罩安装在碟片上面，插好左右长锁，最后装上脱脂乳和稀奶油出口管。

4. **稀奶油含脂率的调整**　在分离机稀奶油出口处，有调节螺钉，可以调整稀奶油的含脂率。螺钉顺时针旋入，稀奶油回转内侧半径减小，可得到含脂率高、密度小的稀奶油；反之逆时针旋出，增大了稀奶油内侧的回转半径，则得到含脂率低、密度大的稀奶油。

二、搅 拌 器

物理成熟后的稀奶油在适当的温度下，利用机械冲击破坏脂肪球膜，使乳脂肪互相沾合而形成奶油颗粒，同时奶油中的酪乳也得到充分的分离，这一过程就称为"搅拌"，而相应的机械称为搅拌器。搅拌器有木质与不锈钢两种类型。

（一）不锈钢搅拌器

不锈钢制成的搅拌器常见的有四方形和圆锥形两种，如图10-8和图10-9所示。

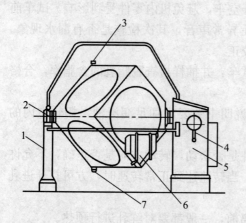

图 10-8　四方形搅拌器

1. 机架　2. 轴承　3、7. 旋塞　4. 调速手柄

5. 电动机及变速器　6. 进、出料门

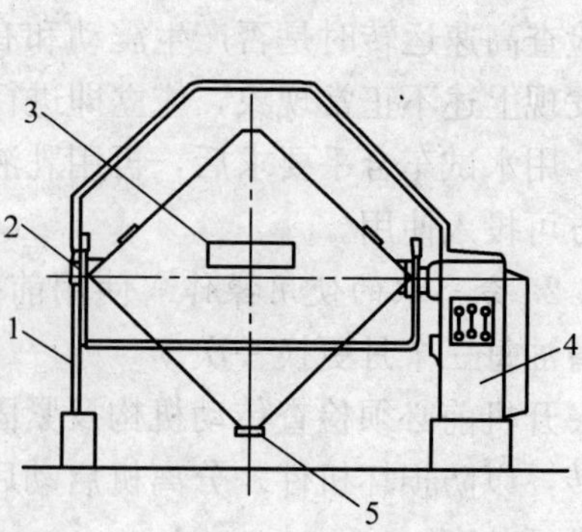

图 10-9　圆锥形搅拌器

1. 机架　2. 轴承　3. 观察孔

4. 电动机及变速器　5. 旋塞

不锈钢搅拌器装有转轴，两端用轴承支承。为了增加器壁与奶油间的摩擦力及改善奶油对壁面的黏着力，内壁经喷砂处理，使其毛糙。外壁经过抛光，表面光滑，便于清洗。搅拌器上有一进、出料的小门，门的四周用橡胶垫圈密封。在搅拌器顶角处有一排除酪乳和洗涤水的旋塞，并附有排气孔。器壁装有玻璃观察孔，可观察奶油在搅拌时的成熟情况。由于不锈钢传热快，在搅拌器上装有淋水器，可根据季节及室内温度调节稀奶油的搅拌温度。

搅拌器旋转时，稀奶油在搅拌器内由上而下以对角相撞，起搅拌和压练作用。搅拌器的转速由无级变速器调节。在正常情况下搅拌时转速为 45 r/min，压练时转速为 10 r/min。每次可投料约 150 kg 稀奶油。不锈钢搅拌器的最大优点是便于清洗与消毒。

（二）搅拌器的使用维护

1. 清洗消毒　搅拌器在使用前必须进行杀菌，可用沸水 150 kg 杀菌 10 min。对于新木质搅拌器，应先用冷水浸泡，以排除木料所产生的气味和使木料膨胀。每次工作结束后，也应对搅拌器进行彻底清洗、消毒。

2. 搅拌参数选取　装料时，稀奶油以装满搅拌器 1/3～1/2 为宜。过多或过少都会延长搅拌时间。在搅拌和压练时，要选择合适的搅拌转速和压练转速。转速过高时，离心力大，稀奶油附着在器壁上旋转，不能起到搅拌的作用。

3. 使用维护　搅拌时应经常观察稀奶油透明度的变化，防止造成搅拌过度或不足。搅拌时间一般不超过 45 min。对传动机构，定期进行润滑和保养。

三、奶油制造机

奶油制造机又称为摔油机，主要是对奶油进行轧练，将奶油粒轧练成奶油层。它的目的是使奶油粒变为组织致密的奶油层，使水滴分布均匀，食盐全部溶解并均匀分布于奶油中，同时调节水分含量。

奶油制造机分为有轧辊摔油机和无轧辊摔油机两种。无轧辊摔油机与不锈钢搅拌器完全相同。

带轧辊的摔油机主要由搅拌桶、轧辊和传动机构组成。搅拌桶用来盛装稀奶油。轧辊安装在搅拌桶内，轧辊在搅拌桶内的安装方式有两种：一种是带固定轧辊的摔油机；另一种是临时插入的，轧辊安装在单独的托架上，在工作时可把此托架安装到搅拌桶中，称为带活动轧辊式摔油机。轧辊可以安装 1 对，也可以安装 2 对或 3 对，如图 10 - 10 所示。轧辊数量多，轧炼强度大。只有 1 对轧辊时，轧辊安装在搅拌桶中部，并在搅拌桶内装有挡板，将奶油引向轧辊。

工作时，电动机带动轧辊和搅拌桶不断旋转，使脂肪球受到搅拌和碰撞作用，在碰到轧辊时又使刚分离出来的奶油颗粒受到轧练作用。在搅拌桶侧壁有奶油出口，另一端有观察镜，可观察内部操作的全过程。在机身上还有酪乳排出孔及排气孔。

传动机构可使摔油机以不同的转速旋转，转速不宜过快或过慢。转速高时产生离心力较大，使脂肪球全碰撞于壁上，搅拌作用少；但转速过慢时，脂肪沉落于底部，也不能充分搅拌。在旋转时要求稀奶油产生的离心力略小于本身重力。

搅拌桶内稀奶油放入量应适宜：过多时脂肪球由上往下落的机会少，搅拌和碰撞机会也少；过少时，容易附着在壁上，也会减少搅拌和压练效果。一般

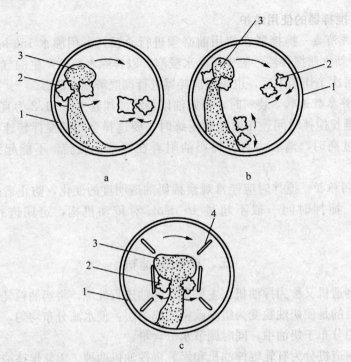

图 10-10　轧棍类型及工作状况

a. 安装 2 对轧棍的搅拌桶　b. 安装 3 对轧棍的搅拌桶　c. 安装 1 对轧棍及挡板的搅拌桶

1. 搅拌桶　2. 轧辊　3. 奶油颗粒　4. 挡板

以占容积的 40％～50％为宜。

摔油机的使用维护可参看搅拌机使用维护。

四、连续式奶油制造机

在奶油生产中，为了节约时间、节省设备、减轻劳动强度、提高生产率、保证奶油质量稳定，在大规模生产奶油时多采用连续式奶油制造机。连续式奶油制造机有搅拌式和分离式两种类型。

连续式奶油制造机因连续生产、奶油均匀一致、质量稳定，减少了设备投资，避免了成熟过程中微生物的污染，机械化、自动化程度高，可使奶油从制造到包装完全自动化。但连续式生产的奶油中空气和蛋白质含量较高，不宜久藏，且其香味和滋味不如酸性奶油好。

（一）搅拌式连续奶油制造机构造

搅拌式连续奶油制造机主要由搅拌器、稀奶油调节圆盘、轧练器、电动机及机架等组成，如图 10-11 所示。卧式水平圆筒搅拌器位于制造机上部，有

4个搅拌桨叶，转速为 2 800 r/min。搅拌桨叶紧贴筒壁，间隙为 0.2 mm 左右。它的功用是借助强烈的搅拌和离心力破坏稀奶油的脂肪球膜，并使脂肪球互相凝结在一起，从而使稀奶油中的奶油颗粒与酪乳分开。在圆筒形搅拌器外面有冷却夹套，中间通冷盐水或冰水冷却。其目的是使凝结后的奶油颗粒由液态变为结晶，易于成型。

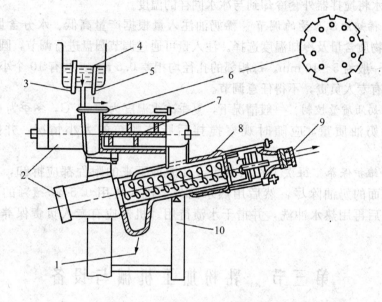

图 10 - 11　搅拌式连续奶油制造机

1. 酪乳排出口　2. 电动机　3. 稀奶油进入管　4. 稀奶油槽　5. 溢流管
6. 调节盘　7. 搅拌器　8. 压练器　9. 黄油出口　10. 机架

倾斜状的圆筒式螺旋压练器转速为 51 r/min，对从搅拌器送来的奶油颗粒进行压练，使奶油成型，可以直接包装。压练器的倾斜度为 10°左右。在制造机上部装有稀奶油调节圆盘，可以调节稀奶油流入量，以控制从压练器输送出来奶油（黄油）的水分。流量大则水分高，反之则水分低。调节圆盘是一个具有数种不同孔径的旋转圆盘，使圆盘某一圆孔对准稀奶油入口，就可得到相应的流量。

（二）搅拌式连续奶油制造机工作原理

工作时，含脂率为 45%～50% 的稀奶油由稀奶油槽送入搅拌器。稀奶油在搅拌器中以 20 m/s 的速度在圆筒面上流动产生摩擦力，并在搅拌器旋转桨叶不断强烈地搅拌下，把细小的奶油颗粒甩到筒壁上。奶油在筒壁上又因冷却作用生成结晶而引起相态的变化，形成奶油颗粒，并流入压练器。进入压练器的奶油颗粒在螺旋的压练下，形成块状奶油，从顶端成带状挤出。酪乳则自下端排出。

（三）奶油连续制造机的使用维护

1. 使用前的准备　使用前应将所有工作部件安装完备，先用沸水通过泵冲洗 10～15 min 或用含有效氯 500～600 mg/kg 的漂白粉水冲洗。稍待 2～3 min 后，再用沸水以同样方法冲洗一次，冲掉漂白粉。最后冷却到 50～60 ℃，再用冰水将搅拌器外套冷却到与冰水同样的温度。

2. 稀奶油注入量的调节　稀奶油注入量根据产量高低、水分含量多少、非脂干物质含量及冷却温度选择。注入量可通过调节圆盘进行调节，圆盘小孔的孔径一般为 5～10 mm，每相邻的孔径均相差 0.5 mm，共有 10 个小孔。调节器应有专人负责，不得任意调节。

3. 奶油质量控制　一般情况下，夏季冰水温度为 2～3 ℃，冬季为 4～5 ℃。为保证奶油质量，应随时观察搅拌后脂肪颗粒的大小情况，并随时抽样检验。

4. 维护保养　每次工作结束后，凡能拆下来的附件都应拆卸，并将粘附在上面的奶油除尽，然后用热水内外清洗，再用 0.5%～1% 的碱水刷洗，最后再用热水冲洗，并揩干水渍待用。机器应有专人负责保养和定期维修。

第三节　乳粉加工机械与设备

乳粉的生产方法有冷冻法和加热法。冷冻法由于生产成本高，仍然处于试验阶段，未普遍推广。目前国内外生产乳粉大多采用加热法。按照加热的方式不同可分为平锅法、滚筒法和喷雾法三种。

喷雾法是借助于压力或离心力的作用，使预先浓缩的乳液在特制的干燥室内喷成雾滴，同时用热空气干燥成粉末。喷雾法生产的乳粉质量高，具有较好的溶解性，又便于连续化和自动化生产，故被广泛采用。喷雾法生产工艺流程及主要加工设备如图 10-12 所示。

一、离心净乳机

净乳机的功用是除去乳中极微小的机械杂质和细菌细胞。离心净乳机与奶油分离机工作原理相同，仅在结构上略有不同。

离心净乳机如图 10-13 所示，其结构与奶油分离机大体相同。不同之处为净乳机的碟片上没有孔，碟片间的距离较大，碟片外的沉渣容积也较大，上部没有分离碟片。

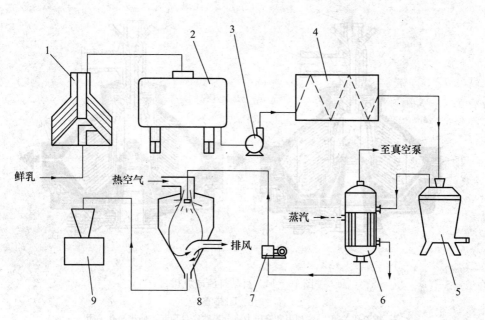

图 10-12　乳粉生产工艺流程
1. 离心净乳机　2. 贮槽　3. 奶泵　4. 热交换器　5. 离心均质机
6. 真空浓缩装置　7. 高压奶泵　8. 喷雾干燥塔　9. 乳粉包装机

现代化乳品厂多采用自动排渣净乳机，如图 10-14 所示。正常工作时，排渣孔因进来鲜乳的压力使分离底盘向上顶起而关闭。当工作一定时间后，分离转鼓内沉积一定数量的沉渣。这时停止进料，解除了鲜乳对底盘的压力，分离钵底盘下降，自动打开排渣孔。因机器仍在旋转，在离心力作用下，将沉渣自动排出。这一过程可人工调节，也可自动控制。

工作时，分离钵高速旋转，乳在分离钵内受到强大的离心力作用，将大量的机械杂质和细菌细胞甩到分离钵周围的壁上。乳被净化后，从顶部流出。

净乳机的使用维护可参看奶油分离机使用维护。

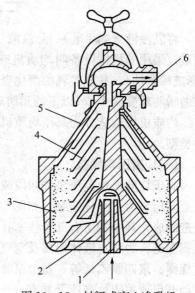

图 10-13　封闭式离心净乳机
1. 鲜乳进入口　2. 底座　3. 沉渣室
4. 碟片　5. 外罩　6. 净乳出口

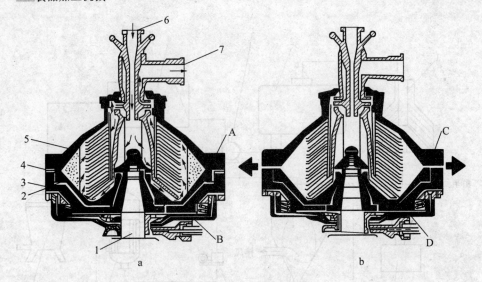

图 10 - 14　自动排渣净乳机

a. 净化　b. 排渣

A. 排渣孔关闭　B. 利用乳液压力将分离钵底盘顶起，使排渣孔关闭

C. 排渣孔打开　D. 解除乳液对底盘压力，排渣孔打开排出沉积在分离钵内的淤渣

1. 净乳机轴　2. 压力乳通道　3. 分离底盘　4. 排渣口　5. 外罩　6. 鲜乳入口　7. 净乳出口

二、均质机械

将乳浊液（如牛乳）、悬浊液（如果汁）进行边破碎、边混合的过程称为均质，采用的机械设备叫均质机或胶体磨。均质是为了防止脂肪球上浮分离（形成稀奶油），并改善乳的消化吸收程度。牛乳通过均质处理，能使 $3\ \mu m$ 左右的脂肪球变成 $1\ \mu m$ 以下的脂肪球，而且均质压力越高，脂肪球越小。

均质机按构造分为高压均质机、离心均质机、胶体磨和超声波均质机等四种类型。

（一）高压均质机

高压均质机由高压泵和两段或三段均质阀头组成。

高压泵为三缸柱塞泵，如图 10 - 15 所示。泵体形状为长方形，用不锈钢锻造制成，其中加工有三个柱塞孔，并配有柱塞及阀门。柱塞为圆柱形，用不锈钢制造。为防止液体泄漏及空气渗入，采用填料密封，其材料可采用皮革、石棉绳、聚四氟乙烯等。每个泵腔有一个进料阀和出料阀，在液体压力作用下自动开启或关闭。高压泵共有 6 个阀门，其中 3 个进料阀门，3 个出料阀门。在料液的排出口装有安全阀，当压力过高时，可使料液回流到进料口。

均质阀装在高压泵的料液排出口，如图 10 - 16 所示为一两段均质阀。两段均质阀主要由两个调压阀柄、调压弹簧、均质柱塞及阀体等组成。通过调压阀柄可以调节均质压力大小。调压阀柄旋进，调压弹簧压力增大，均质压力增大；调压阀柄旋出，调压弹簧压力减小，均质压力减小。调压弹簧是通过调压阀柄对均质阀产生压力的。在均质柱塞与柱塞座之间形成很微小的缝隙，对乳液进行均质处理。均质柱塞及柱塞座采用钨、铬、钴等耐磨合金钢制造。

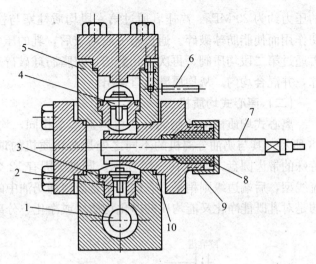

图 10-15　高压泵

1. 进料腔　2. 进料阀门　3. 阀门座　4. 出料阀门　5. 泵体
6. 冷却水管　7. 柱塞　8. 填料　9. 填料压盖　10. 密封垫

均质机均质过程如图 10-16 和图 10-17 所示，电动机通过传动机构带动柱塞往复运动，把乳液吸入泵腔，加压后从出料阀门排入均质阀中。这时乳液

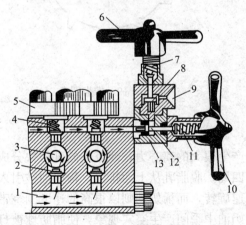

图 10-16　两段均质机

1. 原料乳　2. 进料阀门　3. 高压泵柱塞
4. 出料阀门　5. 端盖　6. 第二段调压阀柄
7、11. 调压弹簧　8. 第二段均质柱塞
9. 均质乳出口　10. 第一段调压阀柄
12. 第一段均质柱塞　13. 均质阀体

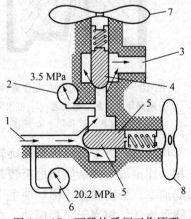

图 10-17　两段均质阀工作原理

1. 高压乳　2、6. 压力表
3. 均质乳出口　4. 第二段均质柱塞
5. 第一段均质柱塞
7. 第一级调节阀柄
8. 第二级调节阀柄

的压力约为 20 MPa。高压乳通过第一段均质柱塞与柱塞座间的缝隙,产生剪切作用而使脂肪球破碎。通过第一段均质后,乳的压力下降到 3.5 MPa 左右,再通过第二段均质阀,再次受到剪切,使脂肪球破碎,形成 1 μm 以下的脂肪球,并混合均匀,从均质乳出口排出。

(二) 离心式均质机

离心式均质机与稀奶油分离机构造基本相同,均质机的分离钵如图 10 - 18 所示。其与奶油分离机的不同之处是在均质机的顶部稀奶油室中,装有一特殊的带齿圆盘,如图 10 - 19 所示。圆盘圆周有 12 个尖齿,齿的前端边缘呈流线型,后端边缘则稍平,它的功用是破碎稀奶油中的脂肪球。目前使用较多的是对乳既能净化又能均质的净化均质机或净化、分离、均质三用离心机。

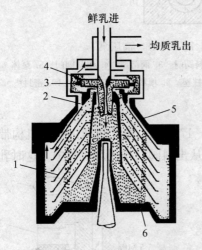

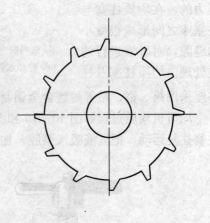

图 10 - 18　离心式均质机分离钵
1. 分离碟片　2. 脱脂乳通道　3. 带齿圆盘
4. 稀奶油室　5. 顶罩　6. 底座

图 10 - 19　带齿圆盘

均质时,由于分离机高速旋转,产生很大的离心力,使流入的乳很快分成三相。比重最大的杂质被甩至转鼓的四周,脱脂乳从上面排出,稀奶油被引入稀奶油室。带齿圆盘在稀奶油室中高速旋转,而稀奶油则以很高的速度围绕带齿圆盘旋转,相当于高频振动,在稀奶油中瞬间产生空穴现象,使脂肪球被打碎。均质后的稀奶油流出稀奶油室,与脱脂乳混合后流出均质机。当脂肪球被打碎的程度未达到要求时,可以再流回到稀奶油室作进一步的破碎。

(三) 胶体磨

胶体磨是一种超微湿粉碎加工设备,可以获得理想的混合、均质、乳化和磨细效果。胶体磨构造比较简单,操作方便,容易清洗,但耗能大。胶体磨转速高，要求动磨盘平衡性好。它适用于乳品、果汁等各种乳液、膏状物和含有一定液体的高黏度物料的加工。

胶体磨有立式胶体磨和卧式胶体磨。立式胶体磨使用较多。

胶体磨主要由料斗、定磨盘、动磨盘和传动机构等组成，如图 10 - 20 所示。电动机通过联轴器直接与动磨盘轴连接或通过增速机构与动磨盘轴连接，带动动磨盘高速旋转。定磨盘和动磨盘上均有磨齿，它的功用是均质物料。定、动磨盘之间的间隙为 0.05～1.5 mm。动磨盘为一圆锥体，定磨盘内腔也为圆锥形，锥度 1∶2.5 左右，均由不锈钢制造。

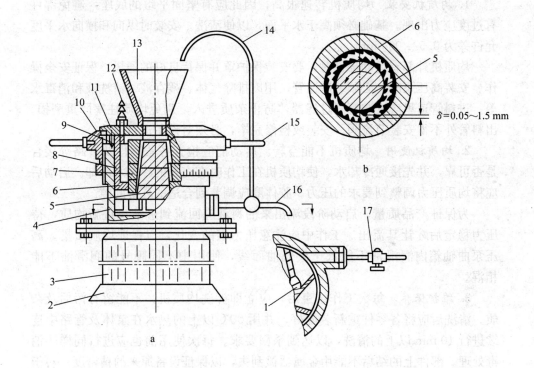

图 10 - 20　立式胶体磨

a. 胶体磨　b. 磨盘组件

1. 出料叶轮　2. 机座　3. 电动机　4. 壳体　5. 动磨盘　6. 固定磨套　7. 定磨盘
8. 密封圈　9. 限位螺钉　10. 调节环　11. 盖板　12. 冷却水管　13. 进料斗
14. 循环管　15. 调节手柄　16. 出料管　17. 三通阀

定、动磨盘磨齿的斜度方向不同，并形成环形间隙。环形间隙可在 0.05～1.5 mm 之间任意调节。调节时转动调节手柄，通过调节环带动定磨盘上下移动，即可改变环形间隙大小。最小环形间隙通过限位螺钉限制，当定磨盘碰到限位螺钉时，便不能再移动，可防止定、动磨盘碰撞而损坏。

工作时，动磨盘以 3 000～15 000 r/min 的转速高速旋转，料液从料斗轴向进入胶体磨定、动磨盘之间。在定、动磨盘形成的环形间隙之间，料液受到磨齿的剪切、挤压和冲击等复合作用，使物料破碎并混合均匀，达到均质的目的。均质后的料液由出料叶轮排出机外。

在胶体磨出料管装有三通阀，当均质料液未达到均质要求时，可通过三通阀上的阀门将料液送进料斗，重新均质。

（四）均质机使用维护

1. **均质机安装** 均质机转速很高，因此应有坚固平坦的底座，避免部件有过度应力出现。基础必须高于水平面，以便清洗。安装时纵向和横向水平度允许差为 0.5/1 000 mm。

均质机外部有运动部件时，要安装保护罩并保持良好的通风，保证安全操作。安装高压泵时，必须装旁通管，用以排除气体、残存液、清洗液和消毒水等。进料管道里应安装管间过滤器，防止杂质进入，避免均质柱塞严重磨损。出料管外不得安装节流阀。安装或检修完毕，必须对设备进行清洗。

2. **均质机使用** 均质机不能空转。启动前应检查各紧固件及管路等接合是否可靠，并先接通冷却水，使均质机在工作时有充分的冷却水冷却。启动后应将均质压力调整到要求的压力。胶体磨应调节到合适的环形间隙。

为保证产品质量，启动阶段流出来的料液应回流到进液口重新均质，待压力稳定后才让其流出。工作中应注意压力表的变化，以保证均质质量。高压泵曲轴箱内润滑油不能低于最低油面线，使用中不同牌号的润滑油不能相混。

3. **维护保养** 每次工作结束后，应立即拆洗均质机，不能留有污垢及杂质。清洗后应将各零件重新装配好，并用 90℃ 以上的热水在泵体及管路中连续进行 10 min 以上的清洗，以达到杀菌要求。每次使用前也应进行同样的消毒处理。部件上的结垢不能用金属器械刮去，以保证设备原来的精密度。对于柱塞泵外围的垫料不应调整得过紧，以不流出料液即可。

在使用中，如进、出料阀门与阀门座接触不良，就得不到预定的压力或压力表指针发生剧烈的跳动。检查时如发现接触面有毛口、磨纹，应用细号金刚砂进行研磨。泵体部分的垫片如需调换时，其厚度变化不能太大。高压泵曲轴箱内的润滑油应定期更换。

三、乳粉生产线简介

在乳粉生产中，各种设备并不是独立工作的，而是通过输送设备把各种设备有机地联系在一起，组成按照一定的程序和过程配合工作的成套设备，形成生产流水线。图 10－21 为一连续工作的乳粉喷雾干燥设备。

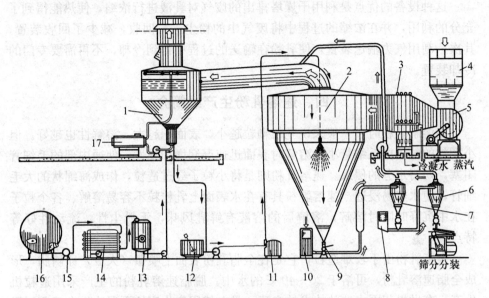

图 10－21　乳粉加工成套设备

1. 液体收集器　2. 喷雾塔　3. 空气加热器　4、8、10. 空气过滤器　5. 风机
6、7. 离心分离器　9. 星形阀　11. 高压泵　12. 平衡槽　13. 杀菌罐
14、17. 热交换器　15. 离心泵　16. 贮罐

→实心箭头指示乳液和乳粉的运送方向　⇒空心箭头指示气流流动方向

乳液通过泵送入加热器和杀菌罐杀菌后，再送入加热器进行加热。加热的乳液从液体收集器上部喷出，由干燥塔排出的废气蒸发掉一部分水分浓缩，并将废气中的粉尘吸附，从液体收集器流入平衡槽。

乳液经高压泵加压后，送入喷雾塔中喷雾。喷雾塔为垂直下降并流型。塔中热空气是由风机从空气过滤器中吸入的干净空气，再压送出去，通过加热器使空气温度升高到 130 ℃，沿切线方向吹入喷雾塔中。乳液通过喷头雾化成细小的雾滴，喷入热空气中。雾滴在热空气中迅速蒸发，干燥成粉末，沉降到喷雾塔底部。废气则从塔顶排出，并用于浓缩乳液，提高热能利用率。

喷雾塔内干燥的乳粉通过星形阀排入气力输送管道，使乳粉在输送中进行冷却。冷却的乳粉被送入第一级离心分离器内，使乳粉与空气分离。分离的乳粉再经第二级气力输送装置冷却后，送入另一离心分离器，使乳粉与空气分离。在输送的过程中，两次送入冷空气对乳粉进行冷却，使乳粉温度迅速降到常温。冷却后的乳粉送入振动筛经筛分后，送入自动包装机包装，最后制成瓶装或袋装商品乳粉，送入成品库，完成乳粉生产全过程。从离心分离排出的废气与干燥塔排出的废气混合，送到液体收集器浓缩乳液，被再次利用。

这种设备的优点是利用干燥塔排出的废气对乳液进行浓缩，使热能得到了充分的利用，并在浓缩的过程中将废气中的粉尘进行回收，减少了回收装置。其次，利用气力输送装置，使乳粉在输送的过程中得到冷却，不再需要专门的冷却装置。

四、速溶乳粉生产线简介

在溶解乳粉时，一般来说乳粉颗粒越小，表面积越大，溶解性也越好。但小颗粒的粒子内毛细管小，溶解时表面迅速湿润增加黏性，使通内部的毛细管闭塞，妨碍水分的侵入。速溶乳粉则是将小粒子经过造粒，作成海绵状的大毛细管，使水容易浸透。速溶乳粉具有在水表面上乳粉粒不容易溶解、各个粒子在水中沉降时同时溶解，溶解后的溶液有鲜乳风味，无粉尘性，流动性好等特点。

全脂乳粉由于较难造粒，它是在全脂乳粉表面上喷撒（大豆）卵磷脂，形成全脂速溶乳粉，可溶于 20～40 ℃的水中。脱脂速溶乳粉的生产采用造粒机生产。在世界范围内造粒技术的主流，是向使用流化床的再湿法或在喷雾干燥时直接造粒的直通式等造粒技术转移。现对目前使用的速溶乳粉生产线作一介绍。

（一）布劳—诺克斯法生产线

布劳—诺克斯法速溶乳粉生产流程如图 10 - 22 所示。将喷雾干燥制成的乳粉由进料斗送入输送管道内，通过气力输送装置将乳粉送入离心分离器，离心分离器将乳粉从输送气流中分离后，由星形阀排入造粒器内。在造粒器上部，由风机 1 向造粒器导入空气产生旋转涡流，使乳粉随气流作旋转运动。同时由风机 7 吹水蒸气，使乳粉粒子均匀含水量达到 6％～10％容易粘着。湿润的乳粉粒子在造粒器内冲突造粒，互相黏结，形成较大的乳粉颗粒，完成造粒过程。

完成造粒的乳粉颗粒从造粒器下部排入输送机上，由输送机将乳粉颗粒送入干燥器内干燥。干燥器为多层面式，由上到下逐层干燥。干燥后的乳粉颗粒由输送机送入筛分机筛分，将大小颗粒分开。特大乳粉颗粒经破碎机破碎后，与第一次筛分的小颗粒乳粉，一起送入分级机分级、包装，即为速溶乳粉成品。筛下的细小粉粒由气力输送装置送回造粒器重新造粒。

从造粒器和干燥器排出的空气，分别送入离心分离器，将空气中的粉粒分离出来。分离出的粉粒由气力输送装置送入造粒器中重新造粒，废气排入大气。

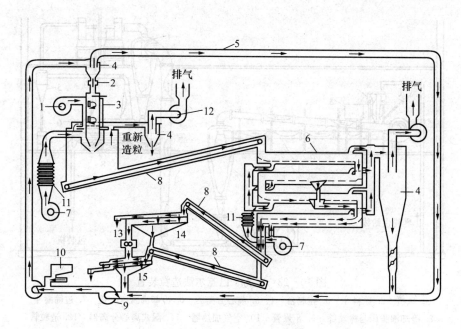

图 10-22 布劳—诺克斯法造粒装置

1、7. 风机 2. 星形阀 3. 造粒器 4. 分离器 5. 气流输送管 6. 干燥器 8. 输送机
9. 升压风机 10. 进料斗 11. 蒸汽蛇管 12. 排风机 13. 破碎辊 14. 上部筛 15. 下部筛

（二）车力—巴惹尔法生产线

车力—巴惹尔法速溶乳粉生产流程如图 10-23 所示。通过输送装置送入料斗内的乳粉，由压缩空气送入造粒管内，同时由蒸汽管道向造粒管内送入水蒸气加湿，使乳粉含水量达到 20%，使造粒管内的空气温度达到 65 ℃左右，使空气湿度几乎达到饱和湿度。造粒管长 9 m，饱和湿空气在管内的流速为 30 m/s。造粒管内的乳粉在饱和湿空气作用下，互相碰撞、黏结，形成较大的乳粉颗粒，完成造粒，造粒的时间约为 0.3 s。

在料斗下部的加湿管与造粒管上有观察孔，可以检查蒸汽流量、乳粉供给量、造粒程度等。造粒后的乳粉颗粒送入湿式离心分离器，从湿空气中分离出来，并由气力输送装置送入干燥管。干燥管内的空气是由空气加热器加热到 130 ℃后送入的，乳粉颗粒被干燥管内的热风干燥到规定的水分（3%～4%）。干燥后的乳粉颗粒经离心分离器分离后，送入沸腾冷却床冷却到常温，再用 20～80 目（200～800 μm）的振动筛进行筛分，筛下的乳粉即为速溶乳粉成品。从干燥管和沸腾冷却床排出的废气，送到粉尘回收装置，将细粉回收重新造粒。

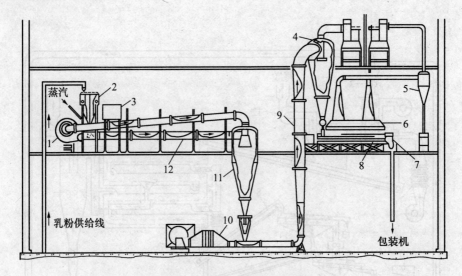

图 10 - 23　车力—巴惹尔法造粒装置

1. 风机　2. 原料斗　3. 控制台　4、5. 离心分离器　6. 冷却沸腾床上盖　7. 过筛漏斗
8. 冷却沸腾床与振动筛　9. 干燥管　10. 空气加热器　11. 湿式离心分离器　12. 造粒管

（三）膨胀干燥法生产线

膨胀干燥法生产线如图 10 - 24 所示，贮乳罐中的脱脂乳经输送泵送入杀菌器杀菌，然后在双效降膜式浓缩器中进行浓缩。在浓缩器中浓缩时间为 7～

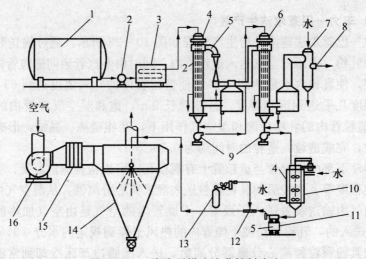

图 10 - 24　膨胀干燥速溶乳粉制造法

1. 贮罐　2、9. 离心奶泵　3. 杀菌器　4、6. 浓缩器　5. 蒸汽管　7. 冷凝器
8. 真空系统接口　10. 浓缩乳冷却器　11. 高压泵　12. 气体—浓缩乳混合器
13. 钢瓶　14. 干燥塔　15. 空气加热器　16. 离心风机

10 min，浓缩到约含固体浓度的 50％时，将浓缩乳送入冷却器中。在冷却器中将浓缩乳冷却到 33 ℃保温，在此温度下乳糖结晶最快，并析出 α 形结晶。然后用高压泵将结晶乳送入气体—浓缩乳混合器，使结晶乳与从钢瓶输送来的氮气混合后，送入喷雾干燥塔喷雾干燥。氮气与浓缩乳的混合比例为 1∶6。

干燥塔内的热风温度为 132 ℃，喷入干燥塔的雾滴在高温下，水分迅速蒸发。混入雾滴内的氮气在干燥塔内受热膨胀，并从雾滴内逸出，使干燥的乳粉颗粒变大，并在乳粉颗粒内形成许多毛细管。干燥的乳粉颗粒落入干燥塔底部，由星形阀排出干燥塔，冷却后即为速溶乳粉。

膨胀法生产的乳粉颗粒直径为一般乳粉的 2～3 倍，乳粉的填充密度为 370 kg/m³，水分为 3.6％。这种乳粉由于毛细管较多，对水的分散性、溶解性好，吸湿性极强，极易溶解。

·复习思考题·

1. 奶油分离机有哪几种类型？各有什么特点？分离机上碟片、中碟片、下碟片之间有什么区别？

2. 在奶油分离机上如何调整稀奶油的含脂率？

3. 乳粉生产的主要设备有哪些？

4. 离心净乳机与奶油分离机在结构上有什么区别？它是如何工作的？

5. 高压均质机由哪几部分组成？它是如何调整均质压力的？

实验实训一　离心分离机的使用、调整与维护

一、目的要求

通过实习，使学生熟悉离心分离机的构造，掌握离心分离机的正确使用和维护方法，并能正确调整稀奶油的含脂率。

二、设备与工具

1. 离心分离机 2 台。

2. 专用工具 2 套。

3. 鲜牛奶 40 kg。

三、实训内容和方法步骤

1. 清洗离心分离机，并进行消毒处理。

2. 接通分离机电源，并进行试运转。

3. 运转正常后，加入 10 kg 鲜乳，分离稀奶油。

4. 停机后，调整稀奶油调整螺钉。

5. 再加入 10 kg 鲜乳进行分离。

6. 对比两次分离的稀奶油的含脂率，分析稀奶油含脂率是否发生变化？

7. 将分离机拆卸，清洗分离机碟片和其余部件，并擦拭干净。

8. 待各零部件晾干后，将分离机装配好。

实验实训二　　均质机的使用、调整与维护

一、目的要求

通过实习，使学生熟悉均质机的构造，掌握均质机的正确使用和维护方法，并能正确调整均质机。

二、设备与工具

1. 高压均质机或胶体磨 2 台。

2. 专用工具 2 套。

3. 鲜牛奶 40 kg。

4. 显微镜 2 台。

三、实训内容和方法步骤

1. 清洗均质机，并进行消毒处理。

2. 接通均质机电源，连接好均质机水冷却管。开机进行试运转，检查各运动部件运转是否正常。

3. 运转正常后，加入 10 kg 鲜乳，进行均质。在显微镜下观察均质后的奶油颗粒与均质前的奶油颗粒变化情况。

4. 停机后，调整高压均质机的均质压力（变大或变小）或胶体磨的定、动磨盘间的间隙。

5. 再加入 10 kg 鲜乳进行均质。

6. 将未均质的奶油颗粒与两次均质的奶油颗粒在显微镜下对比，观察三种状态下奶油颗粒的变化情况，并得出均质物料颗粒与压力或间隙之间的关系。

7. 将均质机拆卸，清洗高压泵、均质阀或定、动磨盘及其他部件，并擦拭干净。

8. 待各零部件晾干后，将均质机重新装配。

第十一章 果蔬制品加工机械与设备

果蔬制品营养丰富，是人们重要的副食品，特别是随着人民物质生活水平的提高，农村经济的高速发展，果蔬制品在人们生活中的地位也越来越重要。果蔬加工业的发展，对振兴城乡经济，提高农民收入，丰富城乡人民生活起到了巨大的作用。

第一节 概　　述

虽然果蔬原料不同，加工的产品也不同，但加工中所用的机械设备基本上可以分为原料清洗、分级分选、切割、分离、杀菌以及果汁脱气等机械与设备。把这些设备按照一定的工艺要求，用输送机械把各个机械设备连接起来，就组成了不同的果蔬制品生产线，可以生产出不同的果蔬制品。

一、糖水橘子罐头生产线

糖水橘子罐头生产流程及设备如图 11-1 所示。新鲜的柑橘经洗涤后，用刮板提升机送入烫橘机中浸烫 30～90 s，趁热剥去橘皮、橘络，并按大小瓣分级。将分级的橘瓣送入连续酸碱槽进行漂洗，除去果瓣外面的内皮。漂洗后的橘瓣在去籽整理机进行去籽后，送入称量装罐机装罐。装罐后加注糖液，用真空封罐机密封后进行连续杀菌，即成罐头成品。

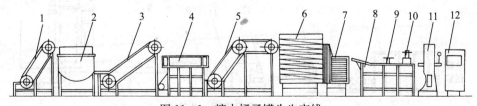

图 11-1　糖水橘子罐头生产线

1. 刮板提升机　2. 烫橘机　3. 划皮升运机　4. 剥皮去络机　5. 橘瓣运输机　6. 连续酸碱槽
7. 橘瓣分级机　8. 去籽整理机　9. 称量装罐　10. 加汁机　11. 真空封罐机　12. 常压连续杀菌机

二、蘑菇罐头生产线

蘑菇罐头生产工艺流程及设备如图11-2所示。蘑菇罐头生产是将采收后的新鲜蘑菇洗涤后，用斗式提升机送到连续预煮机进行预煮。预煮后的蘑菇经冷却后运送到带式检验台，由人工挑选检验。检验后的蘑菇被输送到滚筒分级机进行分级，然后再由蘑菇定向切片机切片，最后装罐、加汁、封罐和杀菌后即为蘑菇罐头。

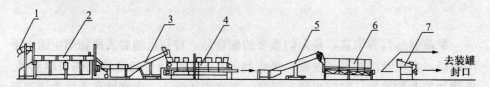

图 11-2　蘑菇罐头生产线

1. 斗式升运机　2. 连续预煮机　3. 冷却升运机　4. 带式检验台
5. 升运机　6. 蘑菇分级机　7. 定向切片机

三、番茄酱生产线

番茄酱生产线流程图及设备如图11-3所示。新鲜番茄经番茄浮洗机（鼓风式清洗机）洗涤后，送入破碎机破碎，然后用番茄连续去籽机除去番茄籽。去籽后的番茄经预热器预热后送入三道打浆机打浆。由打浆机分离出来的番茄汁经过双效浓缩锅浓缩后，送入管式杀菌器杀菌，再由加汁机进行装罐、封罐后，经过常压连续杀菌机杀菌即成番茄酱罐头成品。

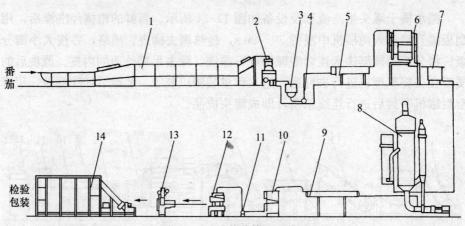

图 11-3　番茄酱罐头生产线

1. 番茄浮洗机　2. 番茄去籽机　3. 贮槽　4. 泵　5. 预热器　6. 三道打浆机　7. 贮桶
8. 双效浓缩锅　9. 杀菌器　10. 贮浆桶　11. 泵　12. 装罐机　13. 封罐机　14. 常压连续杀菌机

四、果汁生产线

果汁产品的种类很多，有纯果汁、浓缩果汁、果汁饮料等。原料浓度上的差别有澄清果汁与混浊果汁之分，但各种果汁的生产工艺流程及其生产设备基本上相同。典型的果汁生产工艺流程及设备如图11-4所示。

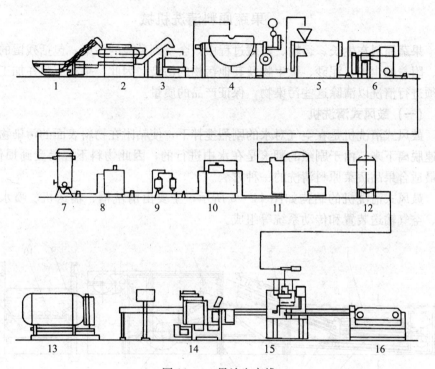

图11-4　果汁生产线

1. 洗果机　2. 捡果机　3. 破碎机　4. 夹层锅　5. 打浆机　6. 离心过滤机
7. 真空脱气罐　8. 调配罐　9. 双联过滤器　10. 高压均质机　11. 超高温瞬时灭菌器
12. 中转罐　13. 卧式杀菌锅　14. 自动封罐机　15. 自动灌装机　16. 洗瓶机

新鲜的果品经过洗涤、分检后送入破碎机进行破碎。破碎后的果浆进行预煮、榨汁，榨出的果汁进行过滤后，再由真空脱气罐脱去果汁中的气体，送入到调配罐进行调配。调配后的果汁再经过过滤、均质、灭菌，由自动灌装机装罐密封，即为果汁成品。

在典型果汁生产线的基础上，生产浓缩果汁需要增添相应的浓缩设备，一般可采用双效降膜式真空浓缩器；若生产果汁饮料，则要增添水处理设备；若要生产碳酸果汁饮料，则要增添碳酸化设备等。总之，先进生产工艺的执行是通过与之相适应的设备配套来体现的，设备配套需要满足生产工艺的特殊要求。

第二节　清洗机械

　　清洗机械包括原料的清洗和包装容器的清洗两部分。清洗机械有连续式和间歇式，前者一般为大型连续化生产设备，后者常为中小型设备。

一、果蔬原料清洗机械

　　果蔬原料在生长、运输、贮藏过程中，会受到环境的污染，包括残留的农药、附着的尘埃、泥砂、微生物及其他污物的污染。因此，果蔬原料在加工前必须进行清洗以清除这些污染物，保证产品的质量。

（一）鼓风式清洗机

　　鼓风式清洗机是在空气对水的剧烈搅拌下，使粘附在物料表面的污染物被加速脱离下来。由于剧烈的翻滚是在水中进行的，因此物料不容易受到损伤，是最适合果品蔬菜原料清洗的一种方法。

　　鼓风式清洗机的结构如图 11-5 所示，主要由清洗槽、输送机、喷水装置、空气输送装置和传动系统等组成。

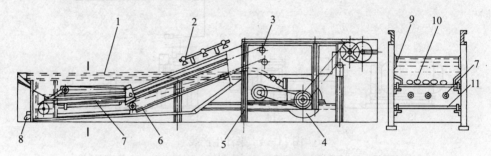

图 11-5　鼓风式清洗机

1. 清洗槽　2. 喷水装置　3. 压轮　4. 鼓风机　5. 支架
6、11. 金属网带输送机　7. 吹泡管　8. 排污水管　9. 斜槽　10. 物料

　　清洗槽的截面为长方形，送空气的吹泡管设在清洗槽底部，由下向上将空气吹入清洗槽的水中。原料送入清洗槽，放置在输送带上。输送带的形式视原料而异，块茎类原料可选用金属网带，水果类原料常用平板上装有刮板的输送带。

　　原料的清洗分三个段，第一段为水平输送段，该段处于清洗槽之上，原料在该段上进行检查和挑选；第二段为水平浸洗输送段，该段处于清洗槽水面之下，用于浸洗原料，原料在此处被空气在水中搅动翻滚，洗去泥垢；第三段为倾斜输送段，原料在这段上接受清水的喷洗，从而达到工艺要求。污水由排水管排出。

鼓风式清洗机在使用前应根据被清洗的原料选择相应的输送链带。原料被泥砂类污染，直接用水清洗；被有毒药剂污染，则应用化学药品洗涤。对于不同的原料，应采用不同的喷水压力和水雾分布形式。工作结束后，把清洗槽中的泥砂冲洗干净。对传动部件要定期润滑。

（二）刷洗式清洗机

刷洗式清洗机是一种以浸泡、刷洗和喷淋联合作业的洗果机，适用于苹果、柑橘、梨、西红柿等果蔬原料的清洗。刷洗式清洗机效率高，清洗效果好，洗净率达 99%，对物料损伤不超过 2%，生产能力可达 2 000 kg/h，结构紧凑，造价低，使用方便，是目前国内一种较为理想的果品清洗机械。

刷洗式清洗机的结构如图 11-6 所示，主要由清洗槽、刷辊、喷水装置、出料翻斗及传动装置等组成。

工作时，物料从进料口进入清洗槽内，由于两个装有毛刷的刷辊相对向内旋转，一方面将清洗槽中的水搅动形成涡流，使物料在涡流中得到清洗；同时又由于两刷辊之间水流流速较高而压力降低，在此压力差的作用下，物料自动向两刷

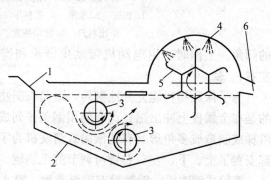

图 11-6　刷洗式清洗机
1. 进料口　2. 清洗槽　3. 刷辊
4. 喷水装置　5. 出料翻斗　6. 出料口

辊间流动而被刷洗。物料被刷洗后向上浮起，被出料翻斗翻上去，沿圆弧面移动，被高压水喷淋冲洗，由出料口流入集料箱中。

使用时，应注意调整刷辊的转速，使两刷辊前后造成一定的压力差，以迫使被清洗的物料通过两刷辊刷洗后，能继续向上运动到出料翻斗处，被捞起出料。

（三）滚筒式清洗机

滚筒式清洗机具有结构简单、生产效率高、清洗彻底、对物料损伤小的特点。在食品工厂里多用于清洗苹果、柑橘、马铃薯、豆类等质地较硬的物料。

滚筒式清洗机的结构如图 11-7 所示。主要由清洗滚筒、喷水装置、排水装置、传动装置和电动机等构成。

滚筒是滚筒式清洗机的主要工作部件，滚筒的直径一般为 1 000 mm，滚筒长度约 3 500 mm。滚筒两端的两个金属滚圈用支承滚轮支撑，与地面成 50°

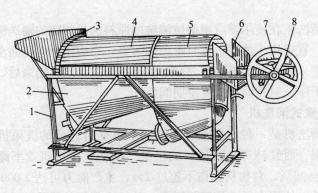

图 11-7　滚筒式清洗机
1. 机架　2. 水槽　3. 喂料斗　4、5. 栅条滚筒
6. 出料口　7. 传动装置　8. 皮带轮

的倾角。工作时，由电动机带动皮带轮和齿轮转动。滚筒的转速为 8 r/min 左右。

为了保证物料能充分地翻转，滚筒根据物料的不同而设计成不同型式：有的是在金属板上冲出筛孔；有的用钢条排列成圆形的；还有的在滚筒内部装设阶梯或制造成多角形。有的滚筒式清洗机为了增加对物料的摩擦，还在滚筒中部安置了上、下、左、右皆可调节的毛刷辊。

滚筒式清洗机一般都设有喷淋装置，喷水嘴一般沿滚筒的轴向分布，以使物料在整个翻转移动的过程中都能受到冲洗。一般喷头间距离为 150～200 mm，喷洗的压力为 0.15～0.25 MPa。

物料被均匀地送入滚筒后，由于滚筒的转动使物料不断地翻转，物料与滚筒表面以及物料与物料表面之间，都相互产生摩擦。与此同时，由喷头喷射高压水来冲洗物料表面，清洗后的污水和泥沙透过滚筒的孔隙流入清洗机的底槽，从底部的排污口排入下水道。

物料在清洗过程中，不断地翻转，同时由于滚筒的倾斜，使物料受重力作用从高处向低处缓慢地移动，最后从卸料口排出。物料在滚筒内的清洗时间决定于物料从进料口到卸料口的流动速度，这个速度取决于滚筒的倾斜度。倾斜度越大，则清洗的速度越快。如果滚筒直径为 1 000 mm，筒身长 3 500 mm，倾斜角度为 5°时，物料在滚筒内停留的时间约 1～1.5 min。

（四）螺旋式清洗机

螺旋式清洗机是一种以浸泡和喷淋联合作用的小型洗果机。它适用水果及块根、块茎蔬菜类的清洗。螺旋式清洗机构造如图 11-8 所示。主要由喂料斗、螺旋推运器、喷头、电动机等组成。

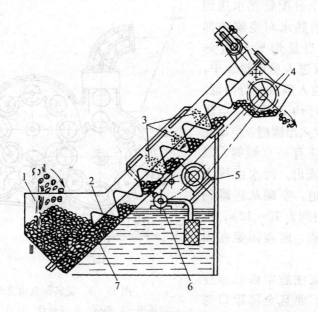

图 11-8　螺旋式清洗机

1. 喂料斗　2. 螺旋推进器　3. 喷头　4. 滚刀　5. 电动机　6. 泵　7. 物料

工作时螺旋推进器将物料向上输送，在此过程中物料与螺旋面、外壳以及物料之间产生摩擦使污物松动或除掉污染物。在清洗机的上、中部装有多个喷头，喷出的高压水流冲洗物料。污水通过推进器下部的滤网漏入到水槽。有的清洗机上部还装有滚刀，可将物料切成小块。

二、包装容器清洗机械

包装果蔬产品所用的玻璃瓶、马口铁罐等容器，在生产、运输及贮放过程中，都会受到污染。特别是一些回收瓶，既要除去商标纸，又要将瓶内的污物除去，因此在灌装前必须对包装容器进行清洗。常用的包装容器清洗机械有旋转圆盘清洗机、机械式洗瓶机、全自动洗瓶机以及实罐表面清洗机等。

（一）旋转圆盘清洗机

旋转圆盘清洗机结构简单，生产率高，占地少，易操作，水及蒸汽用量少，但对不同罐型适应性差。该机是以热水冲洗和蒸汽杀菌联合作业的清洗机械，其结构如图 11-9 所示，主要由机壳、旋转星形轮、喷嘴及传动装置等组成。

工作时空罐从进罐槽进入逆时针旋转的星形轮 10 中，热水通过星形轮中心轴上的八个分配管把水送到喷嘴，喷出的热水对空罐内部进行冲洗。当星形轮转过约315°时，空罐进入星形轮 4 中，同时各罐被通入蒸汽进行消毒。当星形轮转过约 225°时，空罐由星形轮 5 拨入出罐槽。空罐在回转清洗中应有一点倾斜，以便使罐内水流出。污水由排水管排入下水道。空罐从进罐到出罐的清洗时间为 10～12 s。机壳由铸铁铸成，前盖固定在固定环上。

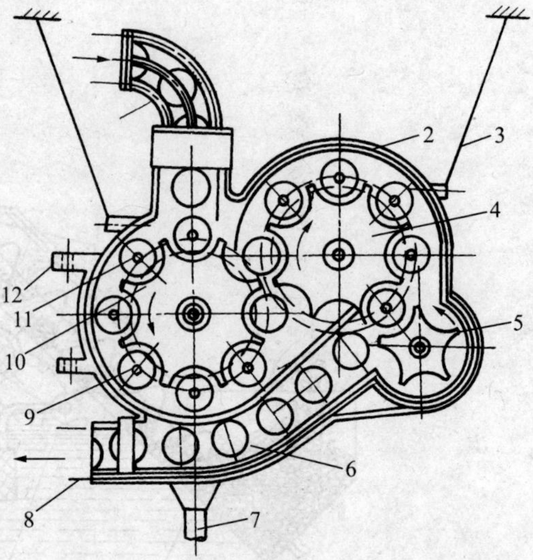

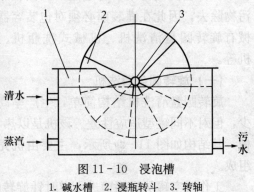

图 11-9　旋转圆盘清洗机

1.进罐槽　2.机壳　3.连接杆　4、5、10.星形轮
6.下罐坑道　7.排水管　8.出罐口
9.喷水嘴　11.空罐　12.固定环

操作时应注意空罐必须连续均匀进入，而且全部罐口对准喷嘴。摩擦部位应经常做好润滑工作。定期检查各密封装置，防止水、汽泄漏。根据清洗要求，随时调节送水量和送汽量。

（二）半机械式洗瓶装置

半机械式洗瓶装置在小型果汁厂广泛用于回收瓶的清洗。主要由浸泡槽、刷瓶机、冲瓶机、沥干器等组成，每一部分都可独立使用。

1. **浸泡槽**　浸泡槽结构如图11-10所示，在水槽上设一转轴，其上装有5～6个无底的转斗，瓶子被放进转斗中。当转斗装满后，用手将左边的转斗向下压，转斗转过一个角度，瓶子随转斗浸入碱液中。同时将右边露出液面的转斗中的瓶子取出，倒出碱液，送入下道工序。空转斗则被翻到左边，继续放瓶。随着洗瓶的延续，液体被瓶子带走的越多，液面将会下降，下降到一定程度，需补充碱液。碱液的温度由通入的蒸汽来维持。也可以增加浸泡时间来代替对碱液加热。

清水 →
蒸汽 →
→ 污水

图 11-10　浸泡槽

1.碱水槽　2.浸瓶转斗　3.转轴

2. 刷瓶机 刷瓶机如图 11 - 11 所示，结构简单，制造方便，是用来进一步刷去残留于瓶内污物的机械。

在机头的两边一般成对地安装毛刷。毛刷杆插入转刷套的孔中。然后用转刷套上的螺钉将毛刷杆固定。

刷瓶机上的防护罩是为保护操作人员而设置的。在刷瓶过程中要求操作人员注意力必须集中，以防出现瓶子被甩出的危险。

3. 冲瓶机 冲瓶机结构如图 11 - 12 所示，主要是将瓶中的洗液冲洗干净。

由人工将瓶子倒置于冲瓶机圆盘架的圆锥孔中，喷嘴伸入瓶口部。冲瓶时，喷水嘴与圆盘一起缓慢转动，并在分配器的控制下使喷嘴在一定的转动角度范围，对瓶进行喷射冲洗。瓶子在冲洗干净后靠人工取出。

冲净的瓶子倒置于沥干器上，使瓶内残留水分控制在一定的范围内。

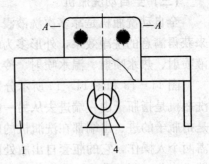

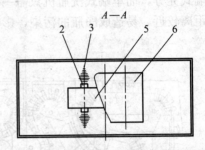

图 11 - 11 刷瓶机

1. 机架 2. 转刷套 3. 毛刷 4. 电动机
5. 转刷机头 6. 防护罩

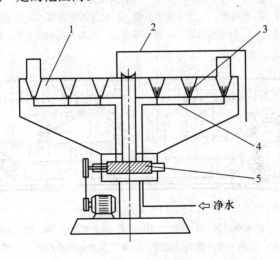

图 11 - 12 冲瓶机

1. 旋转圆盘 2. 防水罩 3. 喷头 4. 水管 5. 蜗轮蜗杆减速器

（三）全自动洗瓶机

全自动洗瓶机是靠多次洗液浸泡和多次喷射，或者间隔地多次浸泡和喷射来获得满意的洗净效果，外形多为箱式。瓶子一般经过预浸泡、洗液浸泡、洗液喷射、热水喷射、温水喷射、冷水及净水喷射等过程清洗干净。

图 11-13 和图 11-14 所示分别为双端式和单端式全自动洗瓶机。双端式洗瓶机是指瓶子由一端进去从另一端出去，也叫直通式洗瓶机；单端式洗瓶机是指瓶子的进、出端都在洗瓶机的同一侧，也叫来回式洗瓶机。双端式洗瓶机需两个人操作，它的瓶套自出瓶处回到进瓶处为空载，洗瓶空间的利用不及单端式充分，而单端式洗瓶机只需一个人操作，但单端式的脏瓶与净瓶在同侧，距离较近，易造成净瓶的污染，影响洗瓶的质量。

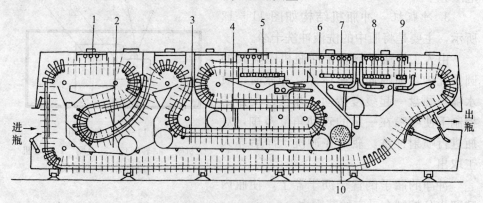

图 11-13　双端式洗瓶机

1. 预洗刷　2. 预泡槽　3. 洗涤剂浸泡槽　4. 洗涤剂喷射槽　5. 洗涤剂喷射区
6. 热水预喷区　7. 热水喷射区　8. 温水喷射区　9. 冷水喷射区　10. 中心加热器

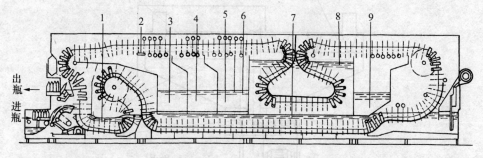

图 11-14　单端式洗瓶机

1. 预泡槽　2. 净水喷射区　3. 冷水喷射区　4. 温水喷射区　5. 第一次热水喷射区
6. 第二次热水喷射区　7. 第一次洗涤剂浸泡槽　8. 第二次洗涤剂浸泡槽　9. 第一次洗涤剂喷射槽

全自动洗瓶机按照瓶子在机器中的运动情况分为连续式和间歇式两种类型。连续式洗瓶机的输送带连续运动，无停止时间，这样所需驱动力低，同时能够避免间歇式运动造成瓶子在瓶罩内的来回碰撞，从而减少瓶子母线的磨损及瓶子破裂，但其结构较为复杂。间歇式洗瓶机指一排瓶套由链带带动，进瓶时，有一个短时间的停留，在此静止时间喷头冲洗瓶子，这种洗瓶机结构简单，动作准确，但是由于瓶套的负荷重，运动时的冲击较大，易造成碎瓶。

全自动洗瓶机主要由进出瓶机构、喷射装置、水净化装置、滤标装置、传动装置等组成。

1. 进出瓶机构 进出瓶机构（图 11-15）可以有效地使输送带送来的瓶子平稳、准确无误地进入瓶罩，或者使瓶子从瓶罩卸出，没有冲击（或很少冲击）地进入输送带上，以避免瓶子的损坏。

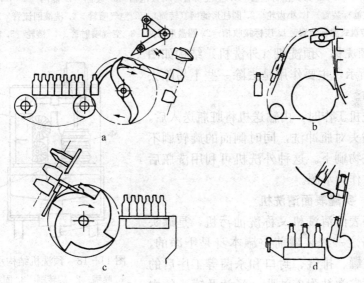

图 11-15 进出瓶机构

a、b. 进瓶机构　c、d. 出瓶机构

2. 瓶罩 瓶罩的功用是使瓶子在洗瓶机中运动时保持正确的位置，如图 11-16 所示，有肩承式和口承式两大类。

3. 滤标装置 滤标装置如图 11-17 所示，是为了防止大量的废商标在洗瓶过程中，沉积于浸泡槽或接收槽内而堵塞管道，影响洗瓶效果而设置的。

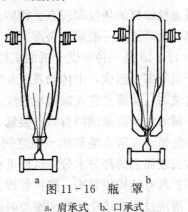

图 11-16 瓶 罩

a. 肩承式　b. 口承式

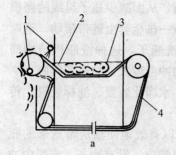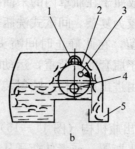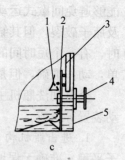

图 11-17 滤标装置

a. 带式滤标装置　1. 空气喷嘴　2. 浸泡槽　3. 废标　4. 滤网
b. 转筒式滤标装置　1. 小齿轮　2. 圆柱形滤网（转筒）　3. 空气喷管　4. 洗液回流管　5. 废标箱
c. 转盘式滤标装置　1. 废标接收槽　2. 圆盘形滤网　3. 空气喷射管　4. 链轮　5. 箱体

4. 预洗机 预洗机（外洗机）结构如图11-18所示，主要作用是去除一些不易除去的污染物。

预洗机工作时，由输送机将脏瓶送入后，上方的喷头对瓶冲洗，同时侧面的旋转刷不断地将脏物刷下。这种外洗机可利用洗瓶后的冲洗水作为水源。

（四）实罐表面清洗机

实罐表面清洗机又称洗油污机，是罐头生产设备之一。装罐前空罐本身是干净的，但经过装罐、排气、封口和杀菌等工序后的实罐表面常常粘附着油脂、汤汁及罐头的内容物，这些物质经过高压杀菌后，会呈现暗

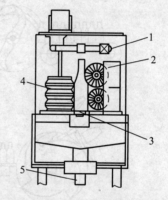

图 11-18 预洗机结构示意图
1. 喷嘴　2. 旋转刷　3. 固定导轨
4. 回转带轮　5. 污水排放管

黑色或黏性油腻的条纹和斑点。特别是在杀菌过程中出现破罐，其内容物及汤汁渗出，会弄脏完好的罐头表面。

图 11-19 是一种带烘干机的实罐表面清洗机。它主要由碱液池、清水池和烘干机等部分组成，由传动系统及输送装置连接成一体。

清洗时，实罐先进入碱液池浸洗，然后进入清水池过净，最后经烘干机烘干。在碱液池与清水池间有喷淋装置，来保证实罐表面的碱液在进入清水池前就被冲洗掉。在清水池和烘干机之间设一个吹风装置，使罐头在进入烘干机前，吹去表面上的部分水分，这样可有效提高烘干效率，减少烘干时间。

该机具有结构较紧凑、操作管理方便、去污能力强、机械性能好、生产能力大、清洗过程连续化、改变罐型时调整比较方便和造价低等优点。缺点是需

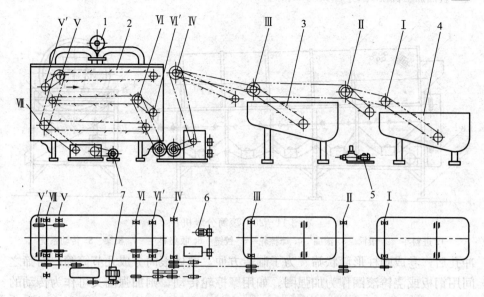

图 11-19 实罐表面清洗机

1、5、6、7.电动机 2.烘干机 3.清水池 4.碱液池

Ⅰ、Ⅱ、Ⅲ、Ⅳ、Ⅴ、Ⅴ′、Ⅵ、Ⅵ′、Ⅶ.轴

要人工进出罐、碱液浓度和温度不能自动控制而波动较大、烘干效率有待进一步提高等。

第三节 果蔬分级分选机械与设备

原料是否要进行分级分选，应根据加工的目的和要求来确定。一般用于果汁、果酱生产的原料不需要按大小分级，而用于罐头和一些果脯等产品生产的原料，则应按大小、重量、色泽等不同的要求，进行分级分选。用机械进行分级分选后，能够降低产品加工过程中原料的损耗率，提高原料的利用率，降低产品成本，提高劳动生产率，有利于连续化和自动化生产，从而保证产品的质量标准和加工工艺的规范一致性。

一、滚筒分级机

滚筒分级机可用于青豆、蘑菇、枣、山楂、柑橘等果蔬原料的分级。

（一）滚筒分级机的构造

滚筒分级机如图 11-20 所示，主要由机架、进料斗、分级滚筒、分级出料斗、摩擦轮（托辊）、压辊和传动装置等部分组成。

滚筒是滚筒分级机的主要工作部件，是用厚度为 1.5～2 mm 的不锈钢板

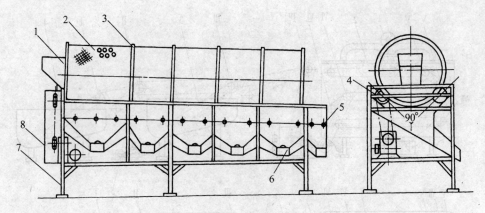

图 11-20　滚筒分级机

1. 进料斗　2. 滚筒　3. 滚圈　4. 摩擦轮　5. 铰链　6. 收集料斗　7. 机架　8. 传动系统

冲孔后，卷成圆柱形筒状筛。为了制造方便，整体滚筒分成几节筒筛，筒筛之间用钢板或浇铸滚圈作为加强圈。如用摩擦轮传动，则加强圈又可作为传动的滚圈。滚筒用托轮支承在机架上，机架用角钢或槽钢焊接而成。集料斗设在滚筒下面，料斗的数目与分级的数目相同。

（二）工作原理及优缺点

驱动滚筒转动的方式有中心轴传动、齿轮齿圈传动和摩擦轮传动三种方式。由于摩擦轮传动方式简单可靠、运转平稳，是目前采用较多的传动方式。摩擦轮传动工作时，电动机的动力经过减速器、传动链带动摩擦轮轴，摩擦轮轴（主轴）一端与传动系统相连，另一端装有托轮。滚筒两边均有摩擦轮，并且互相对称，其夹角为 90°。主轴带动摩擦轮转动，摩擦轮紧贴滚圈，因而摩擦轮与滚圈相互间产生摩擦力驱动滚筒转动。

物料在分级机中的移动方式因物料的滚动性不同而异。若物料的滚动性较差，可在滚筒内装置螺旋卷带来推动物料向出口移动；若物料为滚动性好的圆形或近圆形物料，则可将滚筒倾斜安装，使其向出口方向有一倾角。

在工作中，滚筒的孔眼往往被原料堵塞而影响分级效率。一般在滚筒外壁安装木制滚轴，其轴线平行于滚筒的中心轴线，用弹簧使其压紧滚筒外壁。可将堵塞孔眼的原料挤进滚筒中，以提高机器工作效率。

滚筒分级机工作时转速低，没有不平衡的运转部分，因此工作时很平稳，对物料的损伤小，产品质量好，生产效率高，适宜果蔬加工厂使用。其缺点为机器占地面积大，在同等生产能力时，其尺寸比平面筛大得多，相对金属耗量较大。机器调换筛筒较为困难，因而对原料的适应性差。因为物料升高主要靠滚筒转动和物料与滚筒内壁的摩擦力，因而倾角只有 3°~5°。这样，滚筒直径虽大，但只有 1/6~1/8 的面积用于分级，滚筒筛面利用率低。滚筒筛的筛孔易堵塞，需要及时清理。摩擦轮传动虽然好处多，但滚圈与摩擦轮之间因摩擦会产生铁屑掉入滚筒内污染产品。

二、摆 动 筛

摆动筛又称为摇动筛或振动筛，属于尺寸分级机。它是利用筛面孔径大小将物料分成若干级别。按其运动方式，分为摇动筛、振动筛、回转筛等几种。

（一）摆动筛构造

摆动筛构造如图 11-21 所示，主要由筛体、振动摇摆机构、传动装置等组成。常用于圆形水果和蔬菜的分级。

筛体是摆动筛主要的工作部件，其结构一般有三种型式：一种是由一根根平行安置的圆钢所制成的栅筛，如图 11-22a 所示，常用于马铃薯、洋葱、苹果等直径较大物料的分级；另一种是由耐腐蚀、有较好的强度和柔软性的金属丝或丝线编织而成的编织筛，其孔的形状有方孔和矩形孔两种，适用于大多数物料，如图 11-22b

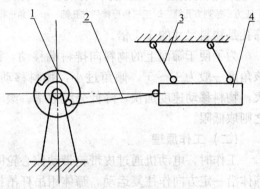

图 11-21　摆动筛结构简图
1. 曲柄　2. 连杆　3. 吊杆　4. 筛体

所示；第三种是在薄钢板上冲（钻）孔制成的板筛，常用于山楂、青豆等直径较小物料的分级，如图 11-23 所示。

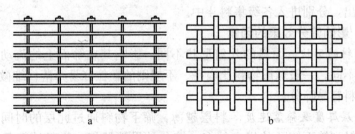

图 11-22　栅筛与编织筛
a. 栅筛　b. 编织筛

板筛筛孔的形状有圆孔、长圆形孔和方孔三种。为了减少堵塞筛孔的现象，把筛孔做成圆锥形最理想，孔由上向下逐渐增大，其圆锥角以 7° 为合适。筛孔的尺寸一般应稍大于物料所需分级的尺寸。对于圆孔，筛孔是物料尺寸的 1.2～1.3 倍。对于正方形，筛孔是物料尺寸的 1.0～1.2 倍。对于长圆形孔，

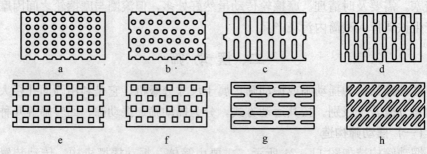

图 11 - 23 板 筛

a. 正方形排列圆孔筛　b. 正三角形排列圆孔筛　c. 长方形排列长圆孔筛　d. 三角形排列横向长圆孔筛
e. 正方形排列方孔筛　f. 正三角形排列方孔筛　g. 三角形排列纵向长圆孔筛　h. 长方形排列斜长圆孔筛

筛孔是物料尺寸的 1.1 倍。

　　为了便于筛面上的物料向排料端移动，筛面通常设有一向下倾斜的角度，该角度一般为 1°～5°。倾角过小，物料移动速度慢，影响生产效率，倾角过大，物料移动速度加快，降低分级效率。滚动性能差的物料，倾角取高限，反之则取低限。

　　（二）工作原理

　　工作时，电动机通过皮带轮带动偏心轮回转，偏心轮通过曲柄连杆机构使筛体沿一定方向作往复运动。筛体用吊杆吊挂在机架上，从进料到出料方向有一倾角，筛体的运动方向垂直于支杆的中心线。由于筛体的摆动和倾角的存在，使筛面上的物料以一定的速度向排料端移动。筛体是多层装置，各层筛孔根据物料的分级规格，由上至下缩小孔径，最大的物料留在最上层筛中，最小物料穿过各层落到底部收集斗。上面每层筛子留下的物料都属于同一级，从筛子末端排出，分别进入各级集料斗中。

　　（三）影响筛分效果的因素

　　1. 原料的形状　原料的几何形状不同，影响其在筛面上的流动，因而分级效果也不同。一般球形物料比扁平、不规则的颗粒容易筛落；细微物料不如大颗料物料容易筛分。

　　2. 料层厚度及筛落速度　料层越薄，筛下物料通过此层的时间越短，每一物料接触到筛面筛孔的机会越多，筛分效果就越好。物料被筛落的速度越快，筛下物料的百分数越高，筛分效果就越好。

　　3. 物料的含水量　物料的干湿程度对分级效果也有影响，特别是粉状物或细小的物料更是如此。因为湿的物料散落性差，易结成团堵塞筛孔，影响分级。

　　此外，筛孔的形状、筛面种类、筛体的运动方式、物料均匀程度都会影响筛分效果。

三、三辊筒式分级机

三辊筒式分级机分级准确，对物料损伤少，但结构复杂，造价较高。适用于苹果、柑橘、番茄和桃子等球形体或近似球形体果蔬原料的分级，主要用于包装销售鲜果。

三辊筒式分级机的结构如图 11-24 所示，主要由升降导轨、出料输送带、理料辊、辊筒输送链及机架等组成。

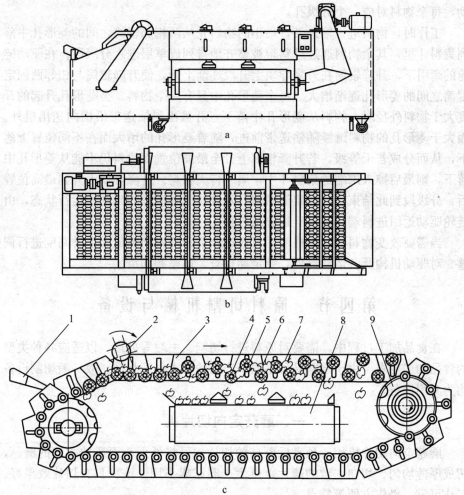

a

b

c

图 11-24　三辊筒式分级机

a. 主视图　b. 俯视图　c. 工作原理图

1. 进料斗　2. 理料辊　3. 驱动链　4、6. 固定辊筒
5. 升降辊筒　7. 物料　8. 出料输送带　9. 驱动轮

理料辊是带有 4 个 U 形叶片的辊轮,其作用是把堆积的物料拨平整理成单层,使之均匀排列在分级辊筒上,以提高分级效率。

分级部分是一条由轴向剖面带梯形槽的分级辊筒组成的输送带。分级辊筒分为固定辊筒和升降辊筒,互相间隔排列。固定辊筒在工作中只向前运动,升降辊筒向前运动到分级位置时,还要做上下升降运动,先沿升降轨道上升到最高位置,然后再下降到最低位置。这样每两根固定辊筒和一个升降辊筒之间就形成两组分级孔,物料就处于此分级孔中。输送带上各个辊筒都顺时针方向转动,每个物料对应一个分级孔。

工作时,物料进入输送带,最小的物料先从两相邻辊筒之间的菱形孔中落到集料斗里,其余物料通过理料辊被整齐地排列成单层进入分级段。在驱动链轮的牵引下,升降辊筒在升降导轨上升段逐渐上升,使升降辊筒与相邻两固定辊筒之间的菱形孔逐渐增大。每个菱形孔中只有一个物料。当菱形孔升起的开度大于物料外径时,物料从菱形孔中落下,并被出料输送带沿横向送出机外。而大于菱形孔的物料继续随输送带前进,随着菱形孔的增大而在不同位置上落下,从而分成若干等级。若升降辊筒上升至最高位置而物料仍不能从菱形孔中落下,则最后掉入末端的集料斗中,属于特大物料。升降辊筒上升到最高位置后,分级段到此结束,升降辊筒沿着升降导轨下降段下降到初始运行状态,由链轮驱动返回进料端,重复上述分级过程。

当需要改变物料分级规格时,可通过调节升降辊筒的最大上升高度进行调整。对驱动机构及各运动部件,要定期检查、调整和润滑。

第四节　原料切割机械与设备

在食品加工过程中,需要对原料进行切割、去端等处理,以适应各种类型的食品加工要求。由于原料品种不同,产品的要求也不相同,故一般切割设备均为专用设备。

一、蘑菇定向切片机

蘑菇定向切片机用于预煮后蘑菇的切片,可将外形小而质地柔软的蘑菇,切成厚薄均匀、切向一致的薄片,供生产蘑菇罐头用。该机具有切片效果好、工作可靠、操作方便等特点。

蘑菇定向切片机构造如图 11-25 所示,它主要由圆刀切片装置、定向定位装置、电动机、机架等组成。

切片装置由装在刀片轴上的几十片圆刀组成,刀片轴带动圆刀旋转,进行

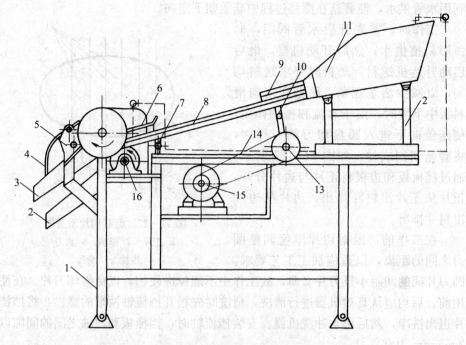

图 11-25　蘑菇定向切片机

1. 机架　2. 边片出料斗　3. 正片出料斗　4. 护罩　5. 挡梳板轴座　6. 下压板
7、10. 铰链　8. 定向滑料板　9. 控制压板　11. 进料斗　12. 进料斗支架
13. 摆偏轴　14. 供水管　15. 电动机　16. 垫辊轴承

切片。圆刀之间的距离可以调节，以适应切割不同厚度蘑菇片的需要。与圆刀相对应的一组挡梳板，安装在每两刀之间，挡梳板固定不动。圆刀嵌入橡胶垫棍之间，当圆刀和垫辊转动时即对蘑菇进行切片。切下的蘑菇片由挡梳板挡出，落入下料斗中。挡梳板、垫辊及圆刀的装配关系如图 11-26 所示。

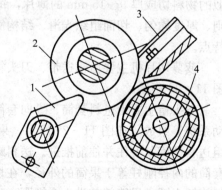

图 11-26　挡梳板、垫辊及圆刀的
装配关系

1. 挡梳板　2. 圆刀　3. 下压板　4. 垫辊

　　定向滑料板为一弧形斜槽，当蘑菇沿弧槽下滑时，菇盖的体积和重量均大于菇柄，在一定的条件下，较重的一头应该朝下或朝前运动，而在水力作用和具有轻微振动条件下，菇盖很容易朝下或朝前运动。在定向滑料板底部设有偏摆装置，使弧形斜槽产生轻微振动，并

利用水管供水，使蘑菇在漂移过程中菇盖朝下定向。

工作时，首先开启水管阀门，向弧形斜槽供水，然后开动机器，最后启动升运机送料。送料时要求送料均匀，以减少堵塞现象。蘑菇在定向滑料板中下滑时，由于水流和振动作用，使菇盖向下进入圆盘切刀的刀片中，将蘑菇切割成片，如图 11－27 所示。通过挡梳板和边板将正片与边片分开，正片从正片出料斗排出，边片从边片出料斗排出。

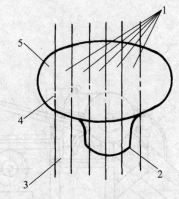

图 11－27　蘑菇切片示意图
1. 正片　2. 菇柄　3. 切刀
4. 边片　5. 菇盖

在工作前，根据切片厚度调整圆刀之间的距离，以适应加工工艺要求。圆刀片间的间距小且刀片又薄，故工作中不能掉进硬物，以免损坏刀片。在使用前、后均应认真对机器进行清洗，清洗时先松开挡梳轴两端的螺栓，将挡梳片退出洗净，然后用水冲洗机器。安装挡梳轴时，挡梳板和刀轴之间的间隙以 2～5 mm 为宜。

二、菠萝切片机

菠萝切片机可将已经去皮、通心（或未通心）、切端的菠萝果筒或其他类似的物料切成厚 9～15 mm 的薄片，每分钟可切片 1 200 片。具有切片外形规则、厚度均匀、切面组织光滑、结构简单、调整方便、易于清洗和生产率高的特点。

菠萝切片机主要由输送带、刀头箱、电气控制系统和传动系统等组成，如图 11－28 所示。

刀头箱主要由进料套筒、导向套筒、左右送料螺旋、切刀、出料套筒及传动系统等组成，如图 11－29 所示。果筒从进料输送带送至导向套筒后，由两组送料螺旋紧夹住并往前推进。送料螺旋的螺距与切片的厚度大体相同，导向套筒的内径刚好等于果筒的外径，在切片时可给予必要的侧面支撑。送料螺旋每旋转 1 圈，果筒就前进 1 个螺距，高速旋转的刀片旋转 1 圈，就切下 1 片菠萝圆片。切好的菠萝圆片连续由出料套筒排出。

传动系统如图 11－30 所示。进料输送带用普通橡胶带，由电动机通过蜗轮减速器和链轮驱动输送带。输送带的线速度比刀头箱中送料螺旋推动菠萝果筒的速度快 10% 左右，以保证连续送料和使果筒顺利地从输送带过渡到送料

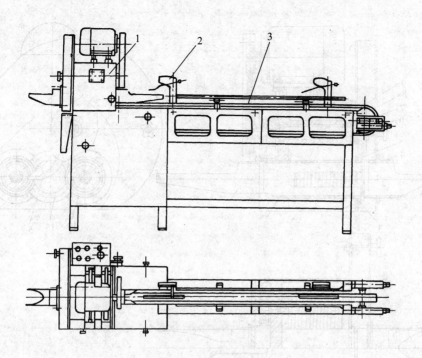

图 11-28 菠萝切片机

1. 刀头箱 2. 控制器 3. 进料输送带

螺旋中去。若切片厚度需要改变时，输送带的速度也应改变，此时可以通过调换链轮的方式满足速度要求。

三、青刀豆切端机

青刀豆切端机结构如图 11-31 所示，主要由三部分组成：第一部分为送料装置，包括刮板式提升机和进料斗；第二部分是主体部分，由转筒、刀片和导板等组成；第三部分由出料输送带和传动系统组成。

全机由一台电动机驱动，通过蜗轮减速器和两台变向器使各部分运转。转筒的转动是靠一对齿轮齿圈传动，齿圈安装在进料端的转筒圆周上。转筒用钢板卷成，焊上法兰后，里外车光，再进行钻孔和铰孔。为了制造方便和加强转筒强度，把转筒分为 5 节，每节之间用法兰连接，法兰由托轮支撑。转筒内装有两块可调节角度的木制挡板，靠近转筒内壁焊上一些薄钢板，每块钢板互相平行，在其上钻有小孔。在转筒内还有铅丝网，铅丝穿过平行钢板上的小孔而固定。相邻两个铅丝孔高度不同，相邻两块钢板上的小孔错开，由此形成不同平面上和错开的铅丝网，使青刀豆竖立起来插进转筒的孔中。

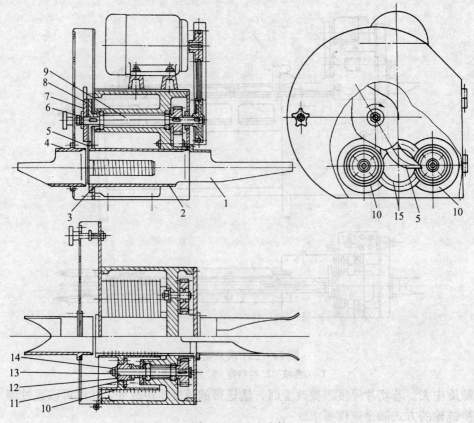

图 11-29 刀头箱

1. 进料套筒 2. 导向套筒 3. 法兰 4. 出料套筒 5. 切刀 6、14. 螺母 7. 压盘
8. 刀盘 9. 刀头轴 10. 送料螺旋 11. 连轴器 12. 同心套 13. 螺旋轴 15. 果筒

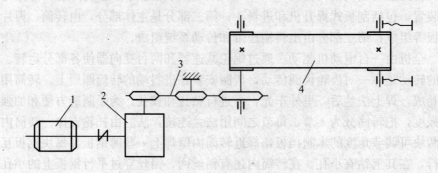

图 11-30 传动系统

1. 电动机 2. 蜗轮减速器 3. 链条传动 4. 输送带

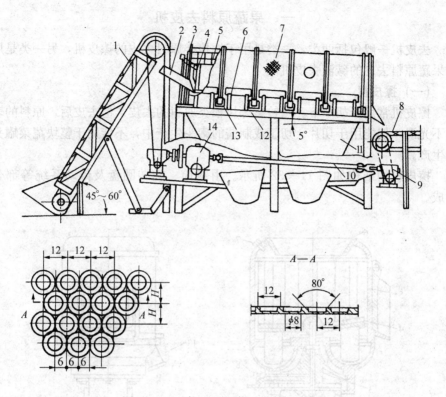

图 11-31　青刀豆切端机（单位：mm）

1. 刮板提升机　2. 进料斗　3. 传动齿轮　4. 挡板　5. 铅丝网　6. 刀片　7. 转筒
8. 出料输送带　9. 变向器　10. 传动轴　11. 漏斗　12. 机架　13. 托轮　14. 蜗轮减速器

转筒上钻有带锥度的孔（图 11-31，$A-A$ 剖面图）。每节转筒外部下侧对称安装有两把刀片，由于弹簧的压力，刀片的刀口始终紧贴转筒的外壁，从而保证露于锥孔外的豆端被顺利切除。在运行中，如果在第 4 节转筒上基本完成切端，则第 5 节转筒上的直刀可卸去，以避免重复切端，提高原料利用率。

第五节　原料分离机械与设备

果蔬原料在加工前，必须去掉不能食用和不适合加工的部分。去掉的部分，可作综合利用或作废渣处理。分离机械的功用就是将原料的食用部分与不可食部分分开。由于原料和加工用途及方法等不同，分离设备也多种多样，常用的分离机械有去皮机、打浆机、榨汁机等。

一、果蔬原料去皮机

去皮机一般包括两类，一类是用于块根类原料去皮的擦皮机，另一类是用于果蔬原料去皮的碱液去皮机。

（一）擦皮机

擦皮机常用于胡萝卜、马铃薯等块根类原料的去皮。但去皮后，原料的表面不光滑，仅能用于切片、切丁或制酱的罐头生产中，不能用于整块蔬菜罐头的生产。

擦皮机的结构如图 11-32 所示。由料筒、旋转圆盘及传动系统等部分组成。

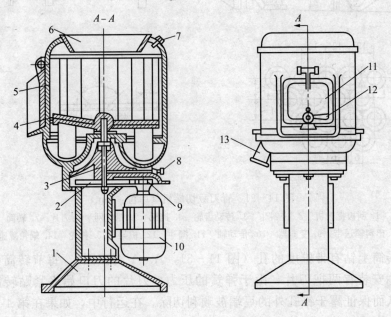

图 11-32 擦皮机

1. 机座　2、9. 齿轮　3. 主轴　4. 旋转圆盘　5. 料桶　6. 进料口　7. 喷水嘴
8. 加油孔　10. 电动机　11. 出料舱门　12. 舱门手柄　13. 排污口

料桶是内表面粗糙的圆柱形不锈钢桶。旋转圆盘表面呈波纹状，波纹角为 20°～30°，采用金刚砂粘结表面。旋转圆盘波纹状表面除有擦皮功能外，主要用来抛起物料。当物料从加料斗落到圆盘波纹状表面时，因离心作用被抛向四周，与桶壁粗糙表面摩擦，从而达到去皮的目的。擦去的皮被喷水嘴喷出的水从排污口冲走，去过皮的物料，利用本身的离心力，从打开的舱门自动排出。为了保证机器的正常工作，擦皮机在工作时，既要能将物料抛起，使物料在桶

内呈翻滚状态，又要保证物料被抛至桶壁，物料表面被均匀擦皮，因而旋转圆盘必须保持较高的转速，料桶内物料不能过多，一般物料填充系数为0.5～0.65。

工作时，先用手柄封住出料舱口，然后启动电动机，当转速正常后，由进料口加入物料，同时通过喷水嘴向料桶内喷水。擦完皮后，先停止喷水，然后扳动手柄，打开出料舱口，靠离心力卸出物料。卸完料后，重复上述过程。在装料和卸料过程中，电动机一直在运转。

（二）碱液去皮机

碱液去皮机广泛用于桃、李、巴梨等水果的去皮。碱液去皮是将原料在一定温度的碱液中处理适当的时间，果皮即被腐蚀，取出后立即用清水冲洗或搓擦，使外皮脱落，并洗去碱液，达到去皮的目的。碱液处理后的果实不但果皮容易去除，而且果肉的损伤较少，可提高原料的利用率。缺点是碱液去皮用水量较大，去皮过程产生的废水多，尤其是产生大量含有碱液的废水。

1. 喷淋去皮机　碱液去皮机常用的有喷淋去皮机和干法去皮机。

喷淋去皮机的结构如图11-33所示，主要由输送带、淋碱、淋水装置和传动系统等组成。输送带有网状带和履板带两种，用不锈钢制造。碱液去皮机总体分为进料段、热稀碱喷淋段、腐蚀段和冲洗段。该机的特点是碱液隔离效果较好，去皮效率高，结构紧凑，操作方便，但是需人工进料。

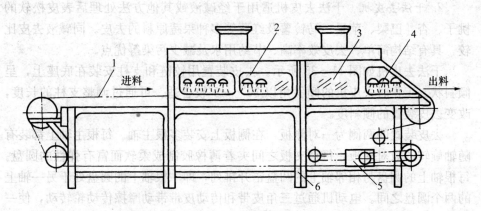

图11-33　喷淋去皮机
1. 输送带　2. 淋碱段　3. 腐蚀段　4. 冲洗段　5. 传动系统　6. 机架

碱液去皮机的碱液都要进行加热和循环使用。碱液循环系统如图11-34所示。将调整好浓度的碱液，放入碱液池内，由循环（防腐）泵送到加热器中进行加热。具有一定温度的碱液送入碱液去皮机的淋碱段，与原料接触后的碱液从碱液去皮机流回碱液池循环使用。

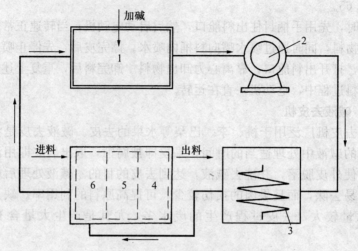

图 11-34　碱液循环系统

1. 碱液池　2. 循环泵　3. 加热器　4. 冲洗段　5. 腐蚀段　6. 淋碱段

碱液去皮机在使用前，要根据去皮物料配置碱液，碱液的浓度可由试验确定。工作一段时间后，碱液浓度下降，要及时补充烧碱，调整浓度。工作结束后，及时清洗设备，尤其是接触碱液的部位。对传动部件定期进行润滑。

2. 干法去皮机　干法去皮机适用于经碱液或其他方法处理后表皮松软的桃子、杏、巴梨、苹果、马铃薯及红薯等多种果蔬原料的去皮。同碱液去皮比较，具有结构简单、去皮效率高、节约用水及减少污染等优点。

干法去皮机如图 11-35 所示。去皮装置用铰链和支柱安装在底座上，呈倾斜状。工作时去皮机的倾斜角以 30°～45°较合适。可通过调整支柱的长度，改变去皮装置的倾斜度。

去皮装置的两侧为一对侧板，在侧板上安装多根主轴。每根主轴上都装有随轴旋转的数对夹板，每对夹板之间夹着薄橡胶制成柔软而富有弹性的圆盘。每根轴上的圆盘与相邻轴上的圆盘错开排列，即一根轴上的圆盘处于另一轴上的两个圆盘之间。电动机通过三角皮带和传动皮带带动摩擦传动轮转动，使一系列主轴旋转。传动皮带与摩擦传动轮之间用压紧轮压紧。

由碱液处理后表皮松软的果蔬原料，从进料口进入去皮装置。物料靠自身的重力向下移动，将圆盘压弯，如图 11-36 所示。在圆盘表面与物料之间形成接触面，由于物料下落的速度低于圆盘旋转速度，因而产生揩擦运动，在不

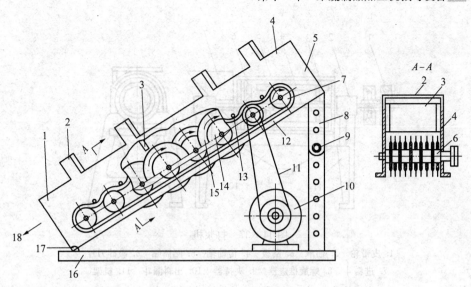

图 11-35 干法去皮机

1. 机体 2. 桥架 3. 挠性挡板 4. 侧板 5. 进料口 6. 主轴 7. 摩擦传动轮
8. 支柱 9. 调节螺栓 10. 电动机 11. 三角皮带 12. 传动皮带 13. 压紧轮
14. 夹板 15. 橡胶圆盘 16. 底座 17. 铰链 18. 出料口

损伤果肉的情况下把皮去掉。随着物料
的下移，与圆盘接触位置不断变化，最
后将全部表皮去掉。去皮后的果蔬原料
从出料口卸出，皮则从装置中落下收集
于盘中。

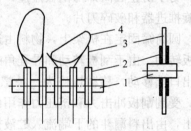

图 11-36 去皮示意图
1. 主轴 2. 夹板 3. 橡胶圆盘 4. 原料

　为了增强去皮效果，在两侧板上间
隔装有桥架，每一桥架上悬挂有挠性挡
板，用橡胶或织物制成。这些挡板对物
料有阻滞作用，强迫物料在圆盘间通过
来提高去皮效果。

二、打 浆 机

　打浆机主要用于番茄酱、果酱罐头的生产中，它可以将水分含量较大的果
蔬原料破碎为浆状物料。

　打浆机的结构如图 11-37 所示，主要由机架、料斗、破碎桨叶、刮板、
圆筒筛和传动装置等组成。

　圆筒筛用不锈钢板弯曲成圆筒后焊接制成，水平安装在机壳内。在圆筒上

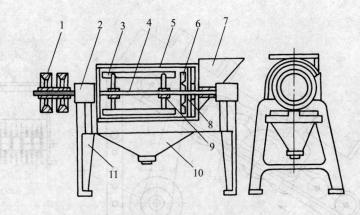

图 11-37　打浆机

1. 皮带轮　2. 轴承　3. 刮板　4. 传动轴　5. 圆筒筛　6. 破碎刀片
7. 进料斗　8. 螺旋推进器　9. 夹持器　10. 出料漏斗　11. 机架

冲有 0.4～1.5 mm 的小孔。为增加强度，在筒身两端焊上加强圈。也有用两块钢板冲压成两个半圆，用螺钉连接成筛筒的。在传动轴上安装有两块用于破碎物料用的刮板。刮板用不锈钢板制造，与轴线有一夹角，称为导程角。刮板通过夹持器和螺栓安装在传动轴上，刮板与圆筒筛内壁之间距离可通过螺栓调节。为了防止圆筒筛与刮板碰撞，在刮板上还装有耐酸橡胶板。在进料端装有螺旋推进器和破碎刀片。

圆筒筛固定在机架上，物料由进料斗进入筛筒。电动机通过传动系统带动刮板转动。由于刮板转动和导程角的存在，使物料在刮板和筛筒之间沿着筒壁向出口端移动，移动轨迹为一条螺旋线。物料在刮板与筛筒之间移动的过程中，受到刮板冲击力和挤压力作用而被破碎。汁液和浆状肉质从圆筒筛孔眼中流出，由出料漏斗的下端流入贮液桶。物料的皮和籽等则从圆筒筛靠近传动系统一端的出渣口排出，从而达到分离的目的。

在很多场合，如番茄酱、果茶等生产流水线中，为了保证打浆质量，是把2～3 台打浆机串联起来使用的，这叫打浆机联动，或称为二道（或三道）打浆机。图 11-38 是 GT6F5 三道打浆机外形图。

打浆机要根据不同的原料和工艺要求，更换不同孔径的筛筒。不同的原料由于含汁率不同，刮板工作时的导程角以及与筛筒之间的间隙也不相同。含汁率高的物料，导程角与间隙应小些，含汁率低的则应大些。工作中检查导程角与间隙是否合适，可通过含汁率检验。若发现废渣中含汁率高（用手使劲捏渣，仍有汁液流出，说明含汁率高），表明导程角与间隙过大。调整时，调整两个因素中的一个，即可达到良好的效果。

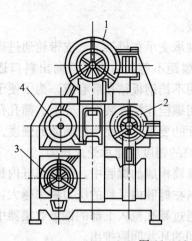
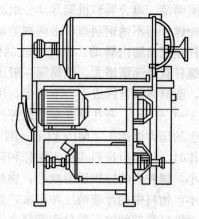

图 11-38 三道打浆机

1. 第一道打浆机 2. 第二道打浆机 3. 第三道打浆机 4. 电动机

三、榨汁机械

生产果汁时，对清洗后的原料要首先进行榨汁。榨汁机械有通用榨汁机和专用榨汁机。通用榨汁机适用于多种原料的榨汁，应用广泛。

（一）螺旋式榨汁机

螺旋式榨汁机属于连续式榨汁机械，具有结构简单、外形小、榨汁效率高、操作方便等特点。该机的不足之处是所榨的汁液含果肉较多，要求汁液澄清度较高时不宜选用。该设备在压榨过程中，进料、压榨、卸渣等工序均是连续进行的，主要用于压榨葡萄、番茄、菠萝、苹果、梨等果蔬原料的汁液。

螺旋式榨汁机如图 11-39 所示，主要由压榨螺杆、压力调整机构、传动

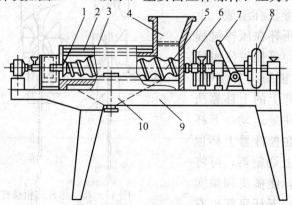

图 11-39 螺旋式榨汁机

1. 环状出渣口 2. 圆筒筛 3. 罩壳 4. 进料斗 5. 压榨螺杆
6. 调整装置 7. 离合器手柄 8. 皮带轮 9. 机架 10. 汁液收集器

装置、圆筒筛、离合器和机架等部分组成。

压榨螺杆用不锈钢制造,由两端的轴承支承在机架上。皮带轮通过离合器带动螺杆在圆筒筛内转动。螺杆各段的螺距不等,由进料口向出料口逐渐减小,而螺杆直径逐渐增大。圆筒筛一般用不锈钢板钻孔后卷成。为了便于清洗及维修,圆筒筛通常做成上、下两半,用螺栓连接安装在机壳上。筛孔孔径一般为 0.3～0.8 mm,开孔率既要考虑榨汁的要求,又要考虑筛体的强度。螺杆挤压产生的压力可达 1.2 MPa 以上,筛筒的强度应能承受此压力。

工作时,物料由进料斗进入螺杆和筛筒构成的螺腔中。随着螺杆内径增大螺距减小,螺腔内的容积逐渐减小,物料在螺腔内受到的压力越来越大,体积越来越小,物料中的汁液被压榨出来,通过筛孔流入下部的锥形收集器中。料渣则通过螺杆端部的锥形部分和筛筒之间的环状间隙排出。

螺旋式榨汁机工作前,先将出渣口环状间隙调至最大,以减少负荷,启动运转正常后,再逐渐调整到正常间隙,以达到榨汁工艺要求的压力。环状间隙的大小直接影响出汁率和果汁质量。间隙大,则出汁率小,间隙过小,出汁率增加,但质量降低。

(二) 爪杯式柑橘榨汁机

爪杯式柑橘榨汁机采用整体压榨工艺,利用瞬时分离原理,将柑橘皮等残渣尽快分开,防止橘皮及子粒中所含的苦味成分进入果汁,损害柑橘汁的风味及在贮藏期间引起果汁变质和褐变,影响产品的质量。

国外常用的柑橘榨汁机如图 11-40 所示。这种榨汁机具有数个榨汁器,每个榨汁器由上下两个多指形压杯组成。上下两个多指形压杯在压榨过程中能相互啮合,可托护住柑橘的外部以防止破裂。工作时,固定在共用横杆上的上杯靠凸轮驱动,上下往复运动,下杯则固定不动。在榨汁器上杯顶部安装有管形上切割器,可将柑橘顶部开孔,使橘皮和果实内部组分分离。下杯底部也有管形下切割器,可将柑橘底部开孔,以使柑橘的全部果汁和

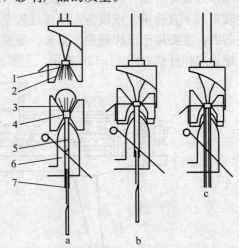

图 11-40 爪杯式柑橘榨汁机

a. 开始榨汁 b. 通孔管开始上升 c. 通孔管上至最高处

1. 上切割器 2. 上压杯 3. 下压杯 4. 下切割器

5. 预过滤器 6. 果汁收集器 7. 通孔管

其他组分进入下部的预过滤管。

压榨时，柑橘送入榨汁机，落入下杯内，上杯压下来，柑橘顶部和底部分别被管形切割器切出小洞。榨汁过程中，柑橘所受的压力不断增加，从而将内部组分从柑橘底部小洞强行挤入下部的预过滤管内，果皮从上杯及切割器之间排出。预过滤管内部的通孔管向上移动，对预过滤管内部的组分施加压力，迫使果肉中的果汁通过预过滤管壁上的许多小孔进入果汁收集器。与此同时，大于预过滤管壁上小孔的颗粒，如子粒、桔络及残渣等从通孔管下排出。通孔管上升至极限位置时，一个榨汁周期即告完成。

改变预过滤管壁上的孔径或通孔管在预过滤管内的上升高度，均能改变果汁产量和清浊程度。由于两个多指形压杯指条的相互啮合，被挤出的果皮油顺环绕榨汁杯的倾斜板上流出机外。由于果汁与果皮能够瞬时分开，果皮油很少混入果汁中，从而提供了制取高质量柑橘汁的条件。

由于这种榨汁器对于柑橘尺寸要求较高，工业生产中，一般在榨汁之前对柑橘进行尺寸分级，并且配置多台联合使用，分别安装适于不同规格尺寸柑橘的榨汁器。

第六节　果汁过滤与脱气设备

过滤与脱气设备的功用是除去果汁中的杂质及空气。压榨的果汁常含有果肉组织、果渣以及空气等。如不除去这些杂质及空气，会使果汁浑浊不清，氧化变质，失去风味和营养价值。

一、果汁过滤设备

（一）刮板过滤机

刮板过滤机属于圆筒筛网式过滤机。通过旋转的刮板与不动的过滤网之间的相对运动，把鲜果汁中较粗的杂物除去，得到含有一定果肉的鲜果汁。适用于柑橘类果汁的过滤，也可过滤其他类似的果汁。

刮板过滤机结构如图 11-41 所示，主要由刮板、圆筒滤网、传动装置等部分组成。

刮板由紧固螺钉固定在中心轴上，并随中心轴一起旋转。刮板与圆筒滤网之间有一间隙，这个间隙可用刮板与支杆间的螺栓调节。刮板与滤网中轴线成一定的夹角，以便将渣、核等排出。由于有这一角度存在，刮板与筛网贴近的一边有一定的圆弧度。壳体与水平面具有一定的倾斜度，以使果汁顺利流出。

工作时，将经破碎或榨汁后的物料，由壳体侧面半圆形的进料口送入过滤器内。在旋转刮板的作用下，物料紧贴在滤网的内表面，并使物料中的汁液及

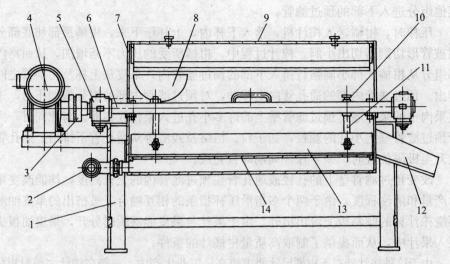

图 11-41　刮板过滤机

1. 机架　2. 出汁管　3. 联轴节　4. 电机及减速器　5. 轴承座　6. 中心轴　7. 壳体
8. 进料口　9. 罩盖　10. 紧固螺钉　11. 支杆　12. 出渣斗　13. 刮板　14. 滤网

小于滤网孔径的果肉通过网孔流入集汁槽中，然后经出汁管流出。粗渣和核等通过刮板旋转推送到出渣口，排出机外。

每次过滤前，应根据产品的要求更换不同孔径的滤网，同时根据工艺要求（如出汁率等）调整刮板与滤网间的间隙及刮板扭转角度，以获得产品要求的过滤程度。刮板与滤网中轴线之间夹角的大小影响过滤的质量和过滤时间。夹角的调整方法是松开一端的紧固螺钉，将套在中心轴上并和支杆固连的圆环转过一定的角度，然后再拧紧螺钉。

（二）硅藻土过滤机

硅藻土过滤机占地面积小，轻巧灵活，移动方便，使用性能稳定，清洗方便。过滤后的物料风味不变，无悬浮物和沉淀物，液汁澄清透明，滤清度高，液体损失少。适用于多种液体的过滤。

硅藻土过滤机的结构如图 11-42 所示。壳体与支座用卡箍相连，两者间有密封圈，拆卸清洗方便。过滤网盘用不锈钢薄板冲孔后焊成形似铁饼的空心结构，外包裹滤网布。网盘和橡胶圈相间排列套在空心轴上，并用螺母紧压密封。空心轴一端与支座固定并与滤液出口连通。过滤网盘的数量由所需的生产能力而定，数量多，则过滤面积大，生产能力高。

该机工作前要先在滤网上预涂一层硅藻土预涂层。预涂时，要配备一个助滤剂容器，在助滤剂容器中按滤盘总过滤面积，向原液中加入硅藻土助滤剂（500 g/m²），搅匀后由进口送入过滤机，同时打开排气阀排气。排气完

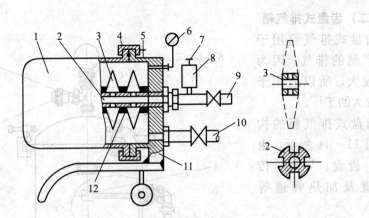

图 11 - 42 硅藻土过滤机

1. 壳体 2. 空心轴 3. 过滤网盘 4. 卡箍 5、7. 排气阀 6. 压力表
8. 玻璃视筒 9. 滤液出口 10. 原液出口 11. 支座 12. 密封胶圈

毕立即关掉排气阀，使机内充满液体。在压力推动下，滤液通过滤布、滤网盘，随后进入空心轴的长槽中，通过槽中的孔流入空心轴，再由出口流入助滤剂容器内，一直循环到硅藻土均匀涂布在滤网上为止（从视筒观察滤液清澈）。

硅藻土涂层在滤网上形成后，杂质便被截留，滤液从微细孔道经过达到过滤的目的。该机应连续运行，若中途临时停机应先关出液阀，再关进液阀，以保持机内的正向压力，防止硅藻土涂层裂口或脱落，影响再次启动后滤液的质量。

二、脱排气设备

(一) 真空脱气罐

真空脱气罐用于果汁的脱气。它是将果汁在真空罐中喷散成雾状，脱去果汁中的气体。图 11 - 43 为一喷雾式真空脱气罐，主要由真空罐、喷嘴及真空系统等组成。

脱气时，先启动真空泵，使真空罐内形成真空，然后使果汁进入喷雾嘴，成雾状喷入真空罐内。果汁在罐体内下落的过程中，果汁中的气体即被真空泵抽出。脱气后的果汁汇集于真空罐底部，由出料口排入下道工序。

真空脱气的效果受罐内真空度、果汁温度、果汁的表面积、脱气时间等因素影响。

使用真空脱气，可能会造成挥发性芳香物质的损失，为减少这种损失，必要时可进行芳香物质的回收，加回到果汁中去。

（二）齿盘式排气箱

齿盘式排气箱用于罐头产品的排气。因为容量较大，所以适用于产量较大的工厂。

齿盘式排气箱的构造如图 11-44 所示，由箱体、齿盘、导轨、传动装置及加热管道等组成。

箱体外形呈长方形，用 6 mm 厚的钢板焊制而成。两端开有矩形孔，供进出罐用。为了防止箱盖上的冷凝水滴入罐头中，把箱盖做成坡式。箱盖分几个小盖组成，可以打开任何一个小盖，随时观察设备内各部分的工作情况。箱体底部边缘及箱体四周都有沟道槽，以便排除冷凝水及起水封作用。在热交换过程中总有部分蒸汽尚未冷凝，为防止这部分蒸汽从两端矩形孔中逸出弥漫车间，采取在箱盖两端加排气罩的方法，使蒸汽从排气罩排到车间外。

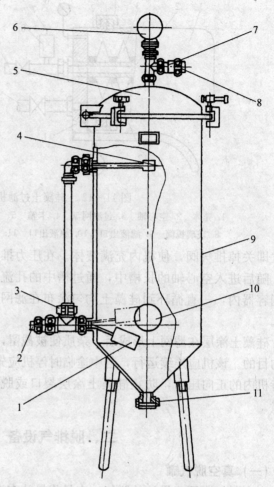

图 11-43　喷雾式真空脱气罐

1. 浮子　2. 果汁进口　3. 控制阀　4. 喷嘴
5. 真空罐盖　6. 压力表　7. 单向阀　8. 真空系统接口
9. 真空罐　10. 窥视孔　11. 出料口

箱体内共有 55～77 个齿盘，分成三组，每组二排，箱外两端用支架各装一个齿盘作进出罐用。所有齿盘必须安装在同一个平面上。相邻两组的齿盘不啮合，而同一组中的齿盘则错开相啮合，如图 11-44b 所示。

传动装置安装在箱体中部下面的架子上，如图 11-45 所示。电动机通过变速箱把动力传到皮带轮，带动主轴旋转。主轴上装有三个圆锥齿轮，使三根

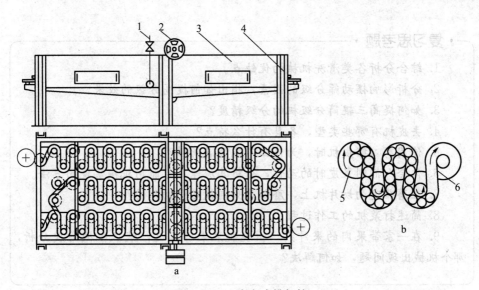

图 11-44　齿盘式排气箱
a. 结构简图　b. 罐头运行路程图
1. 加热管道　2. 传动装置　3. 箱体　4. 支架　5. 齿盘　6. 导轨

轴旋转。由于圆锥齿轮两边安装的位置相同而中间的相反，因此两边的轴逆时针旋转，作为两旁四排齿盘的动力。中间的轴则顺时针旋转，带动齿轮转动，使排气箱中部两排齿盘转动。

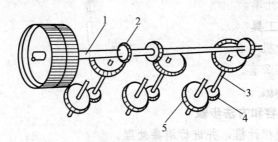

图 11-45　齿盘传动装置
1. 主轴　2. 圆锥齿轮　3. 轴　4、5. 齿轮

加热系统由进汽管、分配管、沿箱体长度方向上的三根喷管（上面有小孔，蒸汽由管上小孔直接喷到箱体中）等组成。

罐头的直径比导轨的间距小 7～10 mm，以免卡罐。高度则以箱盖到齿盘的距离为限。排气时，将罐头送入齿盘，在旋转齿盘和导轨的作用下，罐头从一个齿盘转到另一个齿盘，在运动过程中罐头受热而排出罐内的空气，经过弯曲的路程后由出罐口出罐。

·复习思考题·

1. 综合分析各类清洗机械的优缺点。
2. 分析影响摆动筛分级的因素，指出如何提高分级的效果。
3. 如何提高三辊筒分级机的分级精度？
4. 去皮机有哪些类型，各具有什么特点？
5. 使用离心擦皮机时，为什么不能装满物料？
6. 体会人们削果皮时的动作，分析其原理及可能用机械实现的方法。
7. 在蘑菇定向切片机上，蘑菇是如何被定向切片的？
8. 简述打浆机的工作过程。
9. 在一家带果肉的果汁厂，出现瓶装果汁沉淀，试从机械角度分析，哪个机械出现问题，如何解决？

实验实训一 螺旋榨汁机的使用

一、目的要求

通过实习，使学生熟悉螺旋榨汁机的构造，掌握螺旋榨汁机的正确使用，并能正确调整出汁率。

二、设备与工具

1. 螺旋榨汁机2台。
2. 专用工具2套。
3. 水果80 kg。

三、实训内容和方法步骤

1. 清洗螺旋榨汁机，并进行消毒处理。
2. 接通螺旋榨汁机电源，并进行试运转。
3. 运转正常后，加入20 kg水果，进行榨汁。
4. 停机后，调节调整装置，改变出汁率。
5. 再加入20 kg水果进行榨汁。
6. 对比两次榨出的果汁和果渣，出汁率是否变化？果汁的质量是否变化？果渣的含汁率是否变化？
7. 将螺旋榨汁机拆卸，清洗筛筒和其余部件，并擦拭干净。
8. 待各零部件晾干后，将螺旋榨汁机装配好。

实验实训二　　果蔬制品加工厂的参观

一、目的要求

通过参观当地的果蔬制品厂或跟班劳动，使学生了解果蔬制品的生产工艺流程和所需设备。

二、方法与步骤

1. 参观果蔬制品厂，首先请厂家有关技术人员介绍建厂情况、生产规模、生产任务与设备等，使学生有一个初步的认识。

2. 参观项目

(1) 果蔬制品加工厂的厂址选择、设备的安装及工艺设计等。设备选择和安装所存在的问题、经验与教训。

(2) 果蔬制品加工工艺和生产设备配套情况。

(3) 各设备的生产能力及厂家生产、运行情况。

(4) 了解并掌握果蔬制品主要设备的操作过程。如在厂家参加劳动，应学会部分设备的维修。

三、实验目标

1. 通过参观果蔬制品厂，在规定的时间内绘制出果蔬制品厂的生产工艺设备流程图。

2. 写出参观收获与感想，发现问题并提出改进建议。

主要参考文献

[1] 肖旭森. 食品加工机械与设备. 北京:中国轻工业出版社,2000

[2] 马海乐. 食品机械与设备. 北京:中国农业出版社,2004

[3] 沈再春. 农产品加工机械与设备. 北京:中国农业出版社,1993

[4] 涂国才. 食品工厂设备. 北京:中国轻工业出版社,1995

[5] 陆振曦,陆守道等. 食品机械原理与设计. 北京:中国轻工业出版社,1995

[6] 集美水产学校. 制冷技术. 北京:中国农业出版社,1996

[7] 胡继强. 食品机械与设备. 北京:中国轻工业出版社,1999

[8] 张裕中. 食品加工技术装备. 北京:中国轻工业出版社,2000

[9] 夏文水. 肉制品加工原理与技术. 北京:化学工业出版社,2003

[10] 南庆贤. 肉类工业手册. 北京:中国轻工业出版社,2003

[11] 崔建云. 食品加工机械与设备. 北京:中国轻工业出版社,2004

[12] 刘晓杰. 食品加工机械与设备. 北京:高等教育出版社,2004

[13] 石一兵. 食品机械与设备. 北京:中国商业出版社,1992

[14] 宫相印. 食品机械与设备. 北京:中国商业出版社,1993

[15] 朱维军. 食品加工学(下). 郑州:中原农民出版社,1996

[16] 胡继强. 食品工程技术装备. 北京:科学出版社,2004

[17] 崔大同. 果品加工机械. 北京:中国农业大学出版社,1993

图书在版编目（CIP）数据

食品加工机械 / 刘一主编. —北京：中国农业出版社，
2006.6（2009.9重印）
21世纪农业部高职高专规划教材
ISBN 978 - 7 - 109 - 10682 - 6

Ⅰ. 食… Ⅱ. 刘… Ⅲ. 食品加工设备-高等学校：
技术学校-教材 Ⅳ. TS203

中国版本图书馆 CIP 数据核字（2006）第 052831 号

中国农业出版社出版
（北京市朝阳区农展馆北路 2 号）
（邮政编码 100125）
责任编辑 李 燕

中国农业出版社印刷厂印刷 新华书店北京发行所发行
2006 年 6 月第 1 版 2013 年 2 月北京第 3 次印刷

开本：720mm×960mm 1/16 印张：18
字数：315 千字
定价：29.80 元
（凡本版图书出现印刷、装订错误，请向出版社发行部调换）